普通高等教育 EDA 技术教材

Verilog HDL 实用教程

王金明　徐程骥　编著

電子工業出版社
Publishing House of Electronics Industry
北京・BEIJING

内 容 简 介

本书系统讲解 Verilog HDL 语言规则、语法体系，以 Verilog-2001 和 Verilog-2005 两种语言标准为依据，精讲语言，全面梳理，知识点系统全面。本书立足语言本身，按照语言体系编排内容，涵盖所有常用语法规则，补充 Verilog-2005 中新的语言点，既适合作为必备语法资料查询，也适合有一定设计基础的读者学习。主要内容包括 Verilog HDL 入门、数据类型、表达式、门级和开关级建模、数据流建模、行为级建模、层次结构、任务与函数、Test Bench 测试与时序检查、面向综合的设计、有限状态机设计、Verilog HDL 设计实例等，重点聚焦 Verilog HDL 综合和仿真，对语言、语法规则用案例进行阐释，用综合工具和仿真工具进行验证，利于读者加深理解。

本书着眼于实用，紧密联系工程实际，举例恰当，实例丰富。全书由浅入深，概念清晰，既可作为电子、通信、微电子、信息及测控技术与仪器等专业本科生和研究生的教学用书，也可作为从事电路设计和系统开发的工程技术人员的语法规则工具书。

图书在版编目（CIP）数据

Verilog HDL 实用教程 / 王金明，徐程骥编著. —北京：电子工业出版社，2023.1
ISBN 978-7-121-44867-6

Ⅰ. ①V… Ⅱ. ①王… ②徐… Ⅲ. ①VHDL 语言－程序设计－高等学校－教材 Ⅳ. ①TP312

中国国家版本馆 CIP 数据核字（2023）第 008482 号

责任编辑：窦　昊
印　　刷：天津千鹤文化传播有限公司
装　　订：天津千鹤文化传播有限公司
出版发行：电子工业出版社
　　　　　北京市海淀区万寿路 173 信箱　邮编：100036
开　　本：787×1092　1/16　印张：19.5　字数：499 千字
版　　次：2023 年 1 月第 1 版
印　　次：2023 年 8 月第 2 次印刷
定　　价：69.00 元

凡所购买电子工业出版社图书有缺损问题，请向购买书店调换。若书店售缺，请与本社发行部联系，联系及邮购电话：（010）88254888，88258888。

质量投诉请发邮件至 zlts@phei.com.cn，盗版侵权举报请发邮件至 dbqq@phei.com.cn。

本书咨询联系方式：（010）88254466，douhao@phei.com.cn。

前　　言

Verilog HDL 作为一种有 40 多年发展历史的硬件描述语言，现已较为成熟，已发布的 Verilog HDL 标准包括 Verilog-1995、Verilog-2001 和 Verilog-2005，在这之后，IEEE 发布的 IEEE Standard 1800-2009 标准是 System Verilog 标准与 Verilog HDL 标准的合并。虽然 SystemVerilog 在设计验证领域已有广泛应用，但 Verilog HDL 仍在设计领域占有重要地位，并发挥着不可替代的作用，Verilog-2001 标准依然是大多数 FPGA 设计者主要使用的语言，得到几乎所有 EDA 综合工具和仿真工具的支持。

在 IEEE 标准中，将 Verilog HDL 定义为具有机器可读（machine-readable）、人可读（human-readable）特点的硬件描述语言，并认为 Verilog HDL 可用于电子系统创建的所有阶段：开发（development）、综合（synthesis）、验证（verification）和测试（test）阶段，同时支持设计数据的交流、维护（maintenance）和修改（modification），Verilog HDL 面向的用户包括 EDA 工具的设计者和电子系统的设计者。从这里不难看出，Verilog-2001 和 Verilog-2005 这两种语言标准仍值得 EDA、ASIC 和 FPGA 的学习者、从业者去仔细阅读、深入研究、系统学习，也是他们必须要掌握的设计利器。

本书主要面向 Verilog HDL，系统讲解 Verilog HDL 语言规则、语法体系，以 Verilog-2001 和 Verilog-2005 两种语言标准为指引，精讲语言，全面梳理，知识点系统全面、力争准确。本书回归语言本身，在 Verilog-2001 和 Verilog-2005 两种语言标准的基础上，按语言本身的体系编排内容，涵盖所有常用语法规则，补充 Verilog-2005 中新的语言点，既适合作为必备语法资料查询，也适合有一定设计基础的读者学习。本书的特点体现在以下几个方面。

（1）系统全面把握 Verilog HDL。

学习 Verilog HDL，就必须重视 Verilog HDL 语言规则、语法体系，尤其是在使用了 Verilog HDL 一段时间并取得一定设计经验后，再系统全面地对 Verilog HDL 语言规则、语法体系做一次梳理、总结和学习，对语言的掌握和运用必将更上一层楼，并且设计水平也会获得明显提升。故笔者认为，在学习 Verilog HDL 时，应克服重学习案例、轻语法规则的倾向，全面把握语言本身。

（2）对语言规则、语法用案例做阐释，并采用综合工具和仿真工具做验证。

为准确理解 Verilog HDL 的有关语言规则，本书尽可能对语法用案例展示其用法，并用综合工具和仿真工具对其进行验证，力争准确，利于读者加深理解。比如，对于有符号数、算术操作符、表达式的符号等问题，均采用仿真工具进行验证并对结果进行分析，只有对这些细节非常清楚，在编写复杂的代码程序时才不会出错或少出错。在学习的过程中，应把语言的学习与 EDA 综合工具和仿真工具紧密结合，用 EDA 综合工具和仿真工具的结果去分析、验证语言和语法的规则。

本书可综合的案例选择了几种常见的“口袋”实验板进行了实际的下载和验证，这些案例也可移植到其他实验板或“口袋”实验板，市面上多数实验板的资源均能满足下载这些案例的需要。

本书既适合作为EDA技术、Verilog HDL语言、ASIC和FPGA设计方面本科生和研究生的教学用书，也可作为从事电路设计和系统开发的工程技术人员的语法规则工具书。

全书共12章。第1章是Verilog HDL简介及其文字规则；第2章介绍Verilog HDL数据类型；第3章讨论操作符、操作数、表达式及其符号和位宽等问题；第4章是Verilog HDL门级和开关级建模；第5章是数据流建模；第6章介绍行为级建模及Verilog HDL行为语句；第7章讨论Verilog HDL的层次结构，包括带参数模块例化与参数传递等问题；第8章是任务与函数，包括系统任务与系统函数；第9章是Test Bench测试与时序检查；第10章讨论面向综合的设计，包括常用数字部件的设计实现方法及设计优化等问题；第11章是有关有限状态机的内容；第12章是Verilog HDL设计实例，包括驱动常用I/O外设的案例及数字信号处理的案例等。

本书由王金明、徐程骥编著，参加本书编写的还有朱莉莉、王婧菡等，在此一并表示感谢。

由于EDA技术与Verilog HDL的不断发展变化，同时受编著者水平和精力所限，本书难免存在错误及不妥之处，恳请读者批评指正。

E-mail：wjm_ice@163.com

作　者

2022年8月

目　　录

第 1 章 Verilog HDL 入门

本章介绍 Verilog HDL 的发展简史，Verilog HDL 描述的层级和设计的流程，以及 Verilog HDL 的文字规则等基础知识。

1.1 Verilog HDL 简史

Verilog HDL 作为一种硬件描述语言（Hardware Description Language，HDL），具有机器可读（machine-readable）、人可读（human-readable）的特点，可用于电子系统创建的所有阶段，支持硬件的开发（development）、综合（synthesis）、验证（verification）和测试（test），同时支持设计数据的交流、维护（maintenance）和修改（modification）。Verilog HDL（本书以下有时也简称为 Verilog 或 Verilog 语言）的主要用户包括 EDA 工具的实现者和电子系统的设计者。

Verilog HDL 在 1983 年由 GDA 公司的 Phil Moorby 首创，之后，Moorby 设计了 Verilog-XL 仿真器并大获成功，从而使 Verilog 语言得到推广使用。1989 年，Cadence 收购 GDA；1990 年，Cadence 公开发布了 Verilog HDL，并成立 OVI（Open Verilog International）组织负责 Verilog 语言的推广，Verilog 语言的发展开始进入快车道，到 1993 年，几乎所有的 ASIC 厂商都开始支持 Verilog。

之后，Verilog HDL 又经历了如下几个重要节点：

- 1995 年，Verilog HDL 成为 IEEE 标准，称为 IEEE Standard 1364-1995（Verilog-1995）。
- 2001 年，IEEE 1364-2001 标准（Verilog-2001）发布，Verilog-2001 对 Verilog-1995 标准做了扩充和增强，提高了行为级和 RTL 级建模的能力。目前，很多综合器、仿真器支持的仍然是 Verilog-2001 标准。
- 2005 年，IEEE 1364-2005 标准（Verilog-2005）发布，该版本是对 Verilog-2001 版本的修正。

Verilog-2001 标准到目前依然是主流的 Verilog HDL 标准，被众多的 EDA 综合工具和仿真工具所支持。

Verilog HDL 是在 C 语言的基础上发展起来的，它继承、借鉴了 C 语言的很多语法结构，两者有相似之处，不过，作为硬件描述语言，Verilog HDL 与 C 语言还是有着本质区别的。Verilog 语言的特点表现在如下方面：

- 支持多个层级的设计建模，从开关级、门级、寄存器传输级（RTL）到行为级，都可以胜任，可在不同设计层次上对数字系统建模，也支持混合建模。
- 支持三种硬件描述方式：行为级描述——使用过程化结构建模；数据流描述——使用连续赋值语句建模；结构描述——使用门元件和模块例化语句建模。
- 可指定设计延时，路径延时，生成激励和指定测试的约束条件，支持动态时序仿真和静态时序检查。
- 内置各种门元件，可进行门级结构建模；内置开关级元件，可进行开关级的建模。

用户自定义原语（UDP）创建灵活，既可以创建组合逻辑，也可以创建时序逻辑；
可通过编程语言接口（PLI）机制进一步扩展 Verilog 语言的功能，PLI 允许外部函数访问 Verilog 模块内部信息，为仿真提供了更加丰富的测试方法。

从功能上看，Verilog 语言可满足各个层次设计者的需求，成为使用最为广泛的硬件描述语言之一；在 ASIC 设计领域，Verilog HDL 则一直是事实上的标准。

1.2　Verilog HDL 描述的层级

Verilog HDL 能够在多个层级对数字系统进行描述，Verilog 模型可以是实际电路不同级别的抽象，包括如下层级：

（1）行为级（Behave Level）。

（2）寄存器传输级（Register Transfer Level，RTL）。

（3）门级（Gate Level）。

（4）开关级（Switch Level）。

行为级建模：行为级建模和 RTL 级建模的界限并不清晰，如果按照目前 EDA 综合工具和仿真工具来区分，行为级建模侧重于 Test Bench 仿真，着重系统的行为和算法，常用的语言结构和语句有 initial，always，fork/join，task，function，repeat，wait，event，while，forever 等。

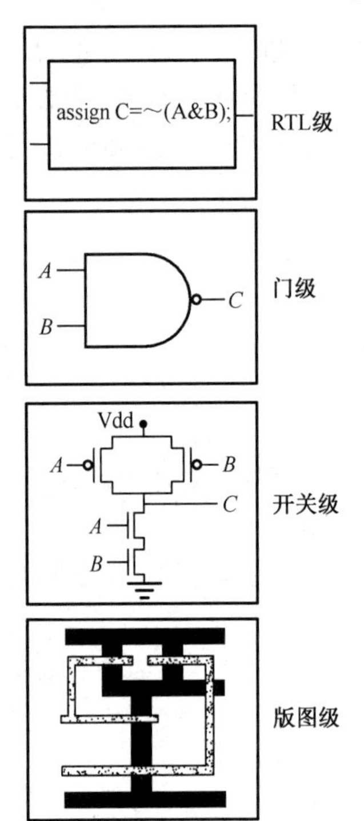

图 1.1　Verilog HDL 可综合设计的层级示意图

RTL 级建模：主要侧重于综合，用于 ASIC 和 FPGA 电路实现，并在面积、速度、功耗和时序间折中平衡，可综合至门级电路，常用的语言结构和语句包括 Verilog HDL 的可综合子集，如 always，if-else，case，assign，task，function，for 等。

图 1.1 是 Verilog HDL 可综合设计的层级示意图，从 RTL 级到门级、开关级，直至版图级。

门级建模：主要是面向 ASIC 和 FPGA 的物理实现，它既可以是电路的逻辑门级描述，也可以由 RTL 级模型综合得出的门级网表，常用的描述有 Verilog 门元件、UDP、线网表等，门级建模与 ASIC 和 FPGA 的片内资源与工艺息息相关。

开关级建模：主要是描述器件中晶体管和存储节点及它们之间的连接关系（由于在数字电路中，晶体管通常工作于开关状态，因此将基于晶体管的设计层级称为开关级）。Verilog HDL 在开关级提供了完整的原语（primitive），可以精确地建立 MOS 器件的底层模型。

Verilog HDL 允许设计者用以下方式来描述逻辑电路：

- 结构（Structural）描述。
- 行为（Behavioural）描述。

- 数据流（Data Flow）描述。

结构描述调用电路元件（如逻辑门，甚至晶体管）来构建电路，行为描述则通过描述电路的行为特性来构建电路，数据流描述主要用连续赋值语句、操作符和表达式表示电路，也可以采用上述方式的混合来描述设计。

1.3 Verilog HDL 设计的流程

Verilog HDL 主要面向 FPGA 器件和 ASIC 版图实现等应用领域。

FPGA（Field Programmable Gate Array，现场可编程门阵列）属于半定制器件，器件内已集成各种逻辑资源（逻辑门、查找表、存储器、乘法器、锁相环等），对器件内的资源编程连接就能实现所需功能，且可以反复修改，直至满足设计要求，设计成本低且风险小。

专用集成电路（Application Specific Integrated Circuit，ASIC）用全定制方式（版图）实现设计，也称为掩膜（Mask）ASIC。ASIC 实现方式能达到面积、功耗和性价比的最优，但它需设计版图（CIF、GDS II 格式）并交给代工厂（Foundry）流片，实现成本高，适用于性能要求高、批量大的应用场景。也可以先用 FPGA 设计，成熟后再用 ASIC 实现的方式，以获得最优的性价比和自主知识产权。

图 1.2 是用 FPGA 器件实现数字设计的流程，包括设计输入、综合、布局布线、时序分析、编程与配置等关键步骤。

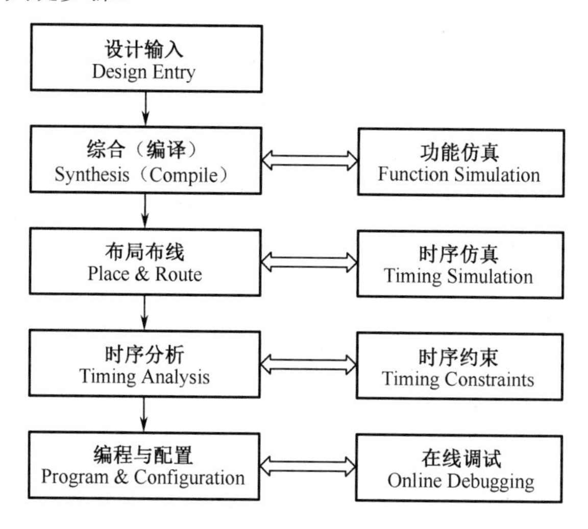

图 1.2　用 FPGA 器件实现数字设计的流程

1.3.1 设计输入

设计输入（Design Entry）是将设计者设计的电路用开发软件要求的某种形式表达出来，并输入到相应软件中的过程。设计输入最常用的方式是 HDL 文本输入和原理图输入。

（1）HDL 文本输入：硬件描述语言（HDL）是一种用文本形式描述、设计电路的语言。硬件描述语言的发展至今不过二三十年的历史，已成功应用于数字开发的各个阶段：设计、综合、仿真和验证等。在 20 世纪 80 年代，曾一度出现十余种硬件描述语言，进入 20 世纪 80 年代后期，硬件描述语言向着标准化、集成化的方向发展。最终，VHDL 和 Verilog HDL 适应了这种发展趋势，先后成为 IEEE 标准，在设计领域成为事实上的通用硬件描述语言。Verilog HDL 和 VHDL 语言各有优点，可胜任算法级（Algorithm Level）、寄存器传输级

(RTL)、门级（Gate Level）等各种层次的逻辑设计，也支持仿真验证、时序分析等任务，并因其标准化而易于移植到不同 EDA 平台。

（2）原理图输入：原理图（Schematic）是图形化的表达方式，使用元件符号和连线描述设计。其特点是适合描述连接关系和接口关系，表达直观，尤其对表现层次结构、模块化结构更为方便，但它要求设计工具提供必要的元件库或宏模块库，设计的可重用性、可移植性不如 HDL 语言。

1.3.2　综合

综合（Synthesis）是指将较高级抽象层级的设计描述自动转化为较低层级描述的过程。综合在有的工具中也称为编译（Compile）。综合有下面几种形式：

- 将算法表示、行为描述转换到寄存器传输级（RTL），称为 RTL 级综合。
- 将 RTL 级描述转换到逻辑门级（包括触发器），称为门级（或工艺级）综合。
- 将逻辑门级转换到版图级，这一般需要流片厂商的支持，包括在工具和工艺库方面。

综合器（Synthesizer）就是自动实现上述转换的软件工具。或者说，综合器是将原理图或 HDL 语言表达、描述的电路，编译成相应层级电路网表的工具。

1.3.3　布局布线

布局布线（Place & Route），又称为适配（Fitting），可理解为将综合生成的电路网表映射到具体的目标器件中予以实现，并产生最终的可下载文件的过程。它将综合后的网表文件针对某一具体的目标器件进行逻辑映射，把设计分为多个适合器件内部逻辑资源实现的逻辑小块，并根据用户的设定在速度和面积之间做出选择或折中。其中，布局是将已分割的逻辑小块放到器件内部逻辑资源的具体位置，并使它们易于连线；布线则是利用器件的布线资源完成各功能块之间和反馈信号之间的连接。

布局布线完成后产生如下一些重要的文件。

① 芯片资源耗用情况报告。

② 面向其他 EDA 工具的输出文件，如 EDIF 文件等。

③ 产生延时网表文件，以便进行时序分析和时序仿真。

④ 器件编程文件：如用于 CPLD 编程的 JEDEC、POF 等格式的文件；用于 FPGA 配置的 SOF、JIC、BIN 等格式的文件。

布局布线与芯片的物理结构直接相关，因此，一般选择芯片制造商提供的开发工具进行此项工作。

1.3.4　时序分析

时序分析（Timing Analysis），或者称为静态时序分析（Static Timing Analysis，STA）、时序检查（Timing Check），是指对设计中所有的时序路径（Timing Path）进行分析，计算每条时序路径的延时，检查每一条时序路径尤其是关键路径（Critical Path）是否满足时序要求，并给出时序分析和报告结果，只要该路径的时序裕量（Slack）为正，就表示该路径能满足时序要求。

时序分析前一般先要时序约束（Timing Constraint），以提供设计目标和参考数值。

时序分析的主要目的在于保证系统的稳定性、可靠性，并提高系统工作频率和数据处理能力。

1.3.5 功能仿真与时序仿真

仿真（Simulation）是对所设计电路的功能的验证。用户可以在设计过程中对整个系统和各模块进行仿真，即在计算机上用软件验证功能是否正确、各部分的时序配合是否准确。发现问题可以随时修改，避免了逻辑错误。

仿真包括功能仿真（Function Simulation）和时序仿真（Timing Simulation）。不考虑信号时延等因素的仿真称为功能仿真，又称为前仿真；时序仿真又称为后仿真，它是在选择器件并完成布局布线后进行的包含延时的仿真，其仿真结果能比较准确地模拟芯片的实际性能。由于不同器件的内部延时不一样，不同的布局布线方案也给延时造成很大的影响，因此时序仿真是非常有必要的，如果仿真结果达不到设计要求，就需要修改源代码或选择不同速度等级的器件，直至满足设计要求。

注：时序分析和时序仿真是两个不同的概念，时序分析是静态的，不需编写测试向量，但需编写时序约束，主要分析设计中所有可能的信号路径并确定其是否满足时序要求；时序仿真是动态的，需要编写测试向量（Test Bench 代码）。

1.3.6 编程与配置

把适配后生成的编程文件装入器件中的过程称为下载。通常将对基于 EEPROM 工艺的非易失结构 CPLD 器件的下载称为编程（Program），而将基于 SRAM 工艺结构的 FPGA 器件的下载称为配置（Configuration）。下载完成后，便可进行在线调试（Online Debugging），若发现问题，则需要重复上面的流程。

1.4 Verilog HDL 文字规则

Verilog HDL 的文字规则（Lexical Convention）包括数字、字符串、标识符和关键字等。

1.4.1 词法

Verilog HDL 源代码由各种符号流构成，这些符号包括：

- 空白符（White Space）
- 注释（Comment）
- 操作符（Operator）
- 数字（Number）
- 字符串（String）
- 标识符（Identifier）
- 关键字（Key Word）

下面对上述元素分别予以介绍，其中数字和标识符在后面两节中专门介绍。

1.4.2 空白符

在 Verilog HDL 代码中，空白符包括空格（Space）、制表符（Tab）、换行（Newline）和换页（Formfeed）。空白符使程序中的代码错落有致，阅读起来更方便。在综合时空白符均被忽略。

Verilog HDL 程序可以不分行，也可以加入空白符采用多行书写。例如：

```
initial begin ina=3'b001;inb=3'b011; end
```

这段程序等同于下面的书写格式：

```
initial
begin              //加入空格、换行等，使代码错落有致，提高可读性
    ina=3'b001;
    inb=3'b011;
end
```

1.4.3　注释

在 Verilog HDL 程序中有两种形式的注释（Comment）。

- 行注释（One-line Comment）：以“//”开始到本行结束，不允许续行。
- 块注释（Block Comment）：以“/*”开始，到“*/”结束，块注释不得嵌套。

1.4.4　操作符

操作符（Operator）用于表达式中，单目操作符（Unary Operator）应在其操作数的左边，双目操作符（Binary Operator）应处于两个操作数之间，条件操作符（Conditional Operator）则带有 3 个操作数。

1.4.5　字符串

字符串（String）是由双引号标识的字符序列，字符串只能写在一行内，不能分成多行书写。

如果字符串用作 Verilog HDL 表达式或赋值语句中的操作数，则字符串被看作 8 位的 ASCII 码序列，1 个字符用 1 个 8 位 ASCII 码表示。

1. 字符串变量声明

字符串变量应定义为 reg 类型，其大小等于字符串的字符数乘以 8。例如：

```
reg[8*12:1] stringvar;
initial
begin
stringvar = "Hello world!";
end
```

在上例中，存储 12 个字符的字符串“Hello world!”需要定义一个尺寸为 8×12（96 位）的 reg 型变量。

字符和字符串可用于仿真激励代码中，可作为一种让仿真结果更直观的辅助手段，比如用在显示系统任务$display 中。

字符串可在表达式中作为操作数用 Verilog HDL 操作符进行操作，其结果为 ASCII 码序列，将在 3.2.4 节进一步介绍。

2. 字符串中的特殊字符

\n、\t、\\和\"等常用的转义字符，Verilog HDL 也同样支持，这些特殊的转义字符用符号“\”开头，其对应的按键和符号如表 1.1 所示。

表 1.1　转义字符及其说明

特殊字符	说　明
\n	换行符
\t	制表符（Tab）
\\	反斜杠符号\
\"	符号"
\ddd	八进制数 ddd 对应的 ASCII 字符
%%	符号%

例 1.1 是一个对常用转义字符进行测试的代码。

【例 1.1】　转义字符测试代码。

```
module string_tb( );
reg[7:0] a;
reg[8*4-1:0] b,str;             //声明两个可容纳 4 个字符的字符串变量
initial begin
a = "\123";
b = "AaCc";
str = {"\\","\0","\"","\n"};    //用拼接操作符实现字符的拼接
$display("%s is stored as %h", a, a);
$display("%s is stored as %h", b, b);
$display("%s is stored as %h", str, str);
end
endmodule
```

例 1.1 的仿真输出结果如下：

```
S is stored as 53
AaCc is stored as 41614363
 \ "
  is stored as 5c00220a
```

输出的第 1 行表示：\123，八进制数 123 对应的 ASCII 码是大写字母 S，其 ASCII 码为 53（十六进制数）；第 2 行表示字符串“AaCc”以 41614363（十六进制无符号数）的形式保存在寄存器中，是一串 ASCII 码的组合；第 3、4 行显示了 4 个转义字符：“\”，空字符（NUL），“"”，换行符，其对应的 ASCII 码是 5c00220a（十六进制无符号数）。

1.4.6　关键字

Verilog HDL 内部已经使用的词称为关键字（Keyword）或保留字，用户不能随便使用这些保留字。附录 A 列出了 Verilog HDL 中的所有保留字。需要注意的是，所有关键字都是小写的，例如，ALWAYS（标识符）不是关键字，它与 always（关键字）是不同的。

1.5　数　　字

数字（Number）分为整数（Integer）和实数（Real）。

1.5.1 整数

整数有两种书写方式。

方式 1：简单的十进制数格式，可以带负号，例如：

```
659          //十进制数 659
-59          //十进制数-59
```

方式 2：按基数格式书写，其格式为

```
<+/-><size>'<s>base value
<+/-><位宽>'<s> 基数 数字
```

（1）size 为对应的二进制数的宽度，可省略。

（2）base 为基数，或者称进制，可在前面加上 s（或 S），以表示有符号数，进制可指定为如下 4 种：

- 二进制（b 或 B）。
- 十进制（d 或 D，或缺省）。
- 十六进制（h 或 H）。
- 八进制（o 或 O）。

（3）value 是基于进制的数字序列，在书写时应注意下面几点。

- 十六进制中的 a～f，不区分大小写。
- x 表示未定值，z 表示高阻态；x 和 z 不区分大小写。
- 1 个 x（或 z）在二进制数中代表 1 位 x 或 z，在八进制数中代表 3 位 x（或 z），在十六进制数中代表 4 位 x（或 z），其代表的宽度取决于所用的进制。
- “?”是高阻态 z 的另一种表示符号，字符“?”和 Z（或 z）完全等价，可互相替代，只用来增强代码的可读性。

以下是未定义位宽的例子：

```
'h837FF          //十六进制数
'o7460           //八进制数
4af              //非法（十六进制格式需要'h）
```

定义了位宽的例子：

```
4'b1001          //4 位二进制数
5'D3             //5 位十进制数，也可写为 5'd3
3'b01x           //3 位二进制数，最低位为 x
12'hx            //12 位未知数
16'hz            //16 位高阻态数
```

（4）负数是以补码形式表示的。

以下是带符号整数的例子：

```
8'd -6           //非法：数值不能为负，有负号应放最左边
-8'd6            //8 位补码，等同于-(8'd6)
4'shf            //4 位带符号数 1111，被解释为补码，其原值为‘-1’(-4'h1)
-4'sd15          //相当于-(-4'd1)或者‘0001’
16'sd?           //等同于 16'sbz
```

（5）关于位宽还需要注意下面几点。

- 未定义位宽的整数（unsized number），默认位宽为 32 位。

- 如果无符号数小于定义的位宽，应在其左边填 0 补位，如果其最左边 1 位为 x 或 z，则应用 x 或 z 在左边补位。
- 如果无符号数大于定义的位宽，那么其左边的位被截掉。

例如：

```
reg[11:0] a, b, c, d;
initial begin
a = 'hx;              //等同于 xxx
b = 'h3x;             //等同于十六进制数 03x
c = 'hz3;             //c='hzz3
d = 'h0z3;            //d 的值为 0z3
end
reg[84:0] e, f, g;
e = 'h5;              //等同于{82{1'b0},3'b101}
f = 'hx;              //等同于{85{1'hx}}
g = 'hz;              //等同于{85{1'hz}}
```

（6）较长的整数中可用下画线“_”将其分开，用来提高可读性；但数字的第 1 个字符不能是下画线，下画线也不可用在位宽和进制处，以下是下画线的书写例子：

```
27_195_000
16'b0011_0101_0001_1111
32'h12ab_f001
```

（7）在位宽和'之间以及进制和数值之间允许出现空格，但'和进制之间以及数值之间不允许出现空格。例如：

```
8□'h□2A               /*在位宽和'之间，以及进制和数值之间允许出现空格，但'和进制之间、
   数值间是不允许出现空格的，比如 8'□h2A、8'h2□A 等形式都是不合法的写法 */
3'□b001               //非法：'和基数 b 之间不允许出现空格
```

1.5.2　实数

实数有两种表示方法。

（1）十进制表示法（Decimal Notation），例如：14.72。

（2）科学记数法（Scientific Notation），例如：39e8（等同于 39×10^8）。

以下是合法的实数表示的例子：

```
1.2
0.1
2394.26331
1.2E12                //指数符号可以是 e 或 E
1.30e-2               //其值为 0.0130
0.1e-0                //0.1
23E10
29E-2                 //0.29
236.123_763_e-12      //带下画线
```

小数点两边至少要有 1 位数字，所以以下是不合法的实数表示：

```
.12                   //非法：小数点两侧都必须有数字
```

```
9.                    //非法：小数点两侧都必须有数字
4.E3                  //非法：小数点两侧都必须有数字
.2e-7                 //非法：小数点两侧都必须有数字
```

1.5.3 数的转换

可以在 Verilog HDL 代码中使用小数或使用科学记数法，当赋值给 wire 型或 reg 型变量时，会发生隐式转换（Conversion），通过四舍五入转换为最接近的整数。比如：

```
wire[7:0] a = 9.1;      //转换后，a = 8'b00001001
wire[7:0] b = 1e3;      //转换后，b = 8'b00001000
reg[7:0]  c = 11.5;     //转换后，c = 8'd12
reg[7:0]  d = -11.5;    //转换后，b = -8'd12
```

1.6 标 识 符

1.6.1 标识符简介

标识符（Identifier）是用户在编程时给 Verilog HDL 对象起的名字，模块、端口和实例的名字都是标识符。标识符可以是任意一组字母、数字以及符号“$”和“_”（下画线）的组合，但标识符的第 1 个字符不能是数字或$，只能是字母（a～z、A～Z）或者下画线“_”；标识符是区分大小写的。标识符最长可以包含 1024 个字符。

以下是标识符的例子：

```
shiftreg_a
busa_index
error_condition
merge_ab
_bus3                   //以下画线开头
n$657
```

下面两个例子是非法的标识符：

```
30count                 //非法：标识符不允许以数字开头
out*                    //非法：标识符中不允许包含字符*
```

1.6.2 转义标识符

还有一类标识符称为转义标识符（Escaped Identifier）。转义标识符以符号“\”开头，以空白符（空格、Tab、换行符）结尾，可以包含任何字符。

反斜线和结束空白符并不是转义标识符的一部分，因此，标识符“\cpu3”被视为与非转义标识符 cpu3 相同。所以，如果转义标识符中没有用到其他特殊字符，则其本质上与一般的标识符并无区别。

以下是定义转义标识符的例子：

```
\busa+index
\-clock
\***error-condition***
\net1/\net2
\{a,b}
```

```
\30count
\always
```

转义标识符还可以直接使用 Verilog HDL 关键字，如上面的\always，不过此时符号“\”不能省略。

例 1.2 描述了模 16 计数器，其中的端口多采用转义标识符命名，图 1.3 是其 RTL 级综合原理图，可见，转义标识符拓展了 Verilog HDL 标识符的命名范围，几乎所有的字符均可用作标识符。

【例 1.2】　端口采用转义标识符命名的计数器。

```
module escaped_id_count(
        input clk,
        input \always ,
        output reg[3:0] \16count ,
        output \cout );
assign \cout =(\16count ==15) ? 1 : 0;      //产生进位输出信号
always @(posedge clk)
begin
    if(\always ) \16count <=0;              //同步复位
    else        \16count <= \16count +1;    //计数
end
endmodule
```

注： 上例中转义标识符结尾应加空格（或 Tab、换行符），否则编译会报错。上例中\cout 的符号“\”可省略，其他转义标识符的符号“\”不能省略。

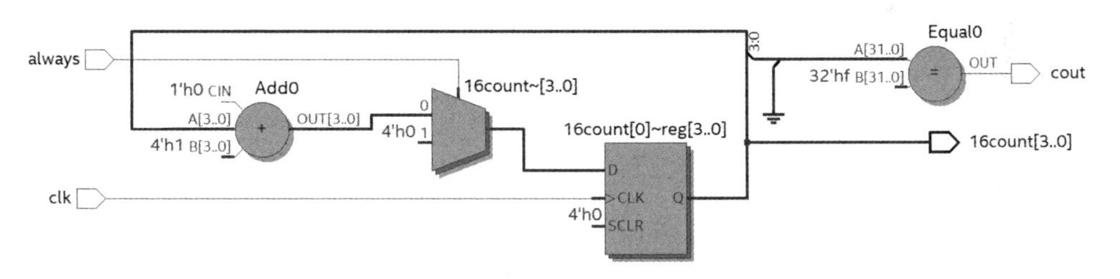

图 1.3　端口采用转义标识符命名的模 16 计数器的 RTL 级综合原理图

习　题　1

1.1　什么是综合？

1.2　功能仿真与时序仿真有什么区别？时序仿真与时序分析有何不同？

1.3　下列标识符哪些是合法的、哪些是错误的？

Cout, 8sum, \a*b, _data, \wait, initial, $latch

1.4　下列数字的表示是否正确？

6'd18, 'Bx0, 5'b0x110, 'da30, 10'd2, 'hzF

1.5　FPGA 与 ASIC 在应用上各有何优势？

1.6　Verilog HDL 对数字系统进行描述的层级有哪些？

第 2 章 数 据 类 型

Verilog HDL 的数据类型（Data Type）主要用于表示数字电路中的物理连线、数据存储和传输线等物理量。Verilog HDL 共有 19 种数据类型，这些数据类型可以分为两大类：物理数据类型（包括 wire 型、reg 型等）和抽象数据类型（包括 time 型、integer 型、real 型等）。

2.1 值 集 合

Verilog HDL 的数据类型在下面的值集合（Value Set）中取值（四值逻辑）。

- 0：低电平、逻辑 0 或逻辑“假”。
- 1：高电平、逻辑 1 或逻辑“真”。
- x 或 X：不确定或未知的逻辑状态。
- z 或 Z：高阻态。

Verilog HDL 中的所有数据类型都在上述 4 种逻辑状态中取值，其中 0、1、z 可综合；x 表示不定值，通常只在仿真中使用。

注： x 和 z 是不区分大小写的，也就是说，值 0x1z 与值 0X1Z 是等同的。

此外，在可综合的设计中，只有端口可赋值为 z，因为三态逻辑仅在 FPGA 器件的 I/O 引脚中是物理存在的，可物理实现高阻态，故三态逻辑一般只在顶层模块中定义。

2.2 net 数据类型

Verilog HDL 主要有两大类数据类型：

- net 型（物理数据类型）。
- variable 型（抽象数据类型）。

注： 在Verilog-1995标准中，variable型变量称为register型；在Verilog-2001标准中将register一词改为了variable，以避免将register和硬件中的寄存器概念混淆。

net 型数据表示硬件电路中的各种物理连接，net 型数据的值取决于驱动器的值。对 net 型变量有两种驱动方式，一种方式是用连续赋值语句 assign 对其进行赋值，另一种方式是将其连接至门元件。如果 net 型变量没有连接到驱动源，则其值为高阻态 z（trireg 除外，在此情况下，它应该保持以前的值）。

net 型变量包括 12 种，如表 2.1 所示，表中符号“ √ ”表示可综合。

表 2.1　net 型变量

类　型	功　能	可 综 合
wire，tri	连线类型	√
wor，trior	具有线或特性的多重驱动连线	
wand，triand	具有线与特性的多重驱动连线	

续表

类　型	功　能	可 综 合
tri1，tri0	分别为上拉电阻和下拉电阻	
supply1，supply0	分别为电源（逻辑 1）和地（逻辑 0）	√
trireg	具有电荷保持作用的线网，可用于电容的建模	
uwire	用于建模只允许单一驱动源的线网	

2.2.1　wire 型与 tri 型

wire 型是最常用的 net 型数据变量，Verilog HDL 模块中的输入/输出信号在没有明确指定数据类型时都被默认为 wire 型。wire 型变量的驱动方式包括连续赋值或者门元件驱动。

tri 型和 wire 型在功能及使用方法上是完全一样的，对于 Verilog HDL 综合器来说，对 tri 型数据和 wire 型数据的处理是完全相同的。将数据定义为 tri 型，能够更清楚地指示对该数据建模的目的，tri 型可用于描述由多个信号源驱动的线网。

相同强度的多个信号源驱动的逻辑冲突会导致 wire（或 tri）型变量输出 x（未知）值。如果 wire（或 tri）型变量由多个信号源驱动，则其输出由表 2.2 决定。

表 2.2　wire（或 tri）型变量由多个信号源驱动时的真值表

wire/tri	0	1	x	z
0	0	x	x	0
1	x	1	x	1
x	x	x	x	x
z	0	1	x	z

以下是 wire 型和 tri 型变量定义的例子：

```
wire w1, w2;              //声明 2 个 wire 型变量 w1,w2
wire[7:0] databus;        //databus 的宽度是 8 位
tri [15:0] busa;          //三态 16 位总线 busa
```

2.2.2　其他 net 类型

1．wand 型和 triand 型

wand 型和 triand 型是具有线与特性的数据类型，如果其驱动源中某个信号为 0，则其输出为 0。wand 型和 triand 型变量在多个信号源驱动情况下的输出由表 2.3 决定。

表 2.3　wand、triand、wor 和 trior 型变量由多个信号源驱动时的真值表

wand/triand	0	1	x	z	wor/trior	0	1	x	z
0	0	0	0	0	0	0	1	x	0
1	0	1	x	1	1	1	1	1	1
x	0	x	x	x	x	x	1	x	x
z	0	1	x	z	z	0	1	x	x

2．wor 型和 trior 型

wor 型和 trior 型是具有线或特性的数据类型，如果其驱动源中有某个信号为 1，则其输出为 1。wor 型和 trior 型变量在多个信号源驱动情况下的输出由表 2.3 决定。

3. tri0 型和 tri1 型

tri0 型和 tri1 型数据的特点是在没有驱动源驱动该线网时，其值为 0（tri1 型的值为 1）。tri0 型和 tri1 型变量在多个信号源驱动情况下的输出见表 2.4。

表 2.4　tri0 型和 tri1 型变量由多个信号源驱动时的真值表

tri0/tri1	0	1	x	z
0	0	x	x	0
1	x	1	x	1
x	x	x	x	x
z	0	1	x	0(1)

4. trireg 型

trireg 型线网可存储数值，用于建模电荷存储节点。当 trireg 型线网的所有驱动源都处于高阻态 z 时，trireg 型线网保持其最后一个驱动值，即高阻态值不会从驱动源传播到 trireg 型变量。

以下是 wand 型和 trireg 型变量定义的例子：

```
wand w;                          //wand 型线网
trireg (small) storeit;          //storeit 为电荷存储节点，强度为 small
```

5. supply0 型和 supply1 型

supply1 型和 supply0 型用于为电源（逻辑 1）和地（逻辑 0）建模。

6. uwire 型

uwire 型用于建模只允许一个驱动源的线网。不允许将 uwire 型线网的任何位连接到多个驱动源，也不允许将 uwire 型线网连接到双向开关。

2.3　variable 数据类型

variable 型变量必须放在过程语句（initial、always）中，通过过程赋值语句赋值；在 always、initial 过程块内赋值的信号也必须定义成 variable 型。需要注意的是，variable 型变量（在 Verilog-1995 标准中称为 register 型）并不意味着一定对应着硬件上的一个触发器或寄存器等存储元件，在综合器进行综合时，variable 型变量根据其被赋值的具体情况确定是映射成连线还是映射为存储元件（触发器或寄存器）。

variable 型数据包含 5 种，如表 2.5 所示，表中符号“ √ ”表示可综合。另外，reg、integer、time 型数据的初始值默认为 x（未知或不定态）；real 型和 realtime 型数据的初始值默认为 0。

表 2.5　variable 数据类型

类　型	功　能	可 综 合
reg	最常用的 variable 型变量，无符号	√
integer	整型变量，32 位有符号数	√
time	时间变量，64 位无符号数	√
real	实型变量，浮点数	
realtime	与 real 型相同	

2.3.1　reg 型

reg 型变量是最常用的 variable 型变量，reg 型变量通过过程赋值语句赋值，用于建模硬件寄存器，也可用来建模边沿敏感（触发器）和电平敏感（锁存器）的存储单元，同时，它也可以用来表示组合逻辑。

reg 型变量按无符号数处理，可使用关键字 signed 将其变为有符号数，并被 EDA 综合器和仿真器以 2 的补码的形式进行解释。

例如：

```
reg a,b;                          //声明 reg 型变量 a，b
reg[7:0] qout;                    //声明 8 位宽的 reg 型变量，无符号
reg signed[8:1] opd1;             //8 位宽有符号 reg 型变量，以 2 的补码形式存在
```

reg 型变量并不意味着一定对应着硬件上的寄存器或触发器，在综合时，综合器根据具体情况确定将其映射为寄存器或者连线。

2.3.2　integer 型与 time 型

1. integer 型

integer 型变量相当于 32 位有符号的 reg 型变量，且最低有效位为 0。对 integer 型变量执行算术运算，其结果为 2 的补码的形式。

2. time 型

time 型变量多用于在仿真中表示时间，通常与$time 系统函数一起使用。

time 型变量被 EDA 综合器和仿真器按照 64 位无符号数处理，可执行无符号算术运算。

reg、integer 和 time 型变量均支持位选和段选。

以下是定义 integer、time 数据类型的示例：

```
integer a=1;                 //声明 integer 型变量并赋初值
time t1=0;                   //声明 time 型变量并赋初值
```

例 2.1 中定义了 integer 型和 time 型的变量，图 2.1 是该例的 RTL 综合图，通过此图可看出 integer 型变量被综合器当作 32 位的 reg 型变量处理，time 型变量则被当作 64 位的 reg 型变量处理。

【例 2.1】　integer 型和 time 型变量示例。

```
module datatype_ts(
      input clk,
      output reg[15:0] a, b);
integer  i = -200;
time     t= 100;                //声明 time 型变量
always @(posedge clk) begin
    a <= i*2;
    b <= t- 1;
    i <= i + 1;
end
endmodule
```

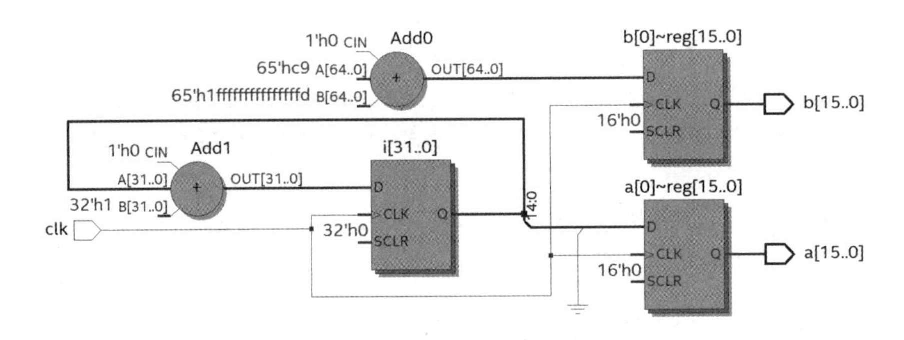

图 2.1　integer 型和 time 型变量示例 RTL 综合图

2.3.3　real 型与 realtime 型

Verilog 支持实数常量，还支持实数（real 型）变量。使用 real 型变量时，需注意以下限制：只有部分操作符适用 real 型变量；real 型变量不得在声明中指定使用范围（不能指定位宽）；real 型变量默认初始值为 0。

real 型和 realtime 型变量属于浮点数，不支持位选和段选。

以下是定义 real 型、realtime 型变量的例子：

```
real float;                 //声明 real 型变量
realtime rtime;             //声明一个 realtime 型变量
```

2.4　向　　量

宽度为 1 位的变量（net 型或 reg 型）称为标量（Scalar），如果在变量声明中没有指定位宽，则默认为标量（1 位）。

宽度大于 1 位的变量（net 型或 reg 型）称为向量（Vector）。向量的宽度用下面的形式定义：

```
[MSB : LSB]
```

方括号内左边的数字表示向量的最高有效位（Most Significant Bit，MSB），右边的数字表示最低有效位（Least Significant Bit，LSB），MSB 和 LSB 都应该是整数（可为正、负或 0）。

例如：

```
wire[3:0] bus;        //4 位的总线
reg[7:0] ra;          //8 位寄存器，其中 ra[7]为最高有效位
reg[0:7] rb;          //rb[0]为最高有效位，rb[7]为最低有效位
reg a;                //reg 标量
reg [4:0] x, y, z;   //3 个 5 位 reg 向量
reg signed [3:0] signed_reg;
                      //4 位有符号向量，2 的补码的形式，表示数的范围为-8～7
reg [-1:4] b;         //6 位 reg 向量，reg[-1]为最高有效位
```

向量可以位选（bit-select）和段选（part-select）。

向量中的任意位都可以被单独选择，并且可对其单独赋值。例如：

```
reg[7:0]  addr;            //reg 型变量，8 位[7, 6, 5, 4, 3, 2, 1, 0]
```

```
addr[0] = 1;              //最低位赋 1
addr[3] = 0;              //第 3 位赋 0
```

可以单个位选择，也可以选择相邻的多位进行赋值等操作，称为段选。例如：

```
reg [31:0]    addr;
addr[23:16] = 8'h23;      //段选并赋值
```

此处的多位选择，采用常数作为地址选择的范围，称为常数段选。Verilog-2001 标准增加了一种段选方式：索引段选（indexed part-select）。有关位选和段选在 4.2.2 节中进一步介绍。

2.5　数　组

数组（Array）由元素（Element）构成，元素可以是标量或向量。例如：

```
reg x[11:0];                //x 是数组，其元素为 reg 标量，共 12 个元素
wire [0:7] y[5:0];          //y 是数组，其元素为 8 位宽的 wire 型向量
reg [31:0] v [127:0];       //v 是数组，其元素为 32 位宽的 reg 型向量
```

2.5.1　数组简介

数组的元素可以是 net 类型，也可以是所有的 variable 类型（包括 reg、integer、time、real、realtime 等）。

数组可以是多维的，每个维度应由地址范围表示，地址范围用整数常量（正整数、负整数或 0）表示，也可以用变量表示。

以下是数组定义的例子：

```
reg arrayb[7:0][0:255];      //2 维（8×256）数组，其元素为 1 位 reg 标量
wire w_array[7:0][5:0];      //2 维（8×6）数组，其元素为 1 位 wire 标量
integer inta[1:64];          //由 64 个 integer 型变量构成的数组
time chng_hist[1:1000]       //由 1000 个 time 型变量构成的数组
integer t_index;             //定义一个 integer 变量作为数组元素的索引
```

2.5.2　存储器

元素为 reg 类型的一维数组也称为存储器（Memory）。存储器可用于建模只读存储器（ROM）、随机存取存储器（RAM）。例如：

```
reg[7:0] mema[0:255];    //256×8 位的存储器，地址索引从 0～255
```

2.5.3　数组的赋值

数组不能整体赋值，每次只能对数组的一个元素进行赋值，每个元素都用一个索引号寻址，对元素进行位选和段选及赋值操作也是允许的。

以下是数组赋值的例子（数组在前面已定义）：

```
mema[1] = 0;            //合法，mema 的第 2 个元素赋值为 0
arrayb[1][0] = 0;       //合法，元素 arrayb[1][0]赋值为 0
inta[4] = 33559;        //合法赋值
chng_hist[t_index] = $time;
                        //合法，元素的地址用一个 integer 变量指示
```

```
mema = 0;              //非法，数组不能整体赋值
arrayb[1] = 0;         //非法，arrayb[1]包含256个元素[1][0]～[1][255]
arrayb[1][12:31] = 0;
                       //非法，arrayb[1][12:31]包含20个元素[1][12]～[1][31]
```

注：注意定义向量（寄存器）和存储器的区别。例如：

```
reg[1:8] regb;              //定义了一个8位的向量(寄存器)
reg memb[1:8];              //定义了一个8个元素，每个元素字长为1的存储器
```

在赋值时，两者也有区别：

```
regb[2]=1'b1;               //对寄存器regb的第2位赋值1，合法
memb[2]=1'b1;               //对存储器memb的第2个元素赋值1，合法
regb=8'b01011000;           //对寄存器regb整体赋值，合法
memb=8'b01011000;           //非法，不允许对存储器的多个元素一次性赋值
```

2.6 参　数

参数属于常量，它只能被声明（赋值）一次。通过使用参数，可以提高 Verilog 代码的可读性、可复用性和可维护性。

2.6.1 parameter 参数

parameter 参数声明的格式如下：

```
parameter [signed] [range] 参数名1=表达式1,参数名2=表达式2,...;
```

参数可以有符号，可指定范围（位宽），还可指定其数据类型。

参数名建议用大写字母表示[①]。

parameter参数的典型用途是指定变量的延时和宽度。参数值在模块运行时不可以修改，但在编译时可以修改，可以用 defparam 语句或模块例化语句修改参数值。

以下是 parameter 参数声明的例子：

```
parameter msb = 7;
parameter e = 25, f = 9;          //定义2个参数
parameter r = 5.7;                //r为实数型参数
parameter byte_size = 8, byte_mask = byte_size - 1;
parameter average_delay = (r + f)/2;
parameter signed[3:0] mux_selector = 0; //有符号参数
parameter real r1 = 3.5e17;             //r1为实数型参数
parameter p1 = 13'h7e;
parameter newconst = 3'h4;        //隐含的范围为[2:0]
parameter newconst = 4;           //隐含的范围为[31:0]
```

Verilog-2001 改进了端口的声明语句，采用`#(参数声明语句1,参数声明语句2,…)`的形式定义参数；同时允许将端口声明和数据类型声明放在同一条语句中。Verilog-2001 标准的模块声明语句如下：

```
module 模块名
```

---

① 建议参数名用大写字母表示，而标识符、变量等一律采用小写字母表示。

```
        #(parameter_declaration, parameter_declaration,...)
         (端口声明 端口名 1, 端口名 2,...,
          port_declaration port_name, port_name,...);
```

例 2.2 采用参数定义加法器操作数的位宽，使用 Verilog-2001 的声明格式。

【例 2.2】　采用参数定义的加法器。

```
module add_w                          //模块声明采用 Verilog-2001 格式
        #(parameter MSB=15,LSB=0)     //参数声明，注意没有分号
        (input[MSB:LSB] a,b,
         output[MSB+1:LSB] sum);
assign sum=a+b;
endmodule
```

例 2.3 的 Johnson 计数器也使用了参数，Johnson 计数器又称为扭环形计数器，是一种用 n 个触发器产生 $2n$ 个计数状态的计数器，且相邻 2 个状态间只有 1 个位不同；其移位的规则是：将最高有效位取反后从最低位移入。该例的门级综合原理图如图 2.2 所示，由图可以看出，该计数器有 8 个触发器，故其模是 $2n$，即 16。

【例 2.3】　采用参数声明的 Johnson 计数器。

```
module johnson_w                      //模块声明采用 Verilog-2001 格式
              # (parameter WIDTH=8)   //参数声明
                (input clk,clr,
                 output reg[(WIDTH-1):0] qout);
always @(posedge clk, posedge clr)
begin   if(clr) qout<=0;
else    begin qout<=qout<<1;
              qout[0]<=~qout[WIDTH-1];
        end
end
endmodule
```

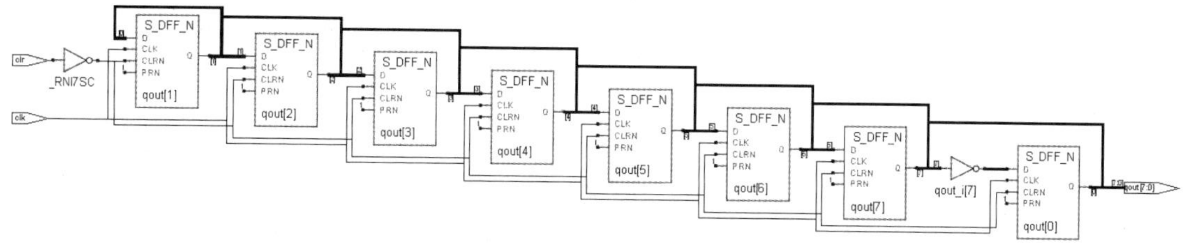

图 2.2　Johnson 计数器门级综合原理图

例 2.4 是 4 位格雷码计数器的示例。

【例 2.4】　4 位格雷码计数器。

```
module graycount  #(parameter WIDTH = 4)
          (output reg[WIDTH-1:0]  graycount,      //格雷码输出信号
           input wire  enable,clear,clk);         //使能、清零、时钟信号
reg [WIDTH-1:0]  bincount;
always @ (posedge clk)
  if(clear) begin
```

```
    bincount<={WIDTH{1'b 0}} + 1;
    graycount <= {WIDTH{1'b 0}};
    end
    else if(enable) begin
      bincount <=bincount + 1;
      graycount<={bincount[WIDTH-1],
      bincount[WIDTH-2:0] ^ bincount[WIDTH-1:1]};
     end
endmodule
```

例 2.4 的仿真波形如图 2.3 所示，其输出按照格雷码编码，相邻码字只有 1 个位变化。

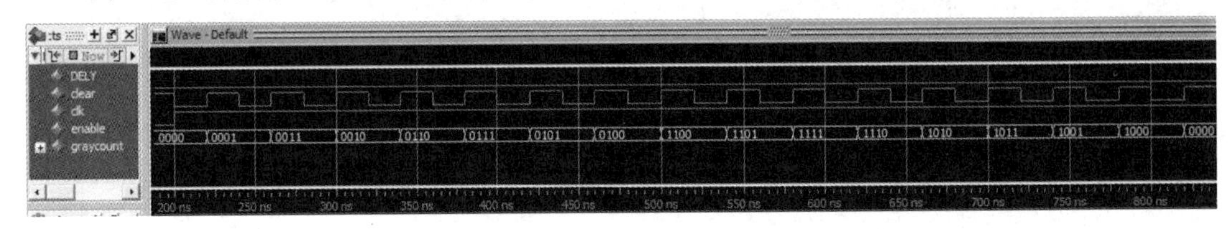

图 2.3　4 位格雷码计数器的仿真波形

2.6.2　localparam 局部参数

Verilog 还有一个关键字 localparam，用于定义局部参数。局部参数与参数的不同有如下两点：

- 用 localparam 定义的参数不能通过 defparam 语句修改参数值；
- 用 localparam 定义的参数不能通过模块实例化（参数传递）来改变参数值。

可以用一个包含 parameter 参数的常量表达式赋值给局部参数，这样就可以用 defparam 语句或模块例化来修改局部参数的赋值了。

例如：

```
parameter WIDTH=8;                      //parameter 参数定义
localparam MSB=2*WIDTH+1;               //localparam 参数定义
```

下面的示例定义了 FIFO 模块，也采用包含 parameter 参数的常量表达式来定义 localparam 局部参数，这样，用 defparam 语句或模块实例化改变 parameter 的值，局部参数的值也会随之更新。

```
module generic_fifo
    #(parameter MSB=3, LSB=0, DEPTH=4)         //定义 parameter 参数
     (input[MSB:LSB] in,
     input clk, read, write, reset,
     output[MSB:LSB] out,
     output full, empty);
localparam FIFO_MSB = DEPTH*MSB;
localparam FIFO_LSB = LSB;                     //局部参数
reg [FIFO_MSB:FIFO_LSB] fifo;
reg [LOG2(DEPTH):0] depth;
always @(posedge clk or reset) begin
     casex({read,write,reset})
```

```
    //fifo 实现（略）
    endcase end
endmodule
```

在例 2.5 中，采用 localparam 语句定义一个局部参数 HSB=MSB+1，该例的功能与例 2.2 的功能相同。

【例 2.5】　采用局部参数 localparam 的加法器。

```
module add_localp
        #(parameter MSB=15,LSB=0)    //parameter 参数定义
         (input[MSB:LSB] a,b,
          output[HSB:LSB] sum);
localparam HSB=MSB+1;                //localparam 参数定义
assign sum=a+b;
endmodule
```

2.6.3　specparam 参数

关键字 specparam 声明了一种特殊类型的参数，仅用于提供时序和延时值，除了不能赋值给 parameter 参数，它可以出现在一个模块的任何位置。specparam 指定的参数，其声明必须先于其使用。与其他参数不同的是，specparam 指定的参数不能在模块中通过例化或者参数传递进行修改，唯一可以修改参数的方法是通过 SDF 反标注释修改。

specparam 参数可在模块（module）内或 specify 块内进行声明，下面是在 specify 块内声明 specparam 参数的例子：

```
specify
specparam tRise_clk_q = 150, tFall_clk_q = 200;
specparam tRise_control = 40, tFall_control = 50;
endspecify
```

也可在模块（module）内声明 specparam 参数，例如：

```
module RAM16GEN
       (output [7:0] DOUT, input [7:0] DIN,
        input [5:0] ADR, input WE, CE);
specparam dhold = 1.0;        //specparam 参数声明
specparam ddly = 1.0;
parameter width = 1;          //parameter 参数定义
parameter regsize = dhold + 1.0;
   //非法，不能把 specparam 指定的参数赋给 parameter 参数
endmodule
```

parameter、localparam 和 specparam 三参数的区别如表 2.6 所示。

表 2.6　parameter、localparam 和 specparam 三参数的区别

parameter 参数	localparam 参数	specparam 参数
在 specify 块外，module 中声明	在 specify 块外，module 中声明	可在 module 内或 specify 块内进行声明
不能在 specify 块中使用	不能在 specify 块中使用	可在 module 内或 specify 块内使用
不能被 specparam 参数赋值	可用 parameter 参数赋值	可通过 specparam 或 parameter 参数赋值

续表

parameter 参数	localparam 参数	specparam 参数
常用于模块间参数传递，在本模块中定义	不可直接进行参数传递，在本模块中定义	常用于时序检查和时序约束，在本模块中定义，用于 specify 块
通过 defparam 或模块例化修改参数值	通过 parameter 修改参数值	通过 SDF 反标方式修改参数值
不能指定参数的取值范围	不能指定参数的取值范围	specparam 定义参数时，可指定参数的取值范围，但指定参数范围后参数值不能被修改

2.6.4　参数值修改

1. 通过 defparam 语句修改

通过 defparam 语句进行修改，但通过该语句仅能修改 parameter 参数值。

2. 通过模块例化修改（参数传递）

通过模块例化修改参数值，或称之为参数传递，此种方法仅适用于 parameter 参数，localparam 参数只能通过 parameter 参数间接的修改。

在多层次结构的设计中，通过高层模块对下层模块的例化，用 parameter 的参数传递功能可更改下层模块的规模（尺寸）。

参数的传递有三种实现方式。

（1）按列表顺序进行参数传递：按列表顺序进行参数传递，参数重载的顺序必须与参数在原定义模块中声明的顺序相同，并且不能跳过任何参数。

（2）用参数名进行参数传递：这种方式允许在线参数值按照任意顺序排列。

（3）模块例化时用 defparam 语句显式重载。

有关模块例化和参数传递，在本书 7.2 节有更为详细的介绍。

3. 通过 SDF 反标的方式修改

specparam 参数只能通过 SDF 反标的方式修改。

需要注意的是，如果模块中参数的值取决于另一个参数，但在顶层通过 defparam 对该参数进行了修改，那么参数的最终值取决于 defparam 执行后赋予的值，不受其他参数的影响。

习　题　2

2.1　Verilog HDL 数据类型有哪些？其物理意义是什么？

2.2　能否对 reg 型变量用 assign 语句进行连续赋值操作？

2.3　参数在设计中有什么用处？参数传递的方式有哪些？

2.4　用 Verilog HDL 定义如下变量和常量：

① 定义一个名为 count 的整数；

② 定义一个名为 ABUS 的 8 位 wire 总线；

③ 定义一个名为 address 的 16 位 reg 型变量，并将该变量的值赋为十进制数 128；

④ 定义一个名为 sign_reg8 的 8 位带符号 reg 型变量；

⑤ 定义参数 DELAY，参数值为 8；

⑥ 定义一个名为 delay_time 的时间变量；

⑦ 定义一个容量为 128 位、字长为 32 位的存储器 MYMEM。

⑧ 定义一个 2 维（8×16）数组，其元素为 8 位 wire 型变量。

2.5　将本章的 4 位格雷码计数器示例改为 8 位格雷码计数器，并进行综合和仿真。

第3章 表 达 式

表达式（Expression）是由操作数与操作符构成的函数式。

3.1 操 作 符

Verilog HDL 的操作符与 C 语言的操作符相似，如果按功能划分，包括以下 10 类：

- 算术操作符（Arithmetic Operator）
- 逻辑操作符（Logical Operator）
- 关系操作符（Relational Operator）
- 相等操作符（Equality Operator）
- 缩减操作符（Reduction Operator）
- 条件操作符（Conditional Operator）
- 位操作符（Bitwise Operator）
- 移位操作符（Shift Operator）
- 指数操作符（Power Operator）
- 拼接操作符（Concatenation）

如果按操作符所带操作数的个数来划分，可分为 3 类：

- 单目操作符（Unary Operator）：操作符只带一个操作数。
- 双目操作符（Binary Operator）：操作符可带两个操作数。
- 三目操作符（Ternary Operator）：操作符可带三个操作数。

3.1.1 算术操作符

算术操作符属于双目操作符（有时也可用作单目操作符），包括：

```
a + b       //a 加 b
a - b       //a 减 b
a * b       //a 乘 b
a / b       //a 除以 b
a % b       //取模（求余）
a ** b      //a 的 b 次幂
```

整数的除法运算是将结果的小数部分丢弃，只保留整数部分。比如：

```
integer inta;
inta = -12 / 3;          //结果为-4
inta = -'d 12 / 3;       //结果为 1431655761
inta = -'sd 12 / 3;      //结果为-4
inta = -4'sd 12 / 3;     //结果为 1，4'sd12=-4，-(-4)=4
```

除法和取模操作符，如果第 2 个操作数为 0，则结果为 x；取模操作的结果是采用第 1 个操作数的符号。

算术操作符的操作数中任何位值是 x 或 z，则整个结果值为 x。

以下是一些取模和幂运算的例子。

```
10  % 3                //结果为 1
12  % 3                //结果为 0
-10 % 3                //结果为-1（结果的符号与第 1 个操作数相同）
11 % -3                //结果为 2（结果的符号与第 1 个操作数相同）
-4'd12 % 3             //结果为 1
3 ** 2                 //结果为 9
2 ** 3                 //结果为 8
2 ** 0                 //结果为 1
0 ** 0                 //结果为 1
2.0 ** -3'sb1          //结果为 0.5
2 ** -3 'sb1           //结果为 0，2**-1=1/2，整数除法结果保留整数为 0
0 ** -1                //结果为'bx，0**-1=1/0，结果为'bx
9 ** 0.5               //结果为 3.0，实数平方根运算
9.0 ** (1/2)           //结果为 1.0，1/2 整数除法结果为 0，9.0**0=1.0
-3.0 ** 2.0            //结果为 9.0
```

算术操作符对 integer、time、reg、net 等数据类型变量的处理方法如表 3.1 所示，对 reg、net 型变量均视为无符号数，如果 reg、net 型变量已显式声明为有符号数（signed），则按有符号数处理，并以补码形式表示。

表 3.1　算术操作符对各种数据类型的处理方式

数据类型	说　　明
net 型变量	无符号数
signed net	有符号，补码形式
reg 型变量	无符号数
signed reg	有符号，补码形式
integer	有符号，补码形式
time	无符号数
real, realtime	有符号，浮点数

比如，下面的例子显示了不同数据类型的变量除以 3 的结果：

```
integer intA;
reg [15:0] regA;
reg signed [15:0] regS;
intA = -4'd12;
regA = intA / 3;          //表达式值为-4，intA 为 integer 型，regA=65532
regA = -4'd12;            //regA=16'b1111_1111_1111_0100=65524
intA = regA / 3;          //intA=21841
intA = -4'd12 / 3;        //intA=1431655761，是一个 32 位的 reg 型数据
regA = -12 / 3;           //表达式值为-4，regA=65532
regS = -12 / 3;           //表达式值为-4，regS 是有符号 reg 型
regS = -4'sd12 / 3;       //结果为 1，-4'sd12 实际为 4，4/3==1
```

3.1.2　关系操作符

关系操作符包含如下 4 种：

```
a < b        //a 小于 b
a > b        //a 大于 b
a <= b       //a 小于或等于 b
a >= b       //a 大于或等于 b
```

注：“<=”操作符也用于表示一种赋值操作。

使用关系操作符的表达式，若声明的关系是假，则生成逻辑值 0；若声明的关系是真，则生成逻辑值 1；如果关系操作符的任一操作数包含不定值（x）或高阻态值（z），则结果为不定值（x）。

当关系表达式的操作数（两个或其中之一）是无符号数时，该表达式应按无符号数进行比较；如果两个操作数的位宽不等，则较短的操作数高位应补 0；当两个操作数都有符号时，表达式应按有符号数进行比较，如果操作数的位宽不等，则较短的操作数应用符号位扩展。

关系操作符的优先级低于算术操作符，以下的示例说明了此优先级的不同：

```
a <  foo - 1
a < (foo - 1)    //上面两个表达式的结果相同
foo - (1 < a)    //先计算关系表达式，然后从 foo 中减去 0 或 1
foo - 1  < a     //foo 减 1 后与 a 进行比较，与上面表达式不同
```

3.1.3　相等操作符

相等操作符有 4 种：

```
a === b          //a 与 b 全等（需各位相同，包括为 x 和 z 的位）
a !== b          //a 与 b 不全等
a == b           //a 等于 b（结果可以是 x）
a != b           //a 不等于 b（结果可以是 x）
```

这 4 种操作符都是双目操作符，得到的结果是 1 位的逻辑值，得到 1，说明声明的关系为真；得到 0，说明声明的关系为假。

相等操作符（==）和全等操作符（===）的区别是：参与比较的两个操作数必须逐位相等，其相等比较的结果才为 1，如果某些位是不定态或高阻态值，则相等比较得到的结果是不定值 x；而全等比较（===）则是对这些不定态或高阻态值的位也进行比较，两个操作数必须完全一致，其结果才为 1，否则结果为 0。

相等操作符（==）和全等操作符（===）的真值表如表 3.2 所示。

表 3.2　相等操作符（==）和全等操作符（===）的真值表

==	0	1	x	z	===	0	1	x	z
0	1	0	x	x	0	1	0	0	0
1	0	1	x	x	1	0	1	0	0
x	x	x	x	x	x	0	0	1	0
z	x	x	x	x	z	0	0	0	1

例如，若寄存器变量 a=5'b11x01，b=5'b11x01，则“a==b”得到的结果为不定值 x，而

“a===b”得到的结果为逻辑 1。

3.1.4　逻辑操作符

逻辑操作符包括：

- &&　　逻辑与
- ||　　逻辑或
- !　　逻辑非

逻辑操作符的操作结果是 1 位的：逻辑 1，逻辑 0，或者是不定值 x。

逻辑操作符的操作数可以是 1 位的，也可以不止 1 位；若操作数不止 1 位，则应将其作为一个整体对待，为全 0，则相当于逻辑 0，不是全 0，则应视为逻辑 1。

比如，假如 reg 型变量 alpha 值为 237，beta 值为 0，则有

```
regA = alpha && beta;      //regA 的值为 0
regB = alpha || beta;      //regB 的值为 1
```

逻辑操作符的优先级是：!最高，&&次之，||最低；逻辑操作符的优先级低于关系和相等操作符，比如，下面两条表达式的结果是一样的，但推荐使用带括号的表达式形式。

```
a < size-1 && b != c && index != lastone
(a < size-1) && (b != c) && (index != lastone)
```

下面两个表达式是等效的，但推荐使用前面的表达式形式。

```
if (!inword)
if (inword == 0)
```

3.1.5　位操作符

位操作符包括：

- ~　　按位取反
- &　　按位与
- |　　按位或
- ^　　按位异或
- ^~,~^　　按位同或（符号^~与~^是等价的）

按位与、按位或、按位异或的真值表如表 3.3 所示，按位取反、按位同或的真值表如表 3.4 所示。

表 3.3　按位与、按位或、按位异或的真值表

<table>
<tr><th>&</th><th>0</th><th>1</th><th>x (z)</th><th>|</th><th>0</th><th>1</th><th>x (z)</th><th>^</th><th>0</th><th>1</th><th>x (z)</th></tr>
<tr><td>0</td><td>0</td><td>0</td><td>0</td><td>0</td><td>0</td><td>1</td><td>x</td><td>0</td><td>0</td><td>1</td><td>x</td></tr>
<tr><td>1</td><td>0</td><td>1</td><td>x</td><td>1</td><td>1</td><td>1</td><td>1</td><td>1</td><td>1</td><td>0</td><td>x</td></tr>
<tr><td>x (z)</td><td>0</td><td>x</td><td>x</td><td>x (z)</td><td>x</td><td>1</td><td>x</td><td>x (z)</td><td>x</td><td>x</td><td>x</td></tr>
</table>

表 3.4　按位取反、按位同或的真值表

~		^~ ~^	0	1	x (z)
0	1	0	1	0	x
1	0	1	0	1	x
x (z)	x	x (z)	x	x	x

例如，若 A=5'b11001，B=5'b10101，则有

```
~A=5'b00110; A&B=5'b10001; A|B=5'b11101; A^B=5'b01100;
```

需要注意的是，两个不同长度的数据进行位运算时，自动将两个操作数按右端对齐，位数少的操作数在高位用 0 补齐。

3.1.6　缩减操作符

缩减操作符是单目操作符，包括：

- &　　与
- ~&　　与非
- |　　或
- ~|　　或非
- ^　　异或
- ^~,~^　　同或

缩减操作符与位操作符的逻辑运算法则一样，但缩减运算是对单个操作数进行与、或、非递推运算的，它放在操作数的前面。缩减操作符可将一个向量缩减为一个标量。例如：

```
reg[3:0] a;
b=&a;                    //等效于 b=((a[0]&a[1])&a[2])&a[3];
```

表 3.5 是缩减操作符运算的例子，用 4 个操作数的缩减运算结果说明缩减操作符的用法。

表 3.5　缩减操作符运算举例

操作数	&	~&	|	~|	^	~^	说　明
4'b0000	0	1	0	1	0	1	操作数为全 0
4'b1111	1	0	1	0	0	1	操作数为全 1
4'b0110	0	1	1	0	0	1	操作数中有偶数个 1
4'b1000	0	1	1	0	1	0	操作数中有奇数个 1

3.1.7　移位操作符

- >>　　逻辑右移
- <<　　逻辑左移
- >>>　　算术右移
- <<<　　算术左移

移位操作符包括逻辑移位操作符（>>和<<）和算术移位操作符（<<<和>>>）。其用法为

```
A >> n 或 A << n
```

表示把操作数 A（左侧的操作数）右移或左移 n 位，其中 n 只能为无符号数，如果 n 的值为 x 或 z，则移位操作的结果只能为 x。

对于逻辑移位（>>和<<），均用 0 填充移出的位。

对于算术移位，算术左移（<<<）也是用 0 填充移出的位；算术右移（>>>），如果左侧的操作数（A）为无符号数，则用 0 填充移出的位，如果左侧的操作数为有符号数，则移出的空位全部用符号位填充。

在下例中，变量 result 的值最终变为 0100，即由 0001 左移 2 位，空位补 0。

```
module shift;
reg [3:0] start, result;
```

```
initial begin
   start = 1;
   result = (start << 2);        //result =0100
end
endmodule
```

在下例中，变量 result 的值最终变为 1110，即由 1000 右移 2 位，移出的空位填充符号位 1。

```
module ashift;
reg signed [3:0] start, result;   //start, result 为有符号数
initial begin
   start = 4'b1000;
   result = (start >>> 2);        //result =1110
end
endmodule
```

假如变量 a = 8'sb10100011，那么执行逻辑右移和算术右移后的结果如下：

```
a>>3;                      //逻辑右移后 a 变为 8'b00010100
a>>>3;                     //算术右移后 a 变为 8'b11110100
```

移位操作可用于实现某些指数操作。比如，若 A=8'b0000_0100，则表达式 $A*2^3$ 可用移位操作实现：

```
A<<3                       //执行后，A 的值变为 8'b0010_0000
```

例 3.1 对有符号数的逻辑移位和算术移位进行了仿真。

【例 3.1】 有符号数的逻辑移位和算术移位示例。

```
module shift_tb /**/;
reg signed[7:0]a,b;
initial
begin
  a=8'b1000_0010;
  b=8'b1000_0010;
  $display("a          =1000_0010=%d",a);
  $display("b          =1000_0010=%d",b);
#10
  a=a>>3;
  b=b>>>3;
  $display("a=a>>3      =%b=%d",a,a);
  $display("b=b>>>3     =%b=%d",b,b);
#10
  a=a<<3;
  b=b<<<3;
  $display("a=a<<3      =%b=%d",a,a);
  $display("b=b<<<3  =%b=%d",b,b);
end
endmodule
```

上例用 ModelSim 运行，TCL 打印窗口输出如下，对照上面的代码，可对有符号数的

逻辑移位和算术移位认识更清晰。

```
#  a          =1000_0010 = -126
#  b          =1000_0010 = -126
#  a =a>>3    =00010000  =  16
#  b =b>>>3   =11110000  = -16
#  a =a<<3    =10000000  = -128
#  b =b<<<3   =10000000  = -128
```

3.1.8　指数操作符

**

执行指数运算，一般使用较多的是底数为 2 的指数运算，如2^n。例如：

```
parameter WIDTH=16;
parameter DEPTH=8;
reg[WIDTH-1:0] mem [0:(2**DEPTH)-1];
//存储器的深度用指数运算定义，该存储器位宽为 16，容量（深度）为 2^8（256）个单元
```

3.1.9　条件操作符

?:

这是一个三目操作符，对 3 个操作数进行判断和处理，其用法如下：

```
signal=condition ? true_expression : false_expression;
信号 = 条件 ? 表达式1 : 表达式2;
```

当条件成立（为 1）时，信号取表达式 1 的值，条件不成立（为 0）时取表达式 2 的值；当条件为 x 或 z 时，则应对表达式 1 和表达式 2 按表 3.6 进行按位计算得到最终结果。

表 3.6　条件操作符按位运算真值表

?:	0	1	x（z）
0	0	x	x
1	x	1	x
x（z）	x	x	x

以下用三态输出总线的例子来说明条件操作符的用法：

```
wire [15:0] busa = drive_busa ? data : 16'bz;
```

当 drive_busa 为 1 时，data 数据被驱动到总线 busa 上（为 1 或 0）；如果 drive_busa 的值为 0，则 busa 为高阻态（z）。

3.1.10　拼接操作符

{ }

该操作符将两个或多个信号的某些位拼接起来。比如：

```
{a, b[3:0], w, 3'b101}
{4{w}}                //等同于{w, w, w, w}
{b, {3{a, b}}}        //等同于{b, a, b, a, b, a, b}
res = {b, b[2:0], 2'b01, b[3], 2{a}};
```

再比如：

```
parameter P = 32;
assign b[31:0] = { {32-P{1'b1}}, a[P-1:0] };      //合法
```

再比如：

```
result = {4{func(w)}};
y = func(w);
result = {y, y, y, y};
```

拼接可以用来进行移位操作，例如：

```
f = a*4 + a/8;
```

假如 a 的宽度是 8 位，则可以用拼接操作符通过移位操作实现上面的运算：

```
f = {a[5:0],2b'00} +{3b'000,a[7:3]};
```

3.1.11　操作符的优先级

操作符的优先级（Precedence）如表 3.7 所示。不同的综合开发工具在执行这些优先级时可能有微小的差别，因此在书写程序时建议用括号来控制运算的优先级，这样能有效避免错误，同时增加程序的可读性。

表 3.7　操作符的优先级

<table>
<tr><th>类　别</th><th>运　算　符</th><th>优　先　级</th></tr>
<tr><td>单目操作符
（包括正负号，非逻辑操作符，缩减操作符）</td><td>+ - ! ~ & ~& | ~| ^ ~^ ^~</td><td rowspan="16">高优先级
↓
低优先级</td></tr>
<tr><td>指数操作符</td><td>**</td></tr>
<tr><td rowspan="2">算术操作符</td><td>* / %</td></tr>
<tr><td>+ -</td></tr>
<tr><td>移位操作符</td><td><< >> <<< >>></td></tr>
<tr><td>关系操作符</td><td>< <= > >=</td></tr>
<tr><td>相等操作符</td><td>== != === !==</td></tr>
<tr><td rowspan="3">位操作符</td><td>&</td></tr>
<tr><td>^ ^~ ~^</td></tr>
<tr><td>|</td></tr>
<tr><td rowspan="2">逻辑操作符</td><td>&&</td></tr>
<tr><td>||</td></tr>
<tr><td>条件操作符</td><td>?:</td></tr>
<tr><td>拼接操作符</td><td>{} {{}}</td></tr>
</table>

3.2　操　作　数

操作数可以是以下之一：

- 常量或字符串；
- 参数（包括 localparam 参数和 specparam 参数）及其位选和段选；
- net 型变量及其位选和段选；
- reg 型、integer 型、time 型变量及其位选和段选；
- real 型、realtime 型向量；
- 数组元素及其位选和段选；
- 返回值是上述之一的函数或系统函数的调用。

本节从操作数的角度对用于表达式的整数、向量、数组和字符串等操作数进行讨论，并研究综合器和仿真器对这些操作数的处理方式。

3.2.1 整数

表达式中的整数可以表示为如下形式：

- 无位宽（size）、无基数（base）的整数（如 12，默认为 32 位）
- 无位宽，有基数的整数（如'd12、'sd12）
- 有位宽、有基数的整数（如 16'd12、16'sd12）

对于负整数，有基数和无基数的明显不同。无基数的整数（如-12）被视为有符号数（2 的补码形式）；有基数但不加 s 说明符的负整数（如-'d12），虽然 EDA 综合器和仿真器会将其用二进制补码表示，但仍被视为无符号数。

比如，下面的示例显示了表达式“-12 除以 3”的 4 种表达形式及其结果。

```
integer intA;
intA = -12 / 3;      //结果为-4,-12 为 32 位有符号负数，3 为 32 位有符号正数
intA = -'d12 / 3;    //结果为 1431655761，-'d12 为 32 位无符号数，3 为 32 位有符号正数
intA = -'sd12 / 3;  //结果为-4，-'sd12 为 32 位有符号负数，3 为 32 位有符号正数
intA = -4'sd12 / 3; //结果为 1，4'sd12 为 1100，即-4，-(-4)=4
```

注：-12 和-'d12 虽然都是以相同的二进制补码的形式表示，但对于 Verilog 综合器和仿真器，-'d12 被解释为无符号数（1111_1111_1111_1111_1111_1111_1111_0100=4294967284），而-12 被认为是有符号数。

3.2.2 位选和段选

操作数（包括 net 型向量、reg 型向量、integer、time 型变量或参数）支持位选（bit-select）和段选（part-select）。

1. 位选

操作数的任意位都可以被单独选择，并且可对其单独赋值，称为位选。

比如：

```
wire[15:0]  busa;                  //wire 型向量
assign busa[0] = 1;                //最低位赋 1
```

如果位选超出地址范围，或者值为 x 或 z，则返回值为 x。

2. 常数段选

可以单个位选择，也可以选择相邻的多位进行赋值等操作，称为段选。

例如：

```
wire[15:0]  busa;                  //wire 型向量
assign busa[7:0] = 8'h23;          //常数段选
```

上面的多位选择，用常数作为地址范围，称为常数段选。

以下是位选和常数段选的例子：

```
reg[7:0]  acc= 5;          //acc 为 00000101
wire  a,b;
```

```
wire[3:0]  c;
assign a=acc[0];            //位选, a=1'b1
assign b=acc[7];            //位选, b=1'b0;
assign c=acc[3:0];          //常数段选, c=4'b0101
```

3. 索引段选

Verilog-2001 中新增了一种段选方式：索引段选（indexed part-select），其形式如下：

```
[base_expr     +:    width_expr]
   //起始表达式  正偏移     位宽
[base_expr     -:    width_expr]
   //起始表达式  负偏移     位宽
```

其中，位宽（width_expr）必须为常数，而起始表达式（base_expr）可以是变量；偏移方向表示选择区间是起始表达式加上位宽（正偏移），或者起始表达式减去位宽（负偏移）。例如：

```
reg[63:0] word;
reg[3:0] byte_num;          //取值范围: 0 到 7
wire[7:0] byteN = word [byte_num*8 +: 8];
```

上例中，如果变量 byte_num 当前的值是 4，则 byteN = word[39:32]，起始位为 32（byte_num*8），终止位 39 由起始位加上正偏移 8 确定。

索引段选的地址是从基地址开始选择一个范围。

例 3.2 是一个索引段选的示例，图 3.1 是该例的 RTL 综合视图，通过图中索引段选的赋值结果，可对索引段选的寻址区间有更清楚的认识。

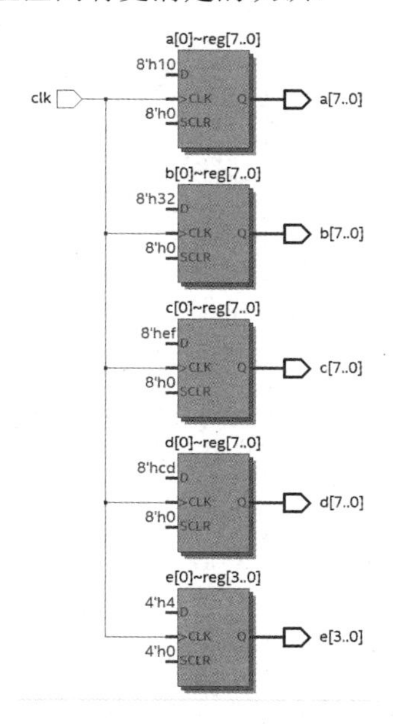

图 3.1　索引段选示例的 RTL 综合视图

【例 3.2】　索引段选示例。

```
module index_sel(
   input clk,
```

```
    output  reg[7:0] a,b,c,d,
    output  reg[3:0] e);
wire[31:0] busa = 32'h76543210;
wire[0:31] busb = 32'h89abcdef;
integer sel=2;

always @ (posedge clk) begin
  a <= busa[0  +: 8];              //a= busa[7:0]=8'h10
  b <= busa[15 -: 8];              //b= busa[15:8]=8'h32
  c <= busb[24 +: 8];              //c= busb[24:31]=8'hef
  d <= busb[23 -: 8];              //d= busb[16:23]=8'hcd
  e <= busa[8*sel +: 4];           //e= busa[19:16]=4'h4
end
endmodule
```

4. vectored 和 scalared 关键字

在定义向量时，可选用 vectored 和 scalared 关键字。如果使用 vectored 关键字，表示该向量不允许进行位选和段选，只能作为一个统一的整体进行操作；如果使用 scalared 关键字，则允许对该向量位选和段选。比如：

```
tri1 scalared [63:0] bus64;      //scalared 向量
tri vectored [31:0] data;        //vectored 向量
```

凡没有注明 vectored 关键字的向量都认为是 scalared 向量，可对其进行位选和段选。

3.2.3 数组

在表达式中使用数组（Array）应注意其定义、寻址、赋值操作的一系列规范。

下面分别定义了一个 2 维数组和一个 3 维数组：

```
reg[7:0] twod_array [0:255][0:255];        //256*256, 2 维数组，元素为 8 位
wire thrd_array [0:255][0:255][0:7];       //256*256*8, 3 维数组，元素为 1 位
```

数组寻址时，其地址（索引）应包括各个维度，地址（索引）可以是常数，也可以是变量。对数组元素进行位选和段选也是可以的。比如：

```
twod_array[14][1][3:0]           //访问低 4 位
twod_array[1][3][6]              //访问第 6 位，位选
twod_array[1][3][sel]            //位选
thrd_array[14][1][3:0]           //非法，一次只能选择一个元素
```

不能同时对多个数组元素进行赋值，只能通过索引一个一个地进行赋值。

3.2.4 字符串

在表达式和赋值语句中使用字符串，EDA 工具会将其视作无符号整数，一个字符对应一个 8 位的 ASCII 码。

由于字符串的本质是无符号整数，因此 Verilog HDL 的各种操作符对字符串也适用，比如用==和!=进行字符串的比较、用{ }完成字符串的拼接。在操作过程中，如果声明的 reg 型变量位数大于字符串实际长度，则字符串变量的左端（即高位）补 0，这一点与非字符串操作数并无区别；如果声明的 reg 型变量位数小于字符串实际长度，那么字符串的左端被截断。

例 3.3 是一个字符串操作的例子，在下例中声明了一个可容纳 14 个字符的字符串变量，并对其赋值，期间用拼接操作符实现字符串的拼接。

【例 3.3】　字符串操作数示例。

```
module string_test;
reg[8*14 : 1] stringvar;              //声明可容纳 14 个字符的字符串变量
initial begin
stringvar = "Hello world";
$display("%s is stored as %h", stringvar, stringvar);
stringvar = {stringvar,"!!!"};        //用拼接操作符实现字符串的拼接
$display("%s is stored as %h", stringvar, stringvar);
end
endmodule
```

上例的仿真输出结果如下：

```
Hello world    is stored as 00000048656c6c6f20776f726c64
Hello world!!! is stored as 48656c6c6f20776f726c64212121
```

3.3　表达式的符号

对于表达式结果的符号，应注意以下几点。

（1）表达式中任意一个操作数是无符号数，整个表达式的运算结果便是无符号数；只有所有操作数均为有符号数（signed）时，表达式结果才是有符号数。

（2）操作数位选、段选、拼接、比较的结果均为无符号数，而不论操作数本身是有符号数还是无符号数。

（3）操作数前加负号“-”与操作数定义为有符号数是有区别的，两者并不相同，如果操作数只加负号，不加 s，虽然 EDA 综合器和仿真器会将其用二进制补码表示，但仍不会将其当作有符号数处理。

（4）可使用两个系统函数来控制表达式的符号：$signed 和$unsigned。

```
$signed          //返回值有符号
$unsigned        //返回值无符号
```

系统函数$signed 和$unsigned 会计算输入表达式，并返回该函数定义的类型的值。

比如：

```
reg[7:0] regA, regB;
reg signed[7:0] regS;
regA = $unsigned(-4);           //regA = 8'b11111100
regB = $unsigned(-4'sd4);       //regB = 8'b00001100
regS = $signed(4'b1100);        //regS = -4
```

（5）表达式结果是否有符号，与赋值符号左边的数据无关，或者说赋值对象定义为 unsigned 和 signed，并不会改变等号右边表达式的运算结果，它只是表明设计者、设计工具对这个二进制数的一种认知和解释。比如：

```
reg[7:0] a = 8'hA5;          //a = 8'b1010_0101，无符号数，代表十进制数 165
reg signed[7:0] b = 8'hA5;  //b = 8'sb1010_0101，有符号数，代表十进制数-91
```

在上面的例子中，同样是二进制数 1010_0101，如果将其定义为无符号数，则代表十

进制数 165；如果定义为有符号数，则代表十进制数-91。

例 3.4 是一个表达式符号的示例，例 3.5 是对该例的 Test Bench 测试代码，从 Test Bench 仿真输出结果可清楚了解仿真器对操作数处理的方式。

【例 3.4】　表达式的符号示例。

```
module express_sign(
   input reg signed[3:0] data,
   input reg signed[7:0] op1,op2,
   output[7:0] a, b, c, d, e, f, g,
   output wire signed[15:0] s1,
   output wire signed[31:0] s2);
assign  a = data;                     //有符号数
assign  b = data[3:0];                //段选，结果为无符号数
assign  c = $signed(data[3:0]);       //有符号数
assign  d = op1+op2;
assign  e = op1-op2;
assign  f = op1*op2;
assign  g = op1/op2;
assign  s1 = -12 / 3;
assign  s2 = -'d12 /3;
endmodule
```

【例 3.5】　表达式符号示例的 Test Bench 测试代码。

```
`timescale 1 ns/1 ns
module express_sign_tb;
reg signed[3:0] data;
reg signed[7:0] op1,op2;
wire[7:0] a, b, c, d, e, f, g;
wire signed[15:0] s1;
wire signed[31:0] s2;
express_sign  i1(.data(data), .a(a), .b(b), .c(c), .d(d), .e(e),
          .op1(op1), .op2(op2), .f(f), .g(g), .s1(s1), .s2(s2));
initial begin
      data = 4'sb1100;
  #40  $display($time,,"data = %b a = %b b =%b c =%b",data,a,b,c);
  #40  data = 4'sb1001;
  #40  $display($time,,"data = %b a = %b b =%b c =%b",data,a,b,c);
  #40  data = 4'sb0011;
  #40  $display($time,,"data = %b a = %b b =%b c =%b",data,a,b,c);
  #40  op1= -8'sd12; op2= 8'sd3;
  #40  $display($time,,"op1 = %b op2 = %b d =%b e =%b f =%b g =%b",
           op1,op2,d,e,f,g);
  #40  op1=  8'sd12; op2= -8'sd3;
  #40  $display($time,,"op1 = %b op2 = %b d =%b e =%b f =%b g =%b",
           op1,op2,d,e,f,g);
```

```
  #40  $display($time,,"s1 = %b s2 =%b ", s1,s2);
  #40 $stop;
end
endmodule
```

本例用 ModelSim 运行，其 TCL 命令窗口输出如下：

```
40 data = 1100 a = 11111100 b =00001100 c =11111100
120 data = 1001 a = 11111001 b =00001001 c =11111001
200 data = 0011 a = 00000011 b =00000011 c =00000011
280 op1 = 11110100 op2 = 00000011 d =11110111
          e =11110001 f =11011100 g =11111100
360 op1 = 00001100 op2 = 11111101 d =00001001
          e =00001111 f =11011100 g =11111100
400 s1 = 1111111111111100   s2 =01010101010101010101010101010001
```

对上面的运算结果进行分析：

对于 a，由于表达式是有符号数，赋值结果进行了符号位扩展。

对于 b，即使通过段选选择了向量数据的所有位，表达式结果仍然是无符号数，赋值后高位扩展 0。

对于 c，使用$signed 系统任务将段选结果转换为有符号数，则表达式结果变成了有符号数，赋值后进行符号位扩展。

op1 为-8'sd12，为-12，op2= 8'sd3，为+3，故两者加、减、乘、除的结果分别是-9（8 位补码表示为 11110111），-15（8 位补码表示为 11110001），-36 和-4。

op1 为 8'sd12，为+12，op2=-8'sd3，为-3，故两者加、减、乘、除的结果分别是 9，15，-36（8 位补码表示为 11011100）和-4（8 位补码表示为 11111100）。

对于 s1，-12 被视为有符号数（2 的补码形式），-12/3 结果为-4，其 16 位补码表示为 1111_1111_1111_1100。

对于 s2，-'d12（补码形式为 1111_1111_1111_1111_1111_1111_1111_0100）被仿真器解释为 32 位无符号数（相当于十进制数 4294967284），故-'d12/3 结果为 1431655761。

故-12 和-'d12 虽然都是以相同的二进制补码的形式存在，但对于 Verilog HDL 仿真器而言，对其解释和处理是不同的。

3.4　表达式的位宽

在算术运算和数据处理中，如果要获得一致的结果，控制表达式的位宽（Expression bit length）就显得很重要，这也是设计过程中必须考虑的问题。表达式在计算过程中会产生中间结果，中间结果的位宽、最终结果的位宽以及表达式中操作数的位宽究竟如何确定？

3.4.1　表达式位宽的规则

如果两个 16 位数算术相加，结果变量考虑到可能的进位，则应定义为 17 位。

```
sumA = a + b;
```

Verilog HDL 根据操作符和操作数的位宽来确定表达式的位宽。对于加法操作符，表达式的位宽（包括中间结果的位宽）采用表达式中最大操作数（包括赋值符号左侧的赋值对象）的位宽。

表达式的位宽（包括中间结果的位宽）的确定分两种情况：

- 自确定表达式（self-determined expression）是指表达式的位宽仅由表达式本身确定。
- 上下文确定表达式（context-determined expression）是指表达式的位宽由表达式自身和给出该表达式的上下文确定。

表 3.8 显示了自确定表达式确定位宽的规则，根据不同的操作符，由表达式中的操作数的位宽来自然确定表达式结果以及中间结果的位宽。

在表 3.8 中，i、j 和 k 表示表达式的操作数，而 L(i)表示操作数 i 的位宽。

表 3.8　自确定表达式确定位宽的规则

<table>
<tr><th>表达式（op 表示操作符）</th><th>表达式位宽</th><th>说　明</th></tr>
<tr><td>未定义宽度的常数</td><td>与整数同，32 位</td><td></td></tr>
<tr><td>i op j：+ - * / % & | ^ ^~ ~^</td><td>max(L(i), L(j))</td><td>算术操作符</td></tr>
<tr><td>op i：+ - ~</td><td>L(i)</td><td></td></tr>
<tr><td>i op j：=== !== == != > >= < <=</td><td>1 位</td><td>操作数位宽为 max(L(i), L(j))</td></tr>
<tr><td>i op j：&& ||</td><td>1 位</td><td>所有操作数位宽自确定</td></tr>
<tr><td>op i：& ~& | ~| ^ ~^ ^~ !</td><td>1 位</td><td>所有操作数位宽自确定</td></tr>
<tr><td>i op j：>> << ** >>> <<<</td><td>L(i)</td><td>j 自确定</td></tr>
<tr><td>i ? j : k</td><td>max(L(j), L(k))</td><td>i 自确定</td></tr>
<tr><td>{i,...,j}</td><td>L(i) + ..+ L(j)</td><td>所有操作数位宽自确定</td></tr>
<tr><td>{i {j ,.., k}}</td><td>i * (L(j) +..+ L(k))</td><td>所有操作数位宽自确定</td></tr>
</table>

3.4.2　表达式位宽示例

1．示例 1

对于加法操作符，表达式的位宽（包括中间结果的位宽）采用表达式中所有操作数（包括赋值符号左侧的赋值对象）中的最大位宽。

在实现算术加法的例 3.6 和例 3.7 中，通过在表达式中增加一个 32 位的操作数 0，使得中间结果中最高有效位（进位）不至于丢失，保证结果是最佳的。

【例 3.6】　表达式的位宽示例。

```
module bit_length(
    input clk,
    input reg [7:0] a, b,              //操作数位宽 8 位
    output reg [8:0] answer,
    output reg [7:0] answer1,answer2,answer3);
always @(posedge clk)
begin
    answer <= a + b;
    answer1 <= a + b;
    answer2 <= (a + b) >> 1;
    answer3 <= (a + b + 0) >> 1;
end
endmodule
```

【例 3.7】　表达式位宽示例的 Test Bench 测试代码。

```
`timescale 1 ns/1 ns
module bit_length_tb;
reg clk;
parameter DELY = 10;
reg[7:0] a,b;
wire[8:0] answer;
wire[7:0] answer1,answer2,answer3;
bit_length  i1(.clk(clk), .a(a), .b(b), answer(answer),
          .answer1(answer1), .answer2(answer2),.answer3(answer3));
initial begin clk = 0;
  forever  #DELY clk = ~clk; end      //产生时钟信号
initial begin
   a = 8'd255; b = 8'd127;
   #(DELY*2)  $display("answer = %b answer1 = %b answer2 =%b
            answer3 =%b",answer,answer1,answer2,answer3);
   #(DELY*5)  $stop;
end
endmodule
```

上例用 ModelSim 运行，其 TCL 窗口输出如下：

```
answer  = 101111110    answer1 = 01111110
answer2 = 00111111     answer3 = 10111111
```

对上面的结果分析如下：两个 8 位数据相加，显然 9 位的变量 answer 是正确结果。

相较而言，8 位结果 answer1 丢掉了最高位（进位），answer3 舍弃了最低位，而结果 answer2 与正确结果差距最大，这是由于表达式(a + b) >> 1 在计算的过程中，整个表达式中所有操作数的最大位宽只有 8 位，因此 a+b 在计算过程中丢掉了最高有效位（进位），最终结果又右移了 1 位，故与正确结果相差较大。

表达式(a + b + 0) >> 1 中多了一个未声明位宽的常数 0，其默认位宽为 32 位，这样 a+b+0 在计算过程中得到的中间变量也是 32 位的，便不会丢失最高有效位（进位）。

如果设计结果需要截位，从保留最高有效位、舍弃低位的思路出发，显然，answer3 是最优结果，故计算过程如需要截位应采用(a + b + 0) >> 1 这样的表达式。

2. 示例 2

例 3.8 用于说明操作符、操作数位宽、中间结果和最终结果的位宽之间的关系。

【例 3.8】　操作符、操作数位宽、中间结果和最终结果的位宽示例。

```
module bitlength();
reg [3:0] a,b,c;
reg [4:0] d;
initial begin
   a = 9;
   b = 8;
   c = 1;
```

```
  $display("answer = %b", c ? (a&b) : d);
end
endmodule
```

上例用 ModelSim 运行，其 TCL 窗口输出如下：

```
answer = 01000
```

根据表 3.8，表达式 a&b 自身的位宽为 max(L(i), L(j))，a、b 位宽均为 4 位，故表达式 a&b 位宽为 4，但因为 a&b 在条件操作符（? :）的上下文中，它使用最大位宽（max(L(j), L(k))），即 d 的位宽 5，故最终结果 answer=a&b=5'b01000。

3. 示例 3

例 3.9 进一步说明表达式的位宽、中间结果的位宽和操作数位宽之间的关系。

【例 3.9】 表达式的位宽、中间结果的位宽和操作数位宽之间的关系示例。

```
`timescale 1 ns/ 1 ps
module self_determined();
reg [3:0] a;
reg [5:0] b;
reg [15:0] c;
initial begin
  a = 4'hF;                    //a = 15
  b = 6'hA;                    //b = 10
  $display("a*b=%h", a*b);    //表达式的位宽取决于 b
  c = {a**b};                  //指数操作符表达式的位宽取决于 a
  $display("a**b=%h", c);
  c = a**b;                    //表达式的位宽取决于 c
  $display("c=%h", c);
end
endmodule
```

上例用 ModelSim 运行，其 TCL 窗口输出如下：

```
a*b=16          //'h96 被截断为'h16，表达式的位宽为 6
a**b=0001       //表达式的位宽为 a 的位宽，故中间结果为 1，最终结果也为 1
c=ac61          //表达式的位宽为 c 的位宽，16 位
```

对上面的结果分析如下：

① 根据表 3.8，表达式 a*b 的位宽为 max(L(i), L(j))，即为 6，故 a*b 的结果'h96 被截断为'h16。

② 根据表 3.8，表达式 c = {a**b} 的位宽为 L(i)，即操作数 a 的位宽 4，a**b=15^{10} ='h86430aac61，截断为 4 位，即'h1=4'b0001，故最终结果 c=16'h0001。

③ 表达式 c = a**b 的位宽取决于 c，截断为 16 位，故为 16'hac61。

3.5 赋值和截断

在 Verilog HDL 数据运算中，涉及不同位宽数据之间的赋值，比如，将数据 a（有符号或者无符号）赋值给数据 b：

```
b = a;             //右操作数 a 赋给左操作数 b
```

根据左操作数 b 和右操作数 a 的位宽会出现 3 种情况：

（1）当位宽相同时直接赋值，b 是有符号数还是无符号数，对赋值结果没有影响。

（2）当 b 的位宽比 a 大时，对 a 进行扩位，具体是扩展 1 还是扩展 0，则完全取决于右操作数 a，而与左操作数 b 无关，具体如下：

- 若 a 是无符号数，不管 b 是否为有符号数，均用 0 扩展。
- 若 a 是有符号数，则不管 b 是否为有符号数，都用 a 的最高位（符号位）扩展，符号位是 1 则扩展 1，是 0 就扩展 0。
- 位扩展后的左操作数 b 按照是无符号数还是有符号数转换成对应的十进制数，如果是无符号数，则直接转换成十进制数，如果是有符号数，则按照 2 的补码转换为对应的十进制数。

由此可以看出，如果右操作数 a 为有符号数，左操作数 b 为无符号数，此时把 a 赋给 b 会出错，因此要避免这种赋值，而其他情况均可以保证赋值的正确。

（3）当 b 的位宽比 a 小时，必然发生位宽截断（truncation），此时，a 和 b 的低位对齐，a 的高位被截断，其最高位（可能为符号位）被丢弃，因此有可能会改变结果的符号。

比如：

```
reg[5:0] a;              //a 是无符号数
reg signed[4:0] b;       //b 是有符号数
initial begin
   a = 8'hff;            //赋值后 a = 6'h3f
   b = 8'hff;            //赋值后 b = 5'h1f，b 是负值
end
```

又如：

```
reg[0:5] a;              //a 是无符号数
reg signed[0:4] b, c; //b, c 是有符号数
initial begin
   a = 8'sh8f;          //赋值后 a = 6'h0f
   b = 8'sh8f;          //赋值后 b = 5'h0f
   c = -113;
   //-113 的 8 位补码形式为 1000_1111，截断后为 0_1111，故赋值后 c = 15
end
```

再如：

```
reg [7:0] a;
reg signed [7:0] b;
reg signed [5:0] c, d;
initial begin
   a = 8'hff;
   c = a;             //赋值后 c = 6'h3f
   b = -113;
   d = b;             //赋值后 d = 6'h0f
end
```

习 题 3

3.1 在 Verilog HDL 的操作符中，哪些操作符的运算结果是 1 位的？

3.2 能否对存储器进行位选和段选？

3.3 相等操作符包括相等操作符（==）和全等操作符，假如 a=4'b11xz，b=4'b11xz，c=4'b1110，d=4'b1101，则表达式 a==b 的结果为逻辑值（　　　），表达式 a===b 的结果为逻辑值（　　　），a==c 的结果为逻辑值（　　　），c==d 的结果为逻辑值（　　　），c !== d 的结果为逻辑值（　　　）。

3.4 reg 型变量的初始值一般是什么？

3.5 以下是一个索引段选的例子：

```
reg[31:0] big_vect;
big_vect[0+:8]
```

big_vect[0 +: 8]如果表示为常数段选的形式，应该如何表示？

3.6 实现 4 位二进制数和 8 位二进制数的乘法操作，其结果位宽至少需要多少位？

3.7 设计一个逻辑运算电路，该电路能对输入的两个 4 位二进制数进行与非、或非、异或、同或 4 种逻辑运算，并由一个 2 位的控制信号来选择功能。

3.8 使用关系操作符描述一个比较器电路，该比较器可对输入的两个 8 位二进制无符号数 a 和 b 进行大小比较，设置 3 个输出端口，当 a 大于 b 时，la 端口为 1，其余输出端口为 0；当 a 小于 b 时，lb 端口为 1，其余端口为 0；当 a 等于 b 时，equ 端口为 1，其余端口为 0。

第4章　门级和开关级建模

在 Verilog HDL 中预定义了 14 个逻辑门和 12 个开关，以提供门级和开关级建模。使用门级和开关级建模具有以下优点：

- 门级建模提供了实际电路和模型之间更接近的一对一映射。
- 连续赋值缺乏相当于双向传输门的描述。

4.1　Verilog HDL 门元件

Verilog HDL 内置 26 个基本元件，其中，14 个是门级元件（Gate-level Primitive），12 个是开关级元件（Switch-level Primitive），这 26 个基本元件及其类型如表 4.1 所示。

表 4.1　Verilog HDL 内置基本元件及其类型

元　　件	类　　型	
and, nand, or, nor, xor, xnor	基本门	多输入门
buf, not		多输出门
buif0, bufif1, notif0, notif1	三态门	允许定义驱动强度
nmos, pmos, cmos, rnmos, rpmos, rcmos	MOS 开关	无驱动强度
tran, tranif0, tranif1	双向导通开关	无驱动强度
rtran, rtranif0, rtranif1		无驱动强度
pullup, pulldown	上拉、下拉电阻	允许定义驱动强度

Verilog HDL 中丰富的门元件为电路的门级结构描述提供了方便，表 4.2 中对 Verilog HDL 的 12 个内置门元件（不包含 pullup，pulldown）做了汇总。

表 4.2　Verilog HDL 的内置门元件

类　　别	关　键　字	门　元　件	符号示意图
多输入门	and	与门	
	nand	与非门	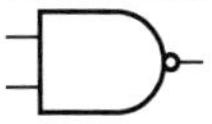
	or	或门	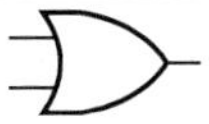
	nor	或非门	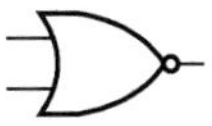
	xor	异或门	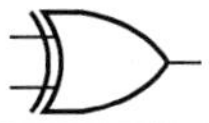
	xnor	异或非门	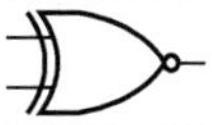
多输出门	buf	缓冲器	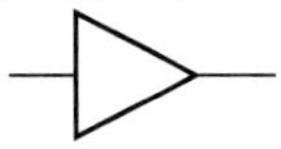

续表

类　别	关 键 字	门 元 件	符号示意图
多输出门	not	非门	
三态门	bufif1	高电平使能三态缓冲器	
	bufif0	低电平使能三态缓冲器	
	notif1	高电平使能三态非门	
	notif0	低电平使能三态非门	

1. 多输入门

表 4.3、表 4.4 分别是与非门、或非门的真值表。

表 4.3　nand（与非门）真值表

nand	0	1	x	z
0	1	1	1	1
1	1	0	x	x
x	1	x	x	x
z	1	x	x	x

表 4.4　nor（或非门）的真值表

nor	0	1	x	z
0	1	0	x	x
1	0	0	0	0
x	x	0	x	x
z	x	0	x	x

表 4.5、表 4.6 分别是异或门、异或非门的真值表。

表 4.5　xor（异或门）真值表

xor	0	1	x	z
0	0	1	x	x
1	1	0	x	x
x	x	x	x	x
z	x	x	x	x

表 4.6　xnor（异或非门）真值表

xnor	0	1	x	z
0	1	0	x	x
1	0	1	x	x
x	x	x	x	x
z	x	x	x	x

2. 多输出门

表 4.7、表 4.8 分别是缓冲器、非门的真值表。

表 4.7　buf（缓冲器）真值表

buf	
输　入	输　出
0	0
1	1
x	x
z	x

表 4.8　not（非门）真值表

not	
输　入	输　出
0	1
1	0
x	x
z	x

3. 三态门

表 4.9 和表 4.10 分别是 bufif1、bufif0 的真值表。表中的 L 代表 0 或 z，H 代表 1 或 z。

表 4.9　bufif1（高电平使能三态缓冲器）真值表

bufif1		Enable（使能端）			
		0	1	x	z
输入	0	z	0	L	L
	1	z	1	H	H
	x	z	x	x	x
	z	z	x	x	x

表 4.10　bufif0（低电平使能三态缓冲器）的真值表

bufif0		Enable（使能端）			
		0	1	x	z
输入	0	0	z	L	L
	1	1	z	H	H
	x	x	z	x	x
	z	x	z	x	x

表 4.11 和表 4.12 分别是 notif1 和 notif0 三态门的真值表。

表 4.11　notif1（高电平使能三态非门）真值表

notif1		Enable（使能端）			
		0	1	x	z
输入	0	z	1	H	H
	1	z	0	L	L
	x	z	x	x	x
	z	z	x	x	x

表 4.12　notif0（低电平使能三态非门）真值表

notif0		Enable（使能端）			
		0	1	x	z
输入	0	1	z	H	H
	1	0	z	L	L
	x	x	z	x	x
	z	x	z	x	x

4.2　门元件的例化

4.2.1　门元件的例化简介

门元件例化的完整格式如下：

```
门元件名 <驱动强度说明> #<门延时> 例化名 （门端口列表）
```

<驱动强度说明>为可选项，其格式为：（对 1 的驱动强度，对 0 的驱动强度），如果驱动强度缺省，则默认为(strong1, strong0)。

<门延时>也是可选项，当没有指定延时，默认延时为 0。

1. 多输入门的例化

多输入门的端口列表可按下面的顺序列出：

```
(输出,输入1,输入2,输入3,...);
```

例如：

```
and a1(out,in1,in2,in3);                  //三输入与门，其名字为 a1
and a2(out,in1,in2);                      //二输入与门，其名字为 a2
```

2. 多输出门的例化

buf 和 not 两种元件允许有多个输出，但只能有一个输入。多输出门的端口列表按下面的顺序列出：

```
(输出 1,输出 2,...,输入);
```

例如：

```
not g3(out1,out2,in);                //1 个输入 in，2 个输出 out1,out2
buf g4(out1,out2,out3,in);           //1 个输入 in，3 个输出 out1,out2,out3
```

3. 三态门的例化

对于三态门，按以下顺序列出输入、输出端口：

```
(输出，输入，使能控制端);
```

例如：

```
bufif1 g1(out,in,enable);           //高电平使能的三态门
bufif0 g2(out,a,ctrl);              //低电平使能的三态门
```

4. 上拉电阻和下拉电阻

pullup（上拉电阻）和 pulldown（下拉电阻）没有输入端，只有一个输出端。pullup 将输出置为 1，pulldown 将输出置为 0，其例化格式为

```
pullup   [对 1 驱动强度] 例化名 (输出);
pulldown [对 0 驱动强度] 例化名 (输出);
```

例如：

```
pullup (strong1) p1 (neta), p2 (netb);
    //p1 和 p2 以 strong 的强度分别驱动 neta 和 netb
```

4.2.2 门延时

门延时是从门输入端发生变化到输出端发生变化的延迟时间。

门延时的表示方法如下：

```
# (delay)                //指定 1 项门延时
#  delay                 //指定 1 项门延时，括号可省略
# (d1,d2)                //指定 2 项门延时
# (d1,d2,d3)             //指定 3 项门延时
```

可指定 0、1、2、3 项门延时。

- 最多可指定 3 项门延时，此时 d1 表示上升延时，d2 表示下降延时，d3 表示关断延时，即转换到高阻态 z 的延时。延时的单位由时标定义语句`timescale 确定。
- 如果指定 2 项门延时，则 d1 表示上升延时，d2 表示下降延时，关断延时为这 2 个延时值中较小的那个。
- 如果只指定 1 项延时，表示 3 种延时相同，此时#号后面的括号可省略。

- 没有指定延时，默认延时为 0。

上升延时：在门的输入发生变化时，门的输出从 0，x，z 变为 1 所需要的转换时间，称为上升延时，如图 4.1 所示。

下降延时：在门的输入发生变化时，门的输出从 1，x，z 变化为 0 所需要的转换时间，称为下降延时，如图 4.2 所示。

关断延时：关断延时是指门的输出从 0，1，x 变化为高阻态 z 所需要的转换时间，如图 4.3 所示。

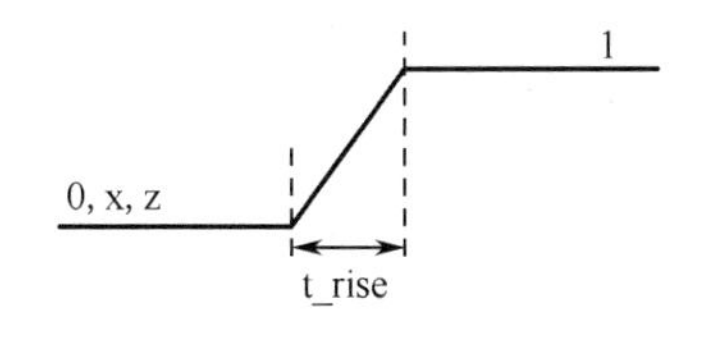

图 4.1　上升延时示意图

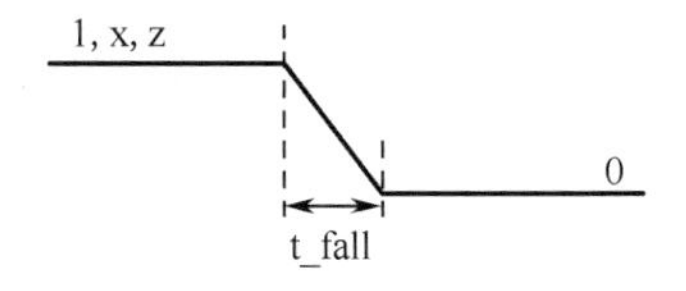

图 4.2　下降延时示意图

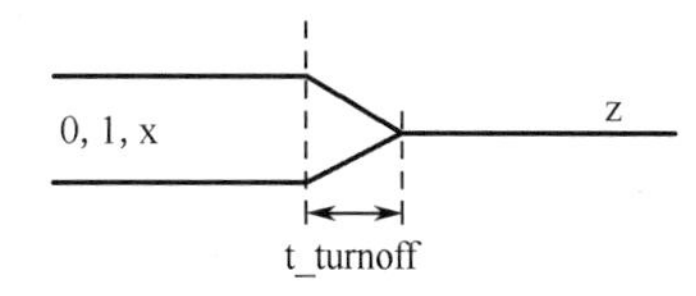

图 4.3　关断延时示意图

以下是指定门延时的示例：

```
and #(10) a1 (out, in1, in2);          //与门的上升延时、下降延时、关断延时均为 10
not #(5) gate1(out,in);                //非门的 3 种延时均为 5
or #5 gate3(out,a,b);                  //或门的 3 种延时均为 5
and #(10,12) a2 (out, in1, in2);
    //10，12 分别是与门的上升延时和下降延时，关断延时为 10
bufif0 #(10,12,11) b3 (out, in, ctrl);
    //bufif0 门的上升延时为 10，下降延时为 12，关断延时为 11
```

注：在指定门延时时，须注意以下几点。

（1）多输入门（如与门）和多输出门（如非门）最多只能指定 2 个延时，因为输出不会是高阻态 z。

（2）三态门和单向开关单路（MOS 管、CMOS 管）可以定义 3 个延时。

（3）上拉电阻和下拉电阻不会有任何的延时，因为它表示的是一种硬件属性，其状态不会发生变化，且没有输出值。

（4）双向开关（tran）在传输信号时没有延时，不允许添加延时定义。

（5）带有控制端的双向开关（tranif1，tranif0）在开关切换时，会有开或关的延时，可以给此类双向开关指定 0 个、1 个或 2 个延时，例如:

```
tranif0 #(1) (inout1, inout2, CTRL);
     //开和关延时均为 1
tranif1 #(1, 1.2) (inout3, inout4, CTRL);
     //开延时为 1，关延时为 1.2
```

例 4.1 是具有三态输出的锁存器模块，采用门元件例化方式实现，各个门的延时做了标注，如要计算各输入端到输出端的传输延时，可采用累积的方式，并取决于其传输路径。该例的综合视图如图 4.4 所示。

【例 4.1】　采用门元件例化实现的锁存器模块。

```
module tri_latch(
       input clock, data, enable,
       output tri qout, nqout);
not #5 n1 (ndata, data);
```

```
    nand #(3,5) n2 (wa, data, clock), n3 (wb, ndata, clock);
    nand #(12,15) n4 (q, nq, wa), n5 (nq, q, wb);
    bufif1 #(3,7,13) q_drive (qout, q, enable),
                     nq_drive (nqout, nq, enable);
endmodule
```

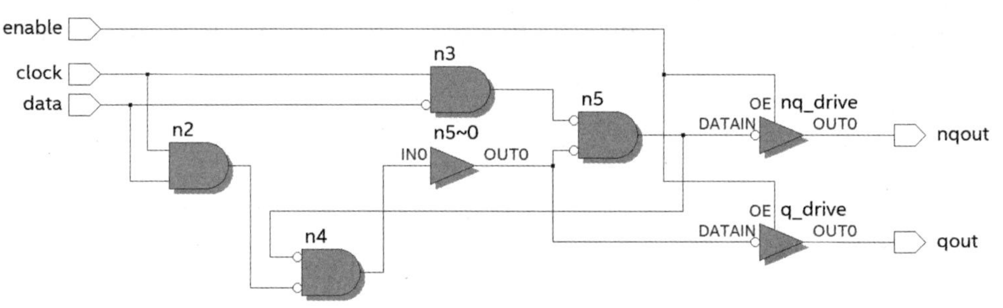

图 4.4　三态锁存器综合视图

由于集成电路制造工艺的差异，实际电路中器件的延时总会在一定范围内波动。Verilog 中，用户不仅可以指定 3 种类型的门延时，还可以对每种类型的门延时指定其最小值、典型值和最大值。在编译或仿真阶段，选择使用不同的延时值，为更贴合实际的仿真提供了支持。

- 最小值：门单元所具有的最小延时。
- 典型值：门单元所具有的典型延时。
- 最大值：门单元所具有的最大延时。

下面是说明最小延时、典型延时、最大延时用法的例子。

```
and #(1:2:3)  (OUT1, IN1, IN2);
  //所有的延时类型: 最小延时 1, 典型延时 2, 最大延时 3
or  #(1:2:3, 3:4:5)  (OUT2, IN1, IN2);
  //上升延时: 最小延时 1, 典型延时 2, 最大延时 3
  //下降延时: 最小延时 3, 典型延时 4, 最大延时 5
  //关断延时: 最小延时 min(1,3), 典型延时 min(2,4), 最大延时 min(3,5)
bufif0 #(1:2:3, 3:4:5, 2:3:4)  (OUT3, IN1, CTRL);
  //上升延时: 最小延时 1, 典型延时 2, 最大延时 3
  //下降延时: 最小延时 3, 典型延时 4, 最大延时 5
  //关断延时: 最小延时 2, 典型延时 3, 最大延时 4
```

4.2.3　驱动强度

1. 门元件的驱动强度

门元件的驱动强度分为对高电平（逻辑 1）的驱动强度和对低电平（逻辑 0）的驱动强度，故<驱动强度说明>的格式为

```
(strength1, strength0)
(对 1 的驱动强度, 对 0 的驱动强度)
```

如果未指定驱动强度，则默认为(strong1, strong0)。

对 1 的驱动强度可分为 5 个等级，从强到弱分别为

```
supply1, strong1, pull1, weak1, highz1
```

对 0 的驱动强度也分为 5 个等级，从强到弱分别为

```
supply0, strong0, pull0, weak0, highz0
```

例如：

```
and(strong1, weak0) u1(x, y, z);
  //两输入与门对 1 的驱动强度为 strong1，对 0 的驱动强度为 weak0
```

2. pullup 和 pulldown 的驱动强度

pullup 元件只需指定对 1 的驱动强度；pulldown 元件则只需要指定对 0 的驱动强度。

如果未指定驱动强度，则 pullup 默认的驱动强度为 pull1，pulldown 默认的驱动强度为 pull0。

3. 充电强度和充电延时

还有一种电荷存储强度（charge storage strengths），或称为充电强度，只适用于 trireg 数据类型，指定充电强度的关键词包括：

```
large   medium   small
```

trireg 默认的充电强度为 medium。

如图 4.5 所示是用 nmos 开关控制电容充放电的电路。其中，nmos 输出端定义为 trireg 信号类型，并指定了其充电强度、充电延时等信息。完整的代码如例 4.2 所示。

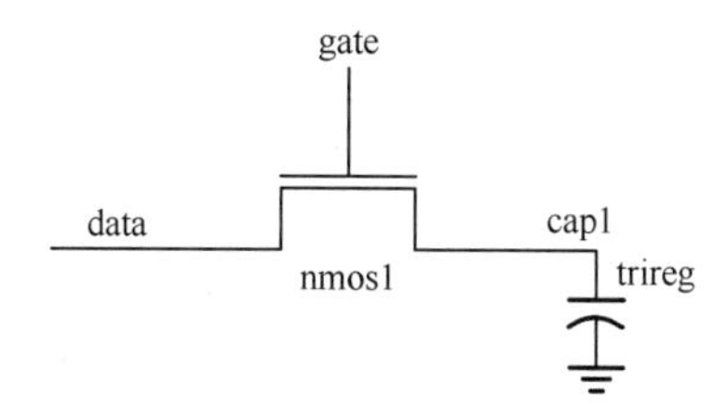

图 4.5　用 nmos 开关控制电容充放电的电路

【例 4.2】　用 nmos 开关控制电容充放电的电路。

```
module capacitor;
reg data, gate;
trireg (large) #(0,0,50) cap1;     //声明 trireg 变量，其充电强度为 large
   //#(0,0,50)表示其上升延时为 0，下降延时为 0，充电延时为 50 个时间单位
nmos nmos1 (cap1, data, gate);     //nmos 开关驱动 trireg 信号
initial begin
$monitor("%0d data=%v gate=%v cap1=%v", $time, data, gate, cap1);
  data = 1; gate = 1;
  #10 gate = 0;
  #30 gate = 1;
  #10 gate = 0;
  #100 $finish;
end
endmodule
```

4.3　开关级元件

4.3.1　MOS 开关

MOS 开关元件包括如下 6 种：

```
cmos   nmos  pmos
rcmos  rnmos  rpmos（前缀 r 表示电阻）
```

nmos 和 pmos 开关如图 4.6 所示，包括数据输入、数据输出和控制端 3 个端口。

（1）nmos、rnmos 开关：当控制端为高电平时，开关导通，输入数据输出至输出端；否则关闭，输出为高阻态 z。

（2）pmos、rpmos 开关：当控制端为低电平时，开关导通，输入数据输出至输出端；否则关闭，输出为高阻态 z。

如果例化图 4.6 中的 nmos 和 pmos 开关，可这样书写：

```
nmos n1(dout, din, ncontrol);    //例化 nmos 开关
pmos p1(dout, din, pcontrol);    //例化 pmos 开关
```

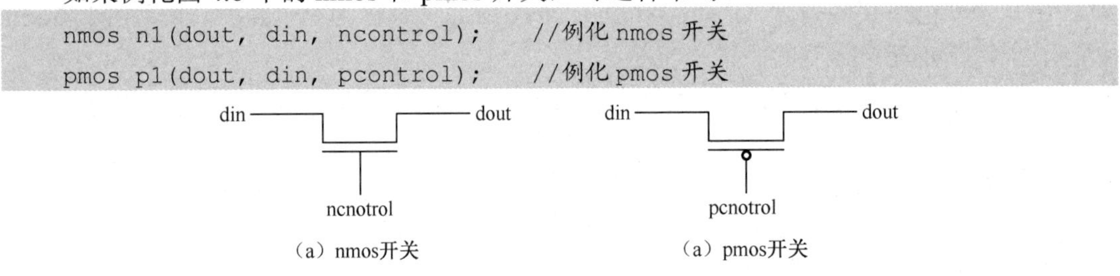

图 4.6　nmos 和 pmos 开关

（3）cmos 和 rcmos 开关：cmos 开关元件是 pmos 开关和 nmos 开关的组合，具有数据输入、数据输出和两个控制端，ncontrol 和 pcontrol 是互补信号。图 4.7 是 cmos 开关组合示意图，由 pmos 开关和 nmos 开关构成，pmos 开关和 nmos 开关共享数据输入和数据输出端口，但其控制端口是独立的。

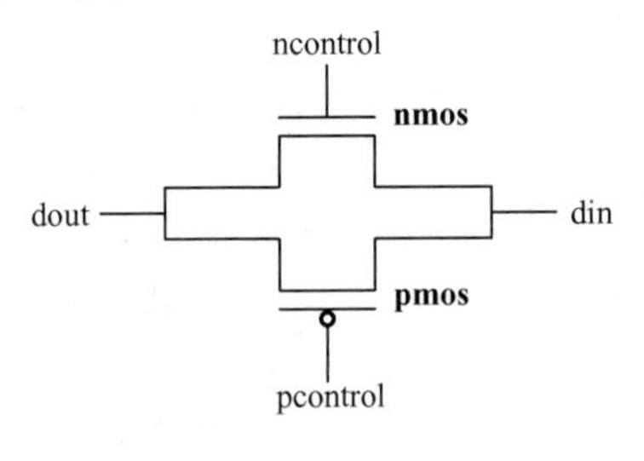

图 4.7　cmos 开关元件端口图示

同理，rcmos 开关则是 rpmos 开关和 rnmos 开关的组合。

cmos 开关例化语句如下：

```
cmos 例化名(数据输出, 数据输入, n 通道控制端, p 通道控制端);
```

图 4.7 所示的 cmos 开关的例化语句可这样书写：

```
cmos (dout, din, ncontrol, pcontrol);
```

等价于：

```
nmos (dout, din, ncontrol);
pmos (dout, din, pcontrol);
```

图 4.8 所示是一个 cmos 反相器的开关级结构图，该反相器由一个 nmos 开关和一个 pmos 开关构成，其开关级描述如下例所示。

【例 4.3】　cmos 反相器。

```
module invertor(dout, din);
output dout;
input din;
supply1 vdd;               //电源
supply0 gnd;               //地
pmos (dout, vdd, din);     //cmos 反相器
nmos (dout, gnd, din);
endmodule
```

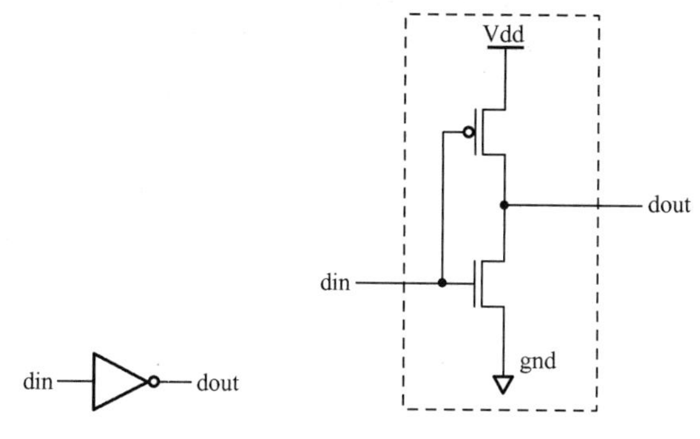

图 4.8　cmos 反相器开关级结构图

4.3.2　双向导通开关

双向导通开关包括如下 6 种：

```
tran  tranif0  tranif1  rtran  rtranif0  rtranif1
```

此 6 种开关是双向的，即数据可以双向流动，两边的信号都可以是驱动信号。

tran、tranif0 和 tranif1 的符号如图 4.9 所示。

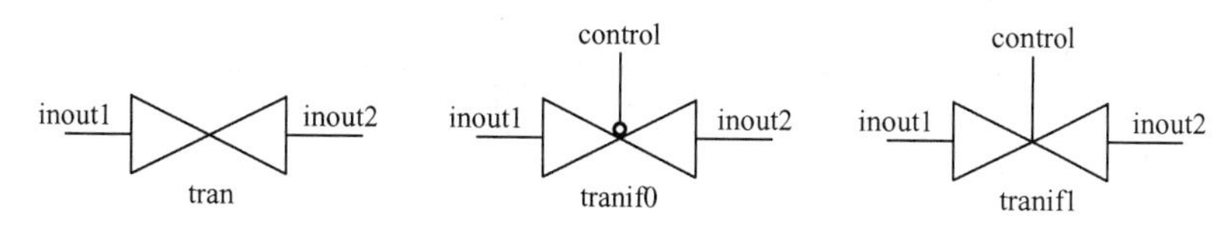

图 4.9　双向导通开关

（1）tran 和 rtran 为无条件双向开关，tran 和 rtran 开关可以这样例化：

```
tran t1(inout1,inout2);
```

端口列表中只有两个端口，并且可双向流动，即从 inout1 流向 inout2，或从 inout2 流向 inout1。双向开关的每个端口都应声明为 inout 类型。

（2）tranif0 和 rtranif0 为有条件双向开关，并具有控制端口，只有当控制端 control 为 0 时，数据才可双向流动；control 为 1 时，禁止数据双向流动。

（3）tranif1 和 rtranif1：当 conrol 控制端为 1 时，数据可双向流动；control 为 0 时，禁止数据双向流动。

tranif0，tranif1，rtranif0 和 rtranif1 的例化如下所示：

```
tranif1 t1(inout1,inout2,control);
        //inout1 和 inout2 为双向端口，control 为控制端口
```

4.4　门级结构建模

所谓结构描述方式，是指通过调用库中的元件或已设计好的模块来完成设计实体功能的描述方式。门级结构描述就是用 Verilog HDL 门元件例化实现电路功能。

1. 门元件例化实现数据选择器

图 4.10 是用门元件实现 4 选 1 数据选择器（MUX）的原理图。对于该电路，用 Verilog HDL 门元件例化实现，如例 4.4 所示。

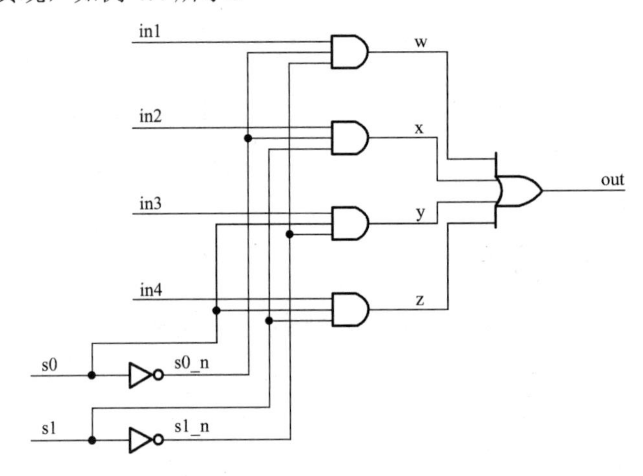

图 4.10　用门元件实现的 4 选 1 MUX 的原理图

【例 4.4】　门元件例化实现的 4 选 1 MUX。

```
module mux4_1(
        input in1,in2,in3,in4,s0,s1,
        output out);
wire s0_n,s1_n,w,x,y,z;
  not (s0_n,s0),(s1_n,s1);
  and (w,in1,s0_n,s1_n),(x,in2,s0_n,s1),
      (y,in3,s0,s1_n),(z,in4,s0,s1);
  or (out,w,x,y,z);
endmodule
```

2. 门元件例化实现全加器

例 4.5 采用门元件例化实现 1 位全加器，该例的综合视图如图 4.11 所示。

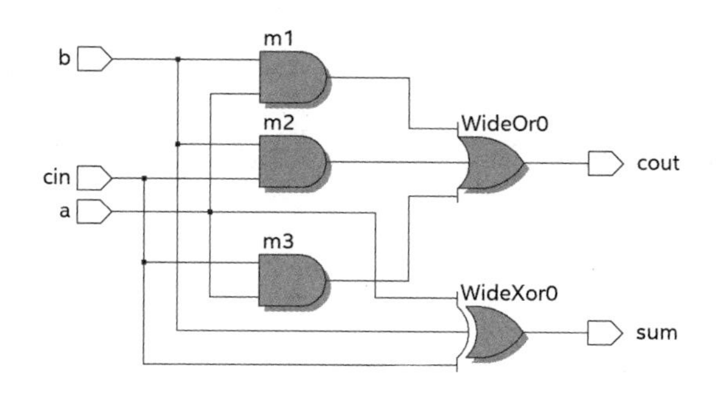

图 4.11　门元件例化实现 1 位全加器的综合视图

【例 4.5】　1 位全加器。

```
module full_add1(              //门元件例化
          input a,b,cin,
          output sum,cout);
wire s1,m1,m2,m3;
and (m1,a,b),(m2,b,cin),(m3,a,cin);
xor (sum,a,b,cin);
or (cout,m1,m2,m3);
endmodule
```

3. 门元件例化实现三态缓冲器阵列

【例 4.6】　三态缓冲器阵列。

```
module tri_drv(
      input [7:0] din,
      input tri_en,
      output [7:0] dout);
bufif0 u1(dout, din, tri_en);
endmodule
```

4.5　用户自定义元件

利用 UDP（User-Defined Primitives，UDP），用户可以自定义元件模型并建立相应的原语库。UDP 元件可分为两种：

- 组合逻辑 UDP；
- 时序逻辑 UDP：又包括电平敏感型 UDP 和边沿敏感型 UDP。

UDP 元件只能有一个输出，其取值只能为 0、1 或 x，不支持高阻态 z。

UDP 输入端出现高阻态 z，按照 x 值进行处理。

1. UDP 头部和端口定义

UDP 的定义应以关键字 primitive 开头，以关键字 endprimitive 终止。

UDP 的输出端口只能有一个，且必须位于端口列表的第一项；UDP 可以有多个输入端口，所有的端口变量须是 1 位标量，不允许使用向量端口；在 UDP 中不允许有双向端口。

时序 UDP 的输出端口可以被定义为 reg 型，其输出端口的初始值可用 initial 语句指定；组合 UDP 的端口不能定义为 reg 型。

时序 UDP 允许最多 9 个输入端口，组合 UDP 允许最多 10 个输入端口。

2. UDP 状态表

状态表（State Table）定义 UDP 的行为，它以关键字 table 开始，以关键字 endtable 结束。UDP 表中可使用的符号见表 4.14，这些符号用于表示输入值和输出状态，其取值可以是 0、1 和 x（z 值被视为非法，传递给 UDP 输入端的 z 值按照 x 值进行处理）。

表 4.14　UDP 表中的符号

符　号	说　明	注　释
0	逻辑 0	
1	逻辑 1	
x	不定态	
?	代表 0、1 或 x	只能表示输入
b	代表 0 或 1	只能表示输入
-	保持不变	只能表示时序 UDP 的输出
(vw)	从逻辑 v 到逻辑 y 的转变	代表(01)、(10)、(0x)、(1x)、(x1)、(x0)、(?1)等
*	同(??)	表示输入端有任何变化
R 或 r	同(01)	表示上升沿
F 或 f	同(10)	表示下降沿
P 或 p	(01)、(0x)或(x1)	包含 x 值的上升沿跳变
N 或 n	(10)、(1x)或(x0)	包含 x 值的下降沿跳变

注：表 4.14 中还包含多种特殊符号（如？），目的在于提高可读性和简化状态表的编写。

4.6　组合逻辑 UDP 元件

组合 UDP 的状态表中，每行中的输入端口与输出端口间用冒号（:）进行分隔，如果状态表中某行输入值未指定，其对应的输出值为 x。

例 4.7 是一个 2 选 1 数据选择器 UDP 元件的示例，该元件有 2 个数据输入端，1 个数据输出端和 1 个控制端口。

【例 4.7】　2 选 1 数据选择器的组合 UDP 元件。

```
primitive multiplexer(mux,cntrl,dataA,dataB);
output mux;
input cntrl, dataA, dataB;
table
//cntrl dataA dataB mux
  0 1 0 : 1 ;
  0 1 1 : 1 ;
  0 1 x : 1 ;
  0 0 0 : 0 ;
  0 0 1 : 0 ;
```

```
  0 0 x : 0 ;
  1 0 1 : 1 ;
  1 1 1 : 1 ;
  1 x 1 : 1 ;
  1 0 0 : 0 ;
  1 1 0 : 0 ;
  1 x 0 : 0 ;
  x 0 0 : 0 ;
  x 1 1 : 1 ;
endtable
endprimitive
```

用符号“？”可以对上例进行简化，符号“？”用来表示 0、1、x 的几种取值。当某位的值无论是等于 0、1 还是等于 x 都不影响输出结果时，可用该符号来简化 table 表的表达。例 4.7 采用符号“？”表述则如例 4.8 所示。

【例 4.8】　用符号“？”表述的 2 选 1 数据选择器 UDP 元件。

```
primitive multiplexer(mux, cntrl, dataA, dataB);
output mux;
input cntrl, dataA, dataB;
table
//cntrl dataA dataB mux
  0 1 ? : 1 ;            //?表示 0,1,x
  0 0 ? : 0 ;
  1 ? 1 : 1 ;
  1 ? 0 : 0 ;
  x 0 0 : 0 ;
  x 1 1 : 1 ;
endtable
endprimitive
```

4.7　时序逻辑 UDP 元件

4.7.1　电平敏感时序 UDP 元件

时序逻辑元件的输出除了与当前输入有关，还与它当前所处的状态有关，因此，时序逻辑 UDP 元件 table 表中增加了表示当前状态的字段，也由冒号分隔。例 4.9 定义了一个 1 位数据锁存器 UDP 元件。

【例 4.9】　电平敏感的 1 位数据锁存器 UDP 元件。

```
primitive latch(q, clk, data);
output q; reg q;
input clk, data;
table
//clk data q   q+
   0   1  : ? : 1 ;
   0   0  : ? : 0 ;
   1   ?  : ? : - ; //clk=1 时，锁存器的输出保持原值，用符号“-”表示
```

```
endtable
endprimitive
```

4.7.2　边沿敏感时序 UDP 元件

在电平敏感的行为中，当前输入和当前状态决定次态输出；边沿敏感行为的不同之处在于输出的变化是由输入端的特定转换（边沿）触发的。

时序 UDP 每行最多只能由 1 个边沿表示，边沿由括号中的一对值如（01）或转换符号（如 r）表示，而下面这样的表示则是非法的：

```
    (01) (10) 0 : 0 : 1 ;      //非法，1 行中有 2 个边沿表示
```

例 4.10 是上升沿触发的 D 触发器 UDP 元件的示例。

【例 4.10】　上升沿触发的 D 触发器 UDP 元件。

```
primitive d_edge_ff(q, clk, data);
output q; reg q;
input clk, data;
table
//clk  data q   q+
  (01)  0 : ? : 0;        //时钟上升沿到来，输出值更新
  (01)  1 : ? : 1;
  (0?)  1 : 1 : 1;
  (0?)  0 : 0 : 0;
  (?0)  ? : ? : -;        //时钟下降沿，输出 q 保持原值
   ?  (??): ? : -;        //时钟不变，输出也不变
endtable
endprimitive
```

（01）表示从 0 到 1 的转换，即上升沿；（10）表示下降沿；（?0）表示从任何状态（0、1、x）到 0 的转换，即排除了上升沿的可能性；例 4.10 中 table 表最后一行的意思是：如果时钟处于某一确定状态（这里“?”表示是 0 或者是 1，不包括 x），则不管输入数据有什么变化（(??) 表示任何可能的变化），D 触发器的输出都将保持原值不变（用符号“-”表示）。

4.7.3　电平敏感和边沿敏感行为的混合描述

UDP 允许在一个 table 表中混合描述电平敏感和边沿敏感行为。当输入发生变化时，首先处理边沿敏感行为，后处理电平敏感行为，当电平敏感和边沿敏感指定不同的输出值时，最终结果由边沿敏感行为指定。

例 4.11 是上升沿触发的 JK 触发器 UDP 元件的示例。

【例 4.11】　上升沿触发的 JK 触发器 UDP 元件。

```
primitive jk_edge_ff(q, clk, j, k, preset, clear);
output q; reg q;
input clk, j, k, preset, clear;
table
//clk   jk  pc   q   q+   (pc=preset,clear)
    ?   ??  01 : ? : 1 ;     //置 1
    ?   ??  *1 : 1 : 1 ;
    ?   ??  10 : ? : 0 ;     //清 0
    ?   ??  1* : 0 : 0 ;
```

```
    r    00  00 : 0 : 1 ;      //对时钟上升沿敏感
    r    00  11 : ? : - ;
    r    01  11 : ? : 0 ;
    r    10  11 : ? : 1 ;
    r    11  11 : 0 : 1 ;
    r    11  11 : 1 : 0 ;
    f    ??  ?? : ? : - ;      //对时钟下降沿不敏感
    b    *?  ?? : ? : - ;      //j、k 电平变换不影响输出
    b    ?*  ?? : ? : - ;
endtable
endprimitive
```

在例 4.11 中，置 1 和清 0 端口是电平敏感的，当置 1 和清 0 端口为 01 时，输出值为 1；当置 1 和清 0 为 10 时，输出值为 0。其余逻辑属于边沿敏感。在正常情况下，触发器对时钟上升沿敏感，如例 4.11 中 r 开头的行所示；table 表中 f 开头的行表示输出对时钟下降沿不敏感（此行的作用是避免输出端产生不必要的 x 值）；table 表最后两行表示 j、k 电平变换不影响输出。

4.8　时序 UDP 元件的初始化和例化

4.8.1　时序 UDP 元件的初始化

时序 UDP 元件输出端口的初始值可以用过程赋值语句 initial 来指定。

例 4.12 是采用 initial 语句赋初值的触发器 UDP 元件的示例。

【例 4.12】　采用 initial 语句赋初值的触发器 UDP 元件。

```
primitive srff(q,s,r);
output q; reg q;
input s, r;
initial q = 1'b1;
table
//s r   q   q+
  1 0 : ? : 1;
  f 0 : 1 : -;
  0 r : ? : 0;
  0 f : 0 : -;
  1 1 : ? : 0;
endtable
endprimitive
```

输出 q 在仿真中初始值为 1；UDP 初始语句中不允许设置延时。

例 4.13 中的 UDP 元件 dff1 中包含初始语句，将 q 初始值设置为 1；模块 dff 中例化了 dff1，dff 模块的原理图如图 4.12 所示，q 端口的传输延时也在图 4.12 中得到体现。

【例 4.13】　UDP 元件赋初值及其例化。

```
primitive dff1(q,clk,d);      //dff1 元件定义
input clk, d;
output q; reg q;
initial q = 1'b1;
```

```
table
// clk d  q  q+
   r  0 : ? : 0;
   r  1 : ? : 1;
   f  ? : ? : -;
   ?  * : ? : -;
endtable
endprimitive

module d_ff(q, qb, clk, d);
input clk, d;
output q, qb;
dff1 g1 (qi, clk, d);        //例化 dff1 元件
buf #3 g2 (q, qi);
not #5 g3 (qb, qi);
endmodule
```

在图 4.12 中，UDP 输出 qi 传输到端口 q 和 qb，在仿真时间 0，qi 赋值为 1，qi 的值在仿真时间 3 传输到端口 q，在仿真时间 5 传输到端口 qb。

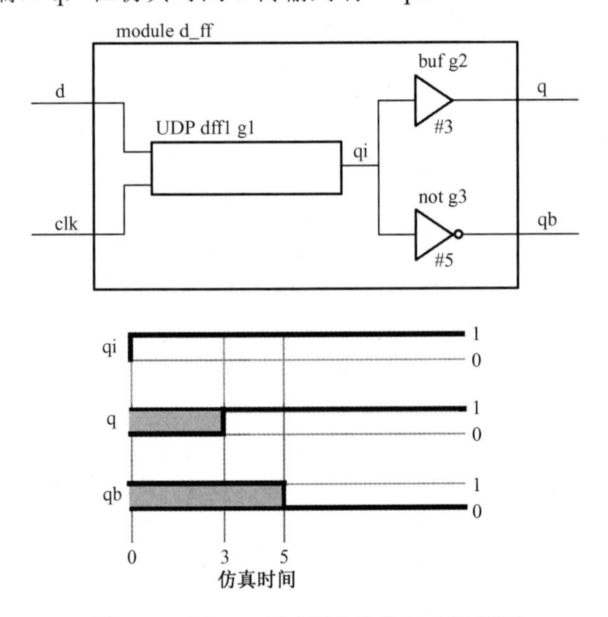

图 4.12　例 4.13 原理图和传输延时示意图

4.8.2　时序 UDP 元件的例化

在模块中例化 UDP 元件，端口连接顺序应与 UDP 定义时相同。

例 4.14 中例化了 UDP 元件 d_edge_ff（源码见例 4.10）。

【例 4.14】　UDP 元件的例化。

```
`timescale 1ns/1ns
module flip;
reg clock, data;
parameter p1 = 10;
parameter p2 = 33;
```

```
parameter p3 = 12;
d_edge_ff #p3 d_inst(q,clock,data);   //d_edge_ff 源码见例 4.10
initial begin
    data = 1;
    clock = 1;
    #(20 * p1)  $stop;
end
always #p1 clock = ~clock;
always #p2 data = ~data;
endmodule
```

本例在 ModelSim 中运行，得到图 4.13 所示的仿真输出波形，从波形图可以看出，输出 q 的值每次在时钟上升沿到来 12ns（#p3）后才会改变，与程序代码一致。

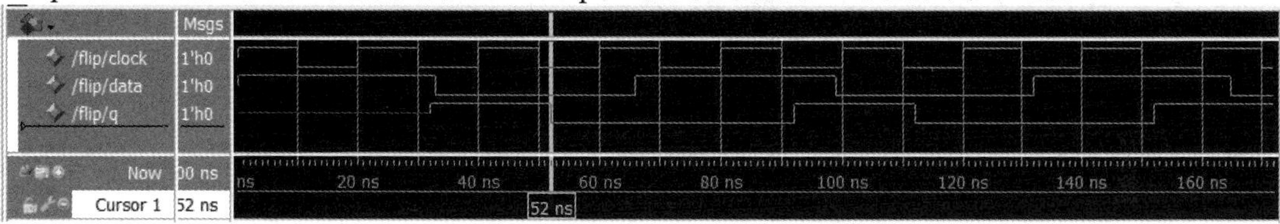

图 4.13　例 4.14 仿真输出波形

习　题　4

4.1　写出 1 位全加器本位和（SUM）的 UDP 描述。

4.2　写出 4 选 1 多路选择器的 UDP 描述。

4.3　采用例化 Verilog HDL 门元件的方式描述图 4.14 所示的电路。

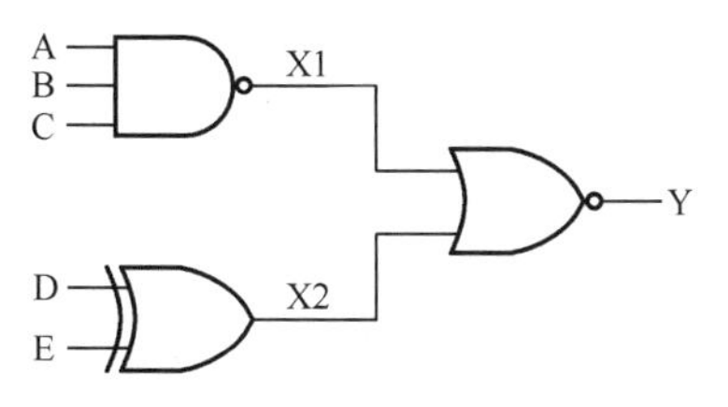

图 4.14　由门元件构成的电路

标注各个门的延时如下：

① 与非门（NAND）的上升延时为 10ns。

② 或非门（NOR）的上升延时为 12ns，下降延时为 11ns。

③ 异或门（XOR）的上升延时为 14ns，下降延时为 15ns。

4.4　图 4.15 所示是 2 选 1 MUX 门级原理图，请用例化门元件的方式描述该电路。

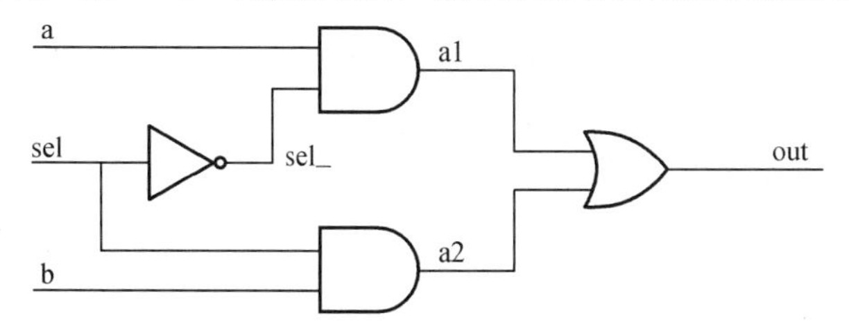

图 4.15　2 选 1 MUX 门级原理图

第 5 章　数据流建模

赋值是将值赋给 net 型和 variable 型变量的操作。有两种基本的赋值方式：

- 连续赋值（continuous assignment）：用于对 net 型变量赋值；
- 过程赋值（procedural assignment）：用于对 variable 型变量赋值。

此外，还有两种辅助的赋值方式：assign/deassign 和 force/release，称为过程性连续赋值（procedural continuous assignment）。

5.1　连续赋值

连续赋值提供了有别于门元件互连的另一种组合逻辑建模的方法。

5.1.1　连续赋值

（1）连续赋值语句是 Verilog HDL 数据流建模的核心语句，主要用于对 net 型变量（包括标量和向量）进行赋值，其格式如下：

```
assign  LHS_net = RHS_expression;
```

LHS（Left Hand Side）指赋值符号“=”的左侧，RHS（Right Hand Side）指赋值符号“=”的右侧。

LHS_net 必须是 net 型变量，不能是 reg 型变量。

RHS_expression 的操作数对数据类型没有要求，可以是 net 型变量或 variable 型变量，也可以是函数调用。

只要 RHS_expression 表达式的操作数有事件发生（值的变化），RHS_expression 就会立刻重新计算，并将重新计算后的值赋予 LHS_net。

例如：

```
wire   cout, a, b;
assign  cout = a & b;
```

（2）考虑了驱动强度和赋值延时的、更为完整的连续赋值格式为

```
assign (strength0, strength1) #(delay)  LHS_net=RHS_expression;
```

(strength0, strength1)表示对 0 和对 1 的驱动强度。

(delay)表示赋值延时，驱动强度和赋值延时可缺省。

例如：

```
wire sum, a, b;
assign (strong1, pull0) sum = a + b;    //assign 连续赋值语句
```

在上面的语句中，strong1 和 pull0 分别表示对高电平 1 和低电平 0 的驱动强度。

5.1.2　net 型变量声明时赋值

Verilog HDL 还提供了另一种对 net 型变量赋值的方法，即在 net 型变量声明时同时对其赋值。如下面的赋值方式等效于上面例子中对 cout 的赋值语句，两者效果相同。

```
wire  a, b;
wire  cout = a & b;        //等效于 assign  cout = a & b;
```

注：net 型变量只能声明一次，故声明时赋值也只能进行一次。

前面例子中对 sum 变量的赋值，如果改为变量声明时赋值，则如下所示：

```
wire (strong1, pull0)  sum = a + b;     //变量声明时赋值
```

例 5.1 是用连续赋值方式定义的 4 位带进位加法器。

【例 5.1】 用连续赋值方式定义的 4 位带进位加法器。

```
module adder4(
        input wire[3:0] ina, inb,
        input wire cin,
        output wire[3:0] sum,
        output wire cout);
assign {cout, sum} = ina + inb + cin;
endmodule
```

例 5.2 是用连续赋值定义的 4 选 1 总线选择器，其输出为 16 位宽的总线，并从输入的 4 路总线中选择 1 路输出。

【例 5.2】 用连续赋值方式定义的 4 选 1 总线选择器。

```
module select_bus(busout, bus0, bus1, bus2, bus3, enable, s);
parameter n = 16;
parameter Zee = 16'bz;
output[1:n] busout;
input[1:n] bus0, bus1, bus2, bus3;
input enable;
input [1:2] s;
tri[1:n] data;
tri[1:n] busout = enable ? data : Zee;       //变量声明时赋值
assign data = (s == 0) ? bus0 : Zee,         //4 个连续赋值
       data = (s == 1) ? bus1 : Zee,
       data = (s == 2) ? bus2 : Zee,
       data = (s == 3) ? bus3 : Zee;
endmodule
```

如果 enable 为 1，则把 data 的值赋给 busout；enable 为 0，则 busout 为高阻态。

5.1.3　赋值延时

1. 赋值延时

assign 赋值延时指赋值符号右端表达式的操作数值发生变化到等号左端发生相应变化的延时。

如果没有指定赋值延时值，默认赋值延时为 0。

赋值延时有如下两种声明方式。

（1）普通赋值延时

例如：

```
wire sum,a, b;
```

```
assign #10 sum = a + b;
        //a+b 计算结果延时 10 个时间单位后赋值给 sum，也称惯性延时
```

（2）隐式连续赋值延时

例如：

```
wire sum,a, b;
wire #10  sum = a + b;
    //隐式延时，声明一个 wire 型变量时对其进行包含一定延时的连续赋值
```

2. 线网延时

net 型变量声明时的延时与对其连续赋值的延时，含义是不同的。例如：

```
wire #5  sum;                    //线网延时
assign  #10  sum = a + b;        //连续赋值延时
```

第 1 句定义的延时称为线网延时（net delay），第 2 句定义的是连续赋值延时。如果 a 或 b 的值发生变化，则需要的延时为 10+5=15 个时间单位，sum 的值才会发生变化。

5.1.4　驱动强度

在对如下 net 数据类型的标量（位宽为 1）的连续赋值中，可指定驱动强度（strength）：

```
wire  tri  trireg  wand  triand  tri0  wor  trior  tri1
```

表 5.1 中列出了 Verilog HDL 中有关驱动强度的关键字及其强度等级。

表 5.1　标量信号驱动强度及其强度等级

驱动强度关键字	强度等级
supply0	7
strong0	6
pull0	5
large0	4
weak0	3
medium0	2
small0	1
highz0	0
highz1	0
small1	1
medium1	2
weak1	3
large1	4
pull1	5
strong1	6
supply1	7

在连续赋值中，一个线网信号可能由多个前级输出端同时驱动，该线网最终的逻辑状态将取决于各驱动端的不同驱动能力，因此有必要对各驱动端的输出驱动能力进行指定。

驱动强度分为对高电平（逻辑 1）的驱动强度和对低电平（逻辑 0）的驱动强度，故驱动强度说明的格式为

```
(strength1, strength0)
(对 1 的驱动强度，对 0 的驱动强度)
```

如果驱动强度缺省，则默认为(strong1, strong0)。

对 1 的驱动强度可分为 5 个等级，从强到弱分别为

```
supply1, strong1, pull1, weak1, highz1
```

对 0 的驱动强度也分为 5 个等级，从强到弱分别为

```
supply0, strong0, pull0, weak0, highz0
```

例如：

```
assign (weak1, weak0)  f = a + b;
```

5.2　数据流建模

用数据流描述方式描述电路与用传统的逻辑表达式表示电路类似。设计中只要有了布尔代数表达式，就很容易将它用数据流的方式表达出来，表达方法是用 Verilog HDL 中的逻辑操作符置换布尔运算符。

例如，若逻辑表达式为 $f = ab + \overline{cd}$，则用数据流方式表示为

```
assign f=(a&b)|(~(c&d))
```

1. 2 选 1 数据选择器

例 5.3 用连续赋值方式定义了 2 选 1 MUX。

【例 5.3】　2 选 1 MUX。

```
module mux2_1(
        input a,b,sel,
        output out);
assign out=(sel==0) ? a:b;  //连续赋值，sel 为 0，则 out=a；否则 out=b
endmodule
```

2. 4 选 1 数据选择器

例 5.4 是用数据流描述的 4 选 1 MUX，显然本例与例 4.4 用门元件例化实现的 4 选 1 MUX 相似，这需要清楚所描述电路的门级结构。

【例 5.4】　4 选 1 MUX。

```
module mux4_1b(
       input in1,in2,in3,in4,s0,s1,
       output out);
assign out=(in1 & ~s0 & ~s1)|(in2 & ~s0 & s1)|
           (in3& s0 & ~s1)|(in4 & s0 & s1);
endmodule
```

也可以用条件操作符实现 4 选 1 MUX，如例 5.5 所示。

【例 5.5】　用条件操作符实现的 4 选 1 MUX。

```
module mux4_1c(
        input in1,in2,in3,in4,s0,s1,
        output out);
assign out=s0 ? (s1 ? in4:in3):(s1 ? in2:in1);
endmodule
```

3. RS 触发器

例 5.6 用 assign 赋值语句描述了基本 RS 触发器，图 5.1 是其综合结果。

【例 5.6】　基本 RS 触发器。

```
module rs_ff(
          input r,s,
          output q,qn);
assign qn=~(r & q);
assign  q=~(s & qn);
endmodule
```

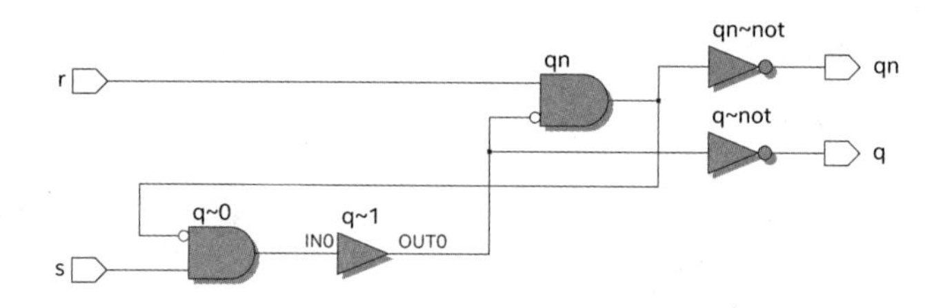

图 5.1　基本 RS 触发器综合结果

4. 边沿触发的 D 触发器

例 5.7 是边沿触发的 D 触发器的示例,这也需要了解边沿触发的 D 触发器的门级结构。

【例 5.7】　边沿触发的 D 触发器。

```
module edge_dff(
   output q, qbar,
   input d, clk, clear);
wire s, sbar, r, rbar, cbar;
assign cbar = ~clear;
assign sbar = ~(rbar & s),
       s = ~(sbar & cbar & ~clk),
       r = ~(rbar & ~clk & s),
       rbar = ~(r & cbar & d);
assign q = ~(s & qbar),
       qbar = ~(q & r & cbar);
endmodule
```

5.3　加法器和减法器

本节用加法器和减法器的示例进一步说明数据流描述实现组合逻辑电路的方法。

1. 半加器

半加器的真值表如表 5.2 所示。

表 5.2　半加器的真值表

输　入		输　出	
a	b	sum	cout
0	0	0	0
0	1	1	0
1	0	1	0
1	1	0	1

由此可得其原理图如图 5.2 所示，例 5.8 是其数据流描述实现代码。

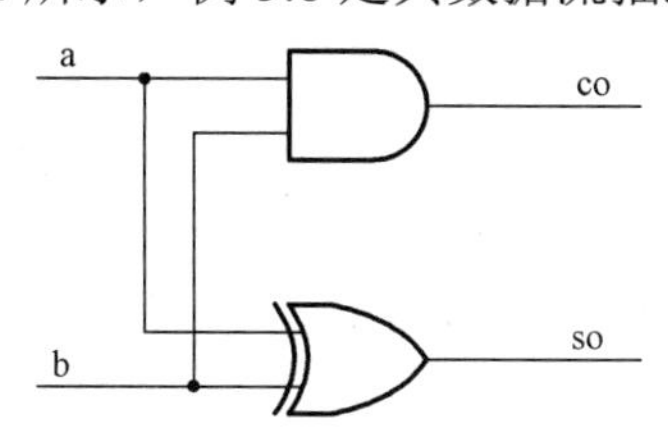

图 5.2　半加器原理图

【例 5.8】　半加器。

```
module half_add(          //数据流描述
    input a,b,
    output so,co);
assign so=a^b;
assign co=a&b;
endmodule
```

2. 全加器

例 5.9 是用数据流描述方式实现的 1 位全加器。

【例 5.9】　1 位全加器。

```
module full_add(
     input a,b,cin,
     output sum,cout);
assign sum=a ^ b ^ cin;                  //数据流描述
assign cout=(a&b)|(b&cin)|(cin&a);
endmodule
```

3. 4 位加法器

例 5.10 给出了 4 位二进制加法器。

【例 5.10】　4 位二进制加法器。

```
module fulladd8(
     input[3:0] a,b,
     input cin,
     output[3:0] sum,
     output cout);
assign {cout, sum} = a + b + cin;    //数据流描述
endmodule
```

4. 4 位超前进位加法器

4 位超前进位加法器的源码如例 5.11 中所示，其 RTL 综合原理图如图 5.3 所示。

【例 5.11】 4 位超前进位加法器。

```
module add4_ahead(
            input[3:0] a,b,
            input cin,
            output[3:0] sum,
            output cout);
wire[3:0] G, P, C;
assign G[0]=a[0]&b[0];                        //产生第 0 位本位值和进位值
assign P[0]=a[0]|b[0];
assign C[0]=cin;
assign sum[0]=G[0]^P[0]^C[0];
assign G[1]=a[1]&b[1];                        //产生第 1 位本位值和进位值
assign P[1]=a[1]|b[1];
assign C[1]=G[0]|(P[0]&C[0]);
assign sum[1]=G[1]^P[1]^C[1];
assign G[2]=a[2]&b[2];                        //产生第 2 位本位值和进位值
assign P[2]=a[2]|b[2];
assign C[2]=G[1]|(P[1]&C[1]);
assign sum[2]=G[2]^P[2]^C[2];
assign G[3]=a[3]&b[3];                        //产生第 3 位本位值和进位值
assign P[3]=a[3]|b[3];
assign C[3]=G[2]|(P[2]&C[2]);
assign sum[3]=G[3]^P[3]^C[3];
assign cout=C[3];                             //产生最高位进位输出
endmodule
```

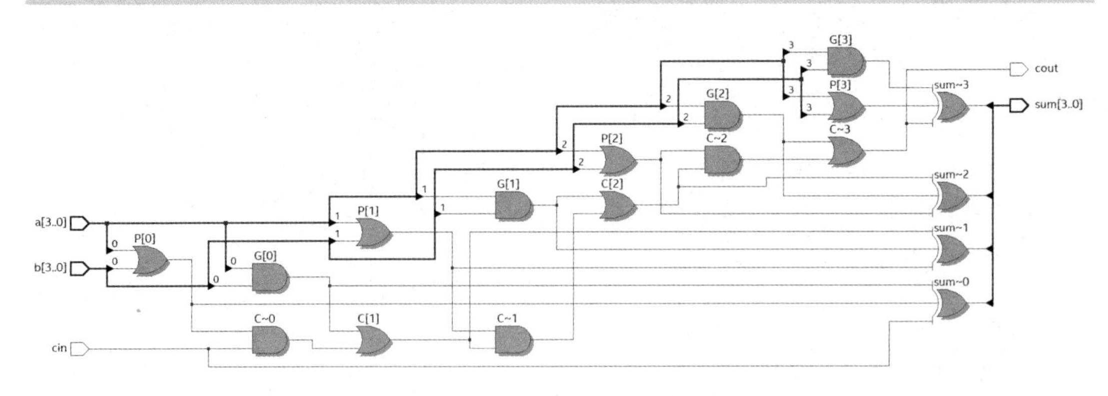

图 5.3 4 位超前进位加法器 RTL 综合原理图

5. 半减器

半减器只考虑两位二进制数相减、相减的差以及是否向高位借位，其真值表如表 5.3 所示。

表 5.3　半减器真值表

输　入		输　出	
a	b	d	co
0	0	0	0
0	1	1	1
1	0	1	0
1	1	0	0

由此可得其表达式，并用数据流方式描述如例 5.12 所示，综合后的原理图如图 5.4 所示。

【例 5.12】　半减器。

```
module half_sub(
     input a, b,
     output d,
     output co);
assign  d = a^b;
assign  co = (~a)&b;
endmodule
```

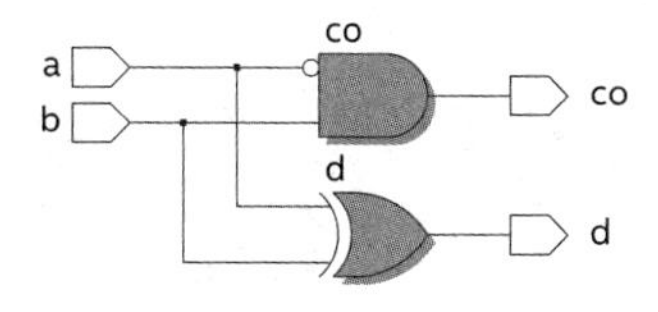

图 5.4　半减器原理图

6. 全减器

全减器除了考虑两位二进制数相减的差，以及是否向高位借位，还要考虑当前位的低位是否曾有借位，用数据流描述的全减器如例 5.13 所示，综合后的原理图如图 5.5 所示。

【例 5.13】　全减器。

```
module full_sub(
     input a, b,
     input cin,        //低位借位
     output d,
     output co);
assign d = a^b^cin;
assign co = (~a&(b^cin))|(b&cin);
endmodule
```

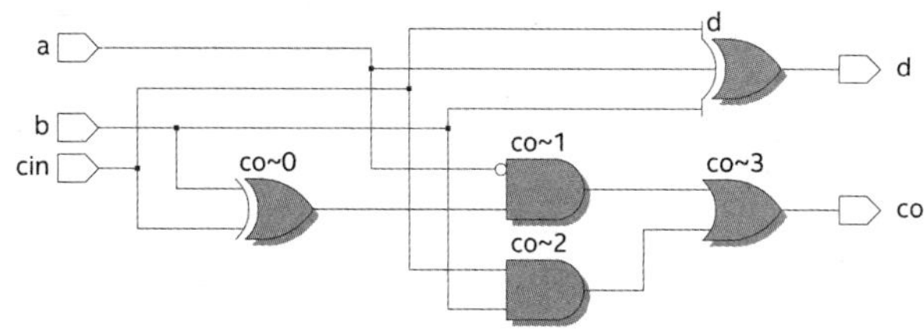

图 5.5　全减器原理图

全减器的 Test Bench 仿真代码如例 5.14 所示，用 ModelSim 运行，其仿真波形如图 5.6 所示，从波形图分析得知全减器功能正确。

【例 5.14】 全减器的 Test Bench 仿真代码。

```
`timescale 1ns/1ns
module fullsub_tb;
reg a,b,cin;
wire d, co;
full_sub u1(.a(a), .b(b), .cin(cin), .d(d), .co(co));
initial begin
a = 0; b = 0; cin = 0;
repeat(3) begin
# 20 a <= $random;
     b <= $random; end
repeat(3) begin
# 20 cin <= 1;
     a <= $random;
     b <= $random; end
# 20 $stop;
end
endmodule
```

图 5.6　1 位全减器的仿真波形图

5.4　格雷码与二进制码的转换

格雷码是一种循环码，其特点是相邻码字只有一个比特位发生变化，这就有效降低了在 CDC（跨时钟域）情况下亚稳态问题发生的概率，格雷码常用于通信、FIFO 或 RAM 地址寻址计数器中。但格雷码是一种无权码，一般不能用于算术运算。

表 5.4 给出了十进制数、4 位二进制码和 4 位格雷码的对照。

表 5.4　十进制数、4 位二进制码和 4 位格雷码的对照表

十进制数	二进制码	格雷码	十进制数	二进制码	格雷码
0	0000	0000	8	1000	1100
1	0001	0001	9	1001	1101
2	0010	0011	10	1010	1111
3	0111	0010	11	1011	1110
4	0100	0110	12	1100	1010
5	0101	0111	13	1101	1011
6	0110	0101	14	1110	1001
7	0111	0100	15	1111	1000

1. 二进制码转格雷码

二进制码转格雷码的方法如下：二进制码的最高位作为格雷码的最高位，格雷码的次高位由二进制码的高位和次高位异或得到，以此类推，转换过程如图 5.7 所示。

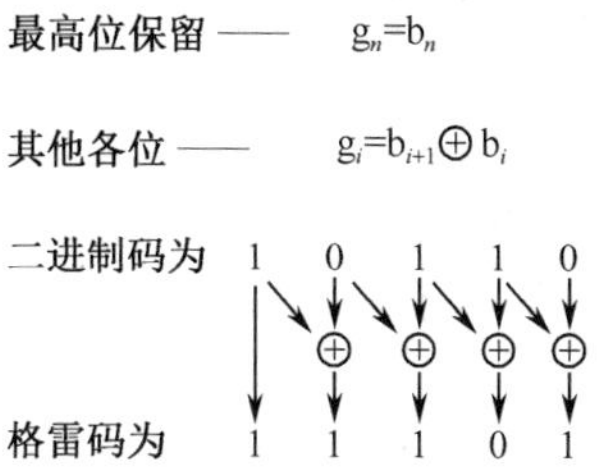

最高位保留 —— $g_n=b_n$

其他各位 —— $g_i=b_{i+1}\oplus b_i$

二进制码为　1　0　1　1　0

格雷码为　1　1　1　0　1

图 5.7　二进制码转格雷码

以 4 位二进制码转格雷码为例：

```
gray[3] = 0 ^ bin[3];           //0 ^ bin[3] = bin[3]
gray[2] = bin[3]  ^ bin[2];
gray[1] = bin[2]  ^ bin[1];
gray[0] = bin[1]  ^ bin[0];
```

故可得二进制码转格雷码的一般公式：gray = bin^(bin >> 1)，据此写出数据流描述的 Verilog HDL 代码如例 5.15 所示。

【例 5.15】 二进制码转格雷码。

```
module bin2gray
    #(parameter WIDTH = 8)             //数据位宽
     (input[WIDTH - 1 : 0] bin,        //二进制码
      output[WIDTH -1 : 0] gray);      //格雷码
assign gray = bin^(bin >> 1);          //二进制码转格雷码
endmodule
```

2. 格雷码转二进制码

格雷码转二进制码原理如下：格雷码的最高位作为二进制码的最高位，二进制码的次高位由二进制码的高位和格雷码次高位异或得到，以此类推，转换过程如图 5.8 所示。

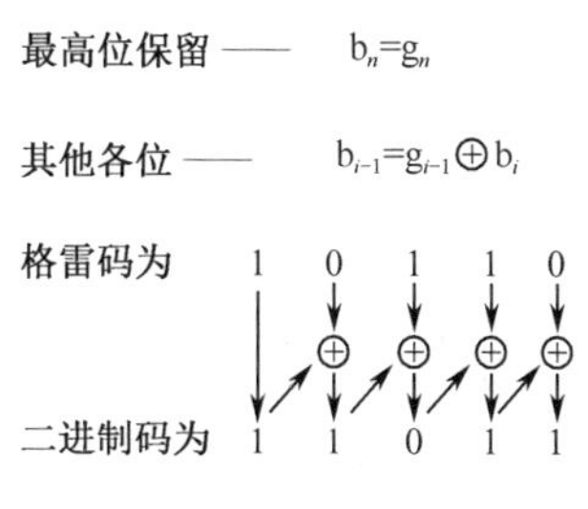

图 5.8　格雷码转二进制码

以 4 位格雷码转二进制码为例：

```
bin[3] = gray[3];
bin[2] = gray[2] ^ bin[3];
bin[1] = gray[1] ^ bin[2];
bin[0] = gray[0] ^ bin[1];
```

可以看到，最高位不需转换，从次高位开始使用二进制码的高位和格雷码的次高位相异或，可使用 generate、for 来描述，代码如例 5.16 所示。

【例 5.16】　格雷码转二进制码。

```
module gray2bin
  #(parameter WIDTH = 8)                      //数据位宽
   (input[WIDTH -1 : 0] gray,                 //格雷码
    output[WIDTH-1 : 0] bin);                 //二进制码
assign bin[WIDTH -1] = gray[WIDTH -1];  //最高位不需转换
genvar i;              //次高位到 0，二进制码的高位和格雷码的次高位相异或
generate
    for(i = 0; i <= WIDTH-2; i = i + 1)
        begin: g2b                            //命名块
        assign bin[i] = bin[i + 1] ^ gray[i];
        end
endgenerate
endmodule
```

3. 测试

编写测试代码对前面两个模块进行测试：生成 0～15 的 4 位二进制，通过 bin2gray 转换成格雷码，观察格雷码输出；再将转换后的格雷码用 gray2bin 转换成二进制码，对比 3 组数据是否正确，如例 5.17。

【例 5.17】　二进制码和格雷码相互转换的 Test Bench 测试代码。

```
`timescale 1ns/1ns                        //时间单位/精度
module bin_gray_tb();
parameter WIDTH = 4;                      //位宽
reg [WIDTH - 1 : 0] bin_in;               //输入二进制码
wire [WIDTH - 1 : 0] gray;                //转换后的格雷码
wire [WIDTH - 1 : 0] bin_out;             //转换后的二进制码
//------------例化被测试模块----------------
bin2gray  #(.WIDTH(WIDTH))
   u1(.bin(bin_in),.gray(gray));
gray2bin  #(.WIDTH(WIDTH))
   u2(.bin(bin_out),.gray(gray));
//--------------设置输入信号---------------
initial begin
   bin_in = 4'd0;
   repeat(25) #20 bin_in = bin_in + 1;
end
//--------------打印输出------------------
initial $monitor("bin_in:%b,gray:%b,bin_out:%b",bin_in,gray,bin_out);
endmodule
```

本例在 ModelSim 中运行，命令窗口打印的输出结果如下，可看出两次转换的结果均正确，与表 5.4 所示一致。

```
bin_in:0000,gray:0000,bin_out:0000
bin_in:0001,gray:0001,bin_out:0001
bin_in:0010,gray:0011,bin_out:0010
bin_in:0011,gray:0010,bin_out:0011
bin_in:0100,gray:0110,bin_out:0100
bin_in:0101,gray:0111,bin_out:0101
bin_in:0110,gray:0101,bin_out:0110
bin_in:0111,gray:0100,bin_out:0111
bin_in:1000,gray:1100,bin_out:1000
bin_in:1001,gray:1101,bin_out:1001
bin_in:1010,gray:1111,bin_out:1010
bin_in:1011,gray:1110,bin_out:1011
bin_in:1100,gray:1010,bin_out:1100
bin_in:1101,gray:1011,bin_out:1101
bin_in:1110,gray:1001,bin_out:1110
bin_in:1111,gray:1000,bin_out:1111
```

5.5　三态逻辑设计

在需要信息双向传输时，三态门是必需的。例 5.18 采用 assign 语句描述了三态门，该三态门当 en 为 0 时，输出为高阻态。

【例 5.18】　三态门。

```
module tris(input a,en,
            output y);
assign y=en ? a : 1'bz;            //数据流描述
endmodule
```

如果一个 I/O 引脚既要作为输入又要作为输出，则必然要用到三态门。例 5.19 中定义了 1 位三态双向缓冲器，端口 y 可作为双向 I/O 端口使用，当 en 为 0（三态门呈现高阻态）时，y 作为输入端口，否则 y 作为输出端口。

【例 5.19】　三态双向缓冲器。

```
macromodule bi_dir(
        input en,
        inout y);
wire din, dout;
assign y=en ? dout : 1'bz;
assign din=y;
endmodule
```

注：在可综合的设计中，凡赋值为 z 的变量都应定义为端口，因为对于 FPGA 器件，三态缓存器仅在器件的 I/O 引脚中是物理存在的。

设计一个功能类似于 74LS245 的三态双向总线缓冲器，其功能如表 5.5 所示，两个 8 位数据端口（a 和 b）均为双向端口，oe 和 dir 分别为使能端和数据传输方向控制端。设计源码见例 5.20，其 RTL 综合视图如图 5.9 所示。

表 5.5　三态双向总线缓冲器功能表

输　入		输　出
oe	dir	
0	0	b→a
0	1	a→b
1	x	隔开

【例 5.20】　三态双向总线缓冲器。

```
module ttl245(
        input oe,dir,          //使能信号和方向控制
        inout[7:0] a,b);       //双向数据线
assign a=({oe,dir}==2'b00) ? b : 8'bz;
assign b=({oe,dir}==2'b01) ? a : 8'bz;
endmodule
```

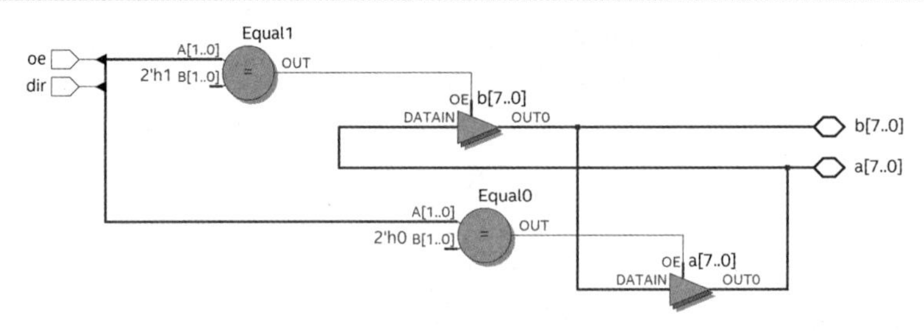

图 5.9　三态双向总线缓冲器 RTL 综合视图

习　题　5

5.1　用连续赋值语句描述一个 8 选 1 数据选择器。

5.2　在 Verilog HDL 中，哪些操作是并发执行的？哪些操作是顺序执行的？

5.3　采用数据流描述方式实现 4 位二进制减法器功能。

5.4　实现四舍五入功能电路，当输入的 1 位 8421BCD 码大于 4 时，输出为 1，否则为 0。试编写 Verilog HDL 程序。

5.5　设计功能类似 74138 的译码器电路，并进行综合。

5.6　采用数据流描述方式实现 8 位加法器并进行综合和仿真。

5.7　试编写将有符号二进制 8 位原码转换成 8 位补码的电路，并进行综合和仿真。

5.8　编写从补码求原码的 Verilog HDL 程序，输入是有符号的 8 位二进制补码数据。

第 6 章　行为级建模

门级建模和连续赋值能很好地描述电路的结构，但缺乏描述复杂系统所需的抽象能力。本章要介绍的过程结构非常适合解决诸如描述微处理器或实现复杂的时序关系等问题，实现行为级建模。

6.1　行为级建模概述

所谓行为级建模，或称为行为描述，是对设计实体的数学模型的描述，其抽象程度高于结构描述。行为描述类似于高级编程语言，当描述一个设计实体的行为时，无须知道其内部电路构成，只要描述清楚输入与输出信号的行为。

Verilog HDL 行为级建模是基于过程实现的，Verilog HDL 的过程（Procedure）包含以下 4 种：

- initial
- always
- task
- function

用 initial 过程和 always 过程实现行为级建模，每一个 initial 过程块和 always 过程块都执行一个行为流，initial 过程块中的语句只执行一次，always 过程则不断重复执行。

例如：

```
module behave;
reg [1:0] a, b;
initial  begin  a = 'b1;  b = 'b0; end
always   begin  #50  a = ~a;  end
always   begin  #100 b = ~b;  end
endmodule
```

在上例中，initial 语句为变量 a 和变量 b 分别赋初始值 1 和 0，之后 initial 语句不再执行；always 语句则重复执行 begin-end 块（也称为顺序块），因此，每隔 50 个时间单位变量 a 取反，每隔 100 个时间单位变量 b 取反。

一个模块中可以包含多个 initial 语句和 always 语句，但两种语句不能嵌套使用。

6.1.1　always 过程语句

always 过程使用模板如下：

```
always @(<敏感信号列表 sensitivity list>)
begin
  //过程赋值
  //if-else，case 选择语句
  //while，repeat，for 循环语句
  //task，function 调用
end
```

always 过程语句通常带有触发条件，触发条件写在敏感信号表达式中，仅当触发条件满足时，其后的 begin-end 块语句才被执行。

在例 6.1 中，posedge clk 表示将时钟信号 clk 的上升沿作为触发条件，而 negedge clr 表示将 clr 信号的下降沿作为触发条件。

【例 6.1】 同步置数、异步清 0 的计数器。

```
module count(
        input load,clk,clr,
        input[7:0] data,
        output reg[7:0] out);
always @(posedge clk or negedge clr)  //clk 上升沿或 clr 下降沿触发
begin
   if(!clr)       out<=8'h00;          //异步清 0，低电平有效
   else if(load)  out<=data;           //同步置数
   else           out<=out+1;          //计数
end
endmodule
```

在例 6.1 中，clr 信号下降沿到来时清 0，故低电平清 0 有效，如果需要高电平清 0 有效，则应把 clr 信号上升沿作为敏感信号：

```
always @(posedge clk or posedge clr)
                    //clr 信号上升沿到来时清 0，故高电平清 0 有效
```

故过程体内的逻辑描述要与敏感信号列表相一致。

例如，下面的描述是错误的：

```
always @(posedge clk or negedge clr)
begin
  if(clr) out<=0;    //与敏感信号列表中 clr 下降沿触发矛盾，应改为 if(!clr)
  else out<=in;
end
```

例 6.2 给出的是一个指令译码电路的示例，该例通过指令判断对输入数据执行相应的操作，包括加、减、求与、求或、求反，这是一个组合逻辑电路，如果采用 assign 语句描述，表达起来较烦琐。本例采用 always 过程和 case 语句进行分支判断，使设计思路得到直观体现。

【例 6.2】 行为描述的简易算术逻辑单元。

```
`define add     3'd0
`define minus   3'd1
`define band    3'd2
`define bor     3'd3
`define bnot    3'd4
module alu(
     input[2:0] opcode,          //操作码
     input[7:0] a,b,             //操作数
     output reg[7:0] out);
always@*                         //或写为 always@(*)
```

```
begin   case(opcode)
         `add:   out=a+b;          //加操作
         `minus: out=a-b;          //减操作
         `band:  out=a&b;          //按位与
         `bor:   out=a|b;          //按位或
         `bnot:  out=~a;           //按位取反
         default:out=8'hx;         //未收到指令时，输出不定态
         endcase
end
endmodule
```

6.1.2 initial 过程

initial 过程的使用格式如下：

```
initial
  begin
     语句 1;
     语句 2;
     …
  end
```

initial 语句不带触发条件，过程中的块语句沿时间轴只执行一次。

注：initial 块是可以综合的，只不过不能添加时序控制语句，因此作用有限，一般只用于变量的初始化。

下例的测试模块中用 initial 语句完成对测试变量 a、b、c 的赋值。

```
`timescale 1ns/1ns
module test1;
reg a,b,c;
initial  begin   a=0;b=1;c=0;
              #50  a=1;b=0;
              #50  a=0;c=1;
              #50  b=1;
              #50  b=0;c=0;
              #50 $finish;  end
endmodule
```

上面的代码对变量 a、b、c 的赋值相当于定义了如图 6.1 所示的波形。

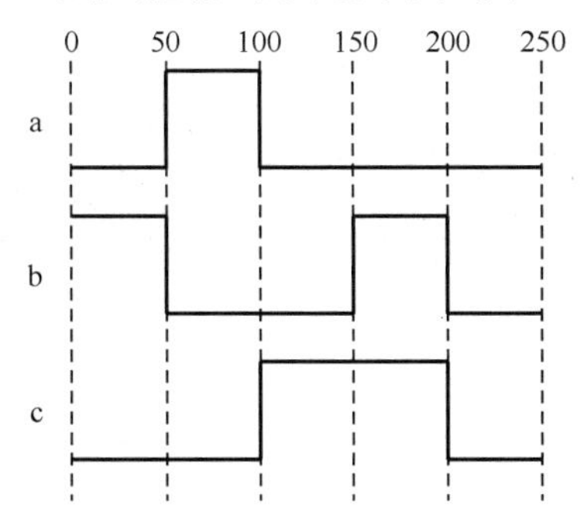

图 6.1 用 initial 语句定义的波形

下面的代码用 initial 语句对 memory 存储器进行初始化，将所有存储单元的初始值都置为 0，存储器不能整体赋值，只能一个单元（元素）一个单元分别赋值。

```
initial
  begin
    for(addr=0;addr<size;addr=addr+1)
    memory[addr]=0;                          //对 memory 存储器进行初始化
  end
```

6.2　过程时序控制

Verilog HDL 提供了两类时序控制方法，用于激活过程语句的执行：延时控制（用#表示）和事件控制（用@表示）。

6.2.1　延时控制

在例 6.3 中，分别用了几种方式来表示延时，例如：

```
# 10  rega = regb;              //一般延时表示
rega = # 10 regb;               //内嵌延时表示
#d rega = regb;                 //用参数表示延时
#((d+e)/2) rega = regb;        //用参数表示延时
```

【例 6.3】　延时控制示例。

```
`timescale 1ns/1ns
module test;
reg a;
parameter DELY = 10;            //定义参数
initial  begin       a=0;     //0ns,a=0
        #5           a=1;     //5ns,a=1，一般延时表示
        #DELY        a=0;     //15ns,a=0，用参数表示延时
        #(DELY/2)    a=1;     //20ns,a=1
        a= #10  0;            //30ns,a=0，内嵌延时表示
        a= #5   1;            //35ns,a=1
        #10  $finish;  end
endmodule
```

上例用 ModelSim 运行，其输出波形如图 6.2 所示。

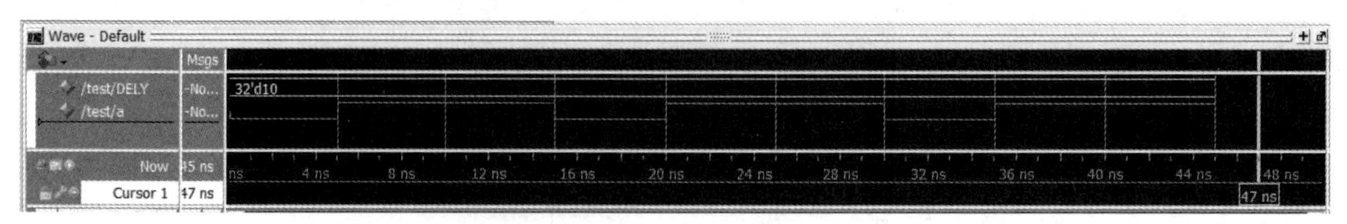

图 6.2　延时示例输出波形图

6.2.2　事件控制

在 Verilog HDL 中，事件（Event）是指某个 reg 型或 wire 型变量的值发生了变化。

事件控制（Event Control）可用如下格式表示：

```
@(event_expression)          //event_expression 可以是边沿、电平和命名事件
```

1. 一般事件控制

对于时序电路，事件通常是由时钟边沿触发的。为表达边沿这个概念，Verilog HDL 提供 posedge 和 negedge 两个关键字来描述。

关键字 posedge 是指从 0 到 X、Z、1，以及从 X、Z 到 1 的正跳变（上升沿）；negedge 是指从 0 到 X、Z、1，以及从 X、Z 到 1 的负跳变（下降沿），如表 6.1 所示。

表 6.1　关键字 posedge 和 negedge 说明

posedge（正跳变）	negedge（负跳变）
0→X	1→X
0→Z	1→Z
0→1	1→0
X→1	X→0
Z→1	Z→0

以下是边沿触发的例子：

```
@(posedge clock)                    //当 clock 的上升沿到来时
@(negedge clock)                    //当 clock 的下降沿到来时
@(posedge clk or negedge reset)     //当 clk 的上升沿或 reset 信号的下降沿到来时
```

对于组合电路，事件通常是输入变量的值发生了变化，可这样表示：

```
@(a)                                //当信号 a 的值发生改变
@(a or b)                           //当信号 a 或信号 b 的值发生改变
```

2. 命名事件（Named event）

用户可以声明 event（事件）类型的变量，并触发该变量来识别该事件是否发生。命名事件用关键字 event 来声明，触发信号用“->”表示，见例 6.4。

【例 6.4】　命名事件触发。

```
`timescale 1ns/1ns
module tb_evt;
  event a_event;                    //声明 event（事件）类型的变量
  event b_event;                    //声明 event（事件）类型的变量
initial begin
    #20 -> a_event;
    #30 -> a_event;
    #50 -> a_event;
    #10 -> b_event;
end
always @ (a_event) $display ("T=%0t [always] a_event is triggered", $time);
initial begin
```

```
  #25 @(a_event) $display ("T=%0t [initial] a_event is triggered", $time);
  #10 @(b_event) $display ("T=%0t [initial] b_event is triggered", $time);
end
endmodule
```

上例用 ModelSim 运行，其输出如下：

```
# T=20 [always] a_event is triggered
# T=50 [always] a_event is triggered
# T=50 [initial] a_event is triggered
# T=100 [always] a_event is triggered
# T=110 [initial] b_event is triggered
```

3. 敏感信号列表

当多个信号或事件中任意一个发生变化都能够触发语句的执行时，Verilog HDL 用关键字 or 连接多个事件或信号，这些事件或信号组成的列表称为“敏感列表”，也可以用逗号“,”代替 or。例如：

```
always @(a, b, c, d, e)                 //敏感信号列表中可用逗号分隔敏感信号
always @(posedge clk, negedge rstn)     //敏感信号列表中可用逗号分隔敏感信号
always @(a or b, c, d or e)             //or 和逗号混用，分隔敏感信号
```

在 RTL 级的设计中，经常需要在敏感信号列表中列出所有的输入信号，在 Verilog-2001 中，采用隐式事件表达式（Implicit event_expression）来解决此一问题，采用隐式事件表达式@*后，综合器会自动从过程块中读取所有的 net 型和 variable 型输入变量添加到事件表达式中，这也解决了容易漏写输入变量的问题。

隐式事件表达式可采用下面两种形式之一：

```
always @*                         //形式 1
always @(*)                       //形式 2
```

例如：

```
always @(*)             //等同于 @(a or b or c or d or f)
   y = (a & b) | (c & d) | myfunction(f);
```

例如：

```
always @* begin         //等同于 @(a or b or c or d or tmp1 or tmp2)
   tmp1 = a & b;
   tmp2 = c & d;
   y = tmp1 | tmp2;
end
```

例如：

```
always @* begin                //等同于 @(b)
     @(i)  kid = b;            //i 不加入@*
end
```

例如：

```
always @* begin        //等同于 @(a or b or c or d)
   x = a ^ b;
   @*                  //等同于 @(c or d)
```

```
    x = c ^ d;
end
```

再如：

```
always @* begin        //等同于 @(a or en)
    y = 8'hff;
    y[a] = !en;
end
```

4. 电平敏感事件控制

Verilog HDL 还支持使用电平作为敏感信号来控制时序，即后面语句的执行需要等待某个条件为真，并使用关键字 wait 来表示这种电平敏感情况。例如：

```
begin
wait (!enable) #10 a = b;
#10 c = d;
end
```

如果 enable 的值为 1，则 wait 语句将延迟下一条语句(#10 a = b;)的计算，直到 enable 的值变为 0。如果在进入 begin-end 块时，enable 已经是 0，则立刻执行(#10 a = b;)语句。

6.3　过程赋值

过程赋值（Procedural Assignment）必须置于 always、initial、task 和 function 过程内，属于“激活”类型的赋值，用于为 reg、integer、time、real、realtime 和存储器等数据类型的对象赋值。

6.3.1　variable 型变量声明时赋值

在 variable 型变量声明时可以为其赋初值，这可看作是过程赋值的一种特殊情况，variable 型变量将会保持该值，直到遇到该变量的下一条赋值语句。

数组（array）不支持在声明时赋值。

例如：

```
reg[3:0] a = 4'h4;
```

上面的语句等同于：

```
reg[3:0] a;
initial a = 4'h4;
```

以下是变量声明时赋值的一些例子：

```
integer i = 0, j;
real r1 = 2.5, n300k = 3E6;
time t1 = 25;
realtime rt1 = 2.5;
```

6.3.2　阻塞过程赋值

Verilog HDL 包含两种类型的过程赋值语句：

- 阻塞（Blocking）过程赋值语句。

- 非阻塞（Nonblocking）过程赋值语句。

阻塞过程赋值语句和非阻塞过程赋值语句在顺序块中指定不同的过程流。

阻塞过程赋值符号为“=”（与连续赋值符号相同），例如。

```
b = a;
```

阻塞过程赋值在该语句结束时就立即完成赋值操作，即 b 的值在该条语句结束后立刻改变。如果一个 begin-end 块中有多条阻塞过程赋值语句，那么在前面的赋值语句完成之前，后面的语句不能被执行，仿佛被阻塞了一样，因此称为阻塞过程赋值。

阻塞过程赋值的例子如下：

```
rega = 0;
rega[3] = 1;                      //位选
rega[3:5] = 7;                    //段选
mema[address] = 8'hff;            //给存储器单元赋值
{carry, acc} = rega + regb;       //位拼接赋值
```

6.3.3　非阻塞过程赋值

非阻塞过程赋值的符号为“<=”（与关系操作符中的小于或等于号相同）。例如：

```
b <= a;
```

非阻塞过程赋值可以在同一时间为多个变量赋值，而不需考虑语句顺序或相互依赖性，这些非阻塞过程赋值语句是并发执行的（相互间无依赖关系），故其书写顺序对执行结果并无影响。

例 6.5 是非阻塞过程赋值的例子。

【例 6.5】　非阻塞过程赋值。

```
`timescale 1ns/1ns
module evaluate;
reg a, b, c;
initial begin
     a = 0;b = 1;c = 0;
end
always c = #5 ~c;
always @(posedge c) begin
     a <= b;
     b <= a;
#100 $finish;
end
endmodule
```

例 6.5 的执行结果如图 6.3 所示。

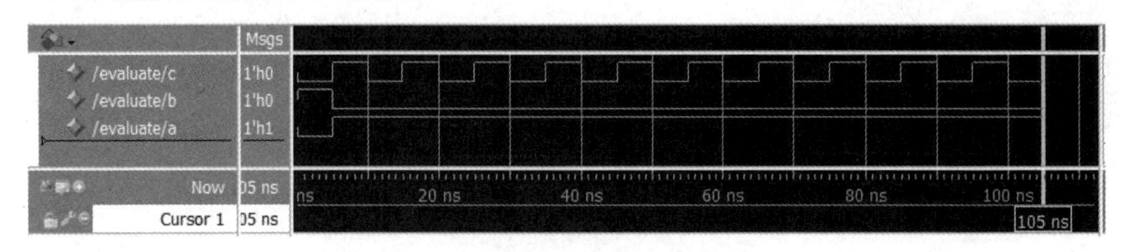

图 6.3　非阻塞过程赋值执行结果

6.3.4　阻塞赋值过程与非阻塞过程赋值的区别

从例 6.6 可以看出阻塞过程赋值和非阻塞赋值的区别。

【例 6.6】　阻塞过程赋值和非阻塞过程赋值的区别。

```
`timescale 1ns/1ns
module non_block;
reg a, b, c, d, e, f;
initial begin               //阻塞过程赋值
     a = #10 1;             //在时刻 10，a 赋值为 1
     b = #6 0;              //在时刻 16，b 赋值为 0
     c = #8 1;              //在时刻 24，c 赋值为 1
end
initial begin               //非阻塞过程赋值
     d <= #10 1;            //在时刻 10，d 赋值为 1
     e <= #6 0;             //在时刻 6， e 赋值为 0
     f <= #8 1;             //在时刻 8， f 赋值为 1
#30 $finish;
end
endmodule
```

例 6.6 的执行结果如图 6.4 所示，可以看出阻塞过程赋值和非阻塞过程赋值的区别，非阻塞过程赋值语句可认为其执行均是从时刻 0 开始的，各语句的延时也是从时刻 0 开始计算的；而阻塞过程赋值各语句是按顺序执行的，各条语句的延时是从上条语句执行完开始计算的。

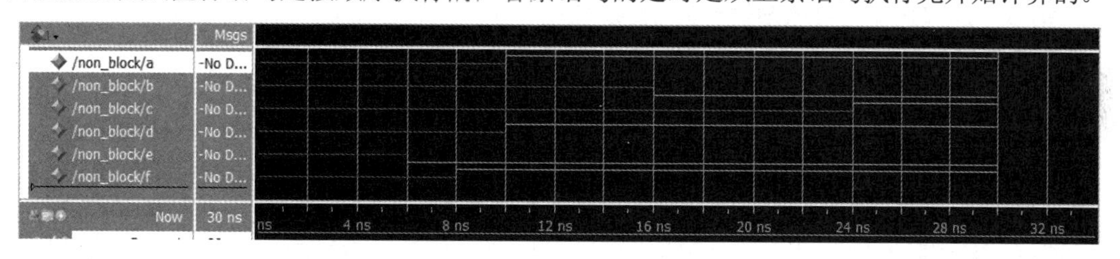

图 6.4　阻塞过程赋值和非阻塞过程赋值的区别

下面的例子，在一个 begin-end 块中同时有阻塞过程赋值和非阻塞过程赋值：

```
module non_block1;
reg a, b;
initial begin
     a = 0;
     b = 1;
     a <= b;
     b <= a;
end
initial begin
     $monitor ($time, ,"a = %b b = %b", a, b);
     #100 $finish;
end
endmodule
```

上例的执行结果为

```
a = 1
b = 0
```

根据阻塞过程赋值和非阻塞过程赋值的特点，得出这样的结果也不难理解。

例 6.7 显示了如何将 i[0]的值赋给 r1，以及如何在每次延时后进行赋值操作，此程序运行后 r1 的波形如图 6.5 所示。

【例 6.7】 赋值给 r1 的非阻塞过程赋值。

```
module multiple;
reg r1;
reg [2:0] i;
initial begin
   for (i = 0; i <= 6; i = i+1)
   r1 <= # (i*10) i[0];           //赋值给 r1，而不取消以前的赋值
end
endmodule
```

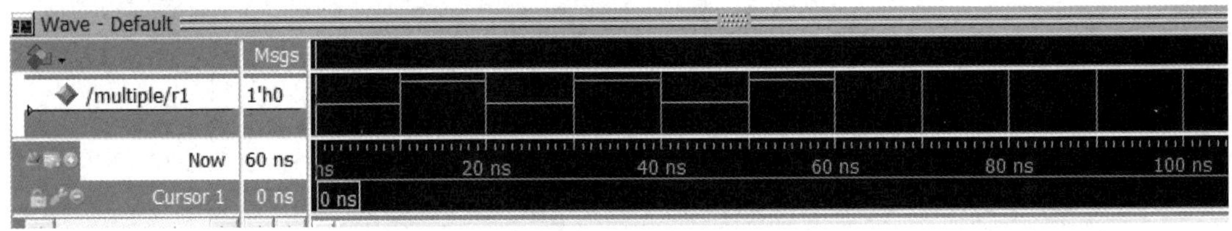

图 6.5　r1 的波形图

例 6.8 也说明了非阻塞赋值与阻塞赋值的区别。

【例 6.8】 非阻塞过程赋值与阻塞过程赋值。

```
//非阻塞过程赋值模块
module non_block2(
      input clk,a,
      output reg c,b);
always @(posedge clk)
  begin
  b<=a;
  c<=b;
  end
endmodule
```

```
//阻塞过程赋值模块
module block2(
      input clk,a,
      output reg c,b);
always @(posedge clk)
  begin
  b=a;
  c=b;
  end
endmodule
```

将上面两段代码进行综合，综合后的结果分别如图 6.6 和图 6.7 所示。

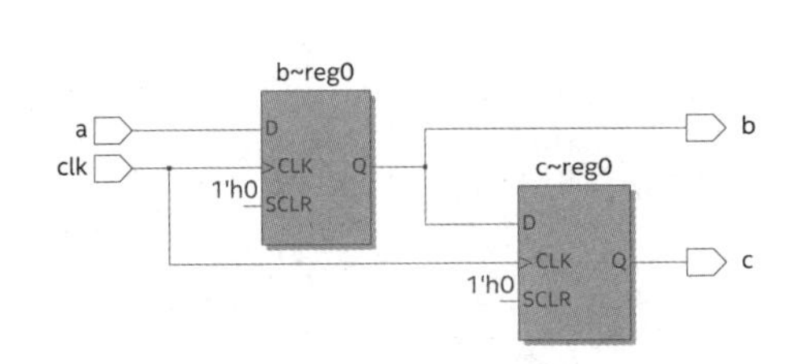

图 6.6　非阻塞过程赋值综合结果

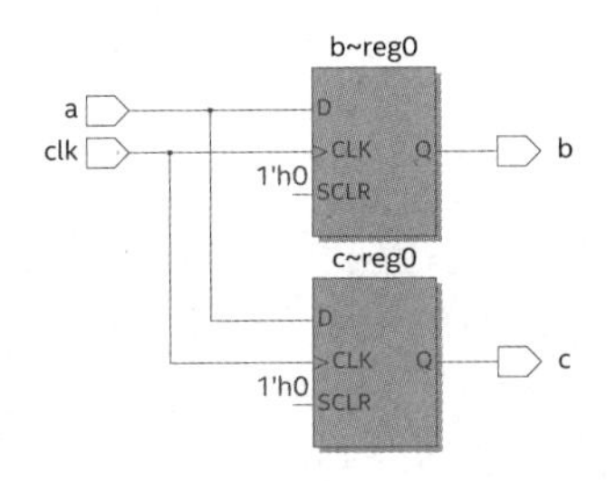

图 6.7　阻塞过程赋值综合结果

6.4 过程连续赋值

过程连续赋值是在过程中对net型和variable型变量进行连续赋值，过程连续赋值语句比普通的过程赋值语句有更高的优先级，可以改写（Override）所有其他语句的赋值。过程连续赋值能连续驱动赋值对象，即过程连续赋值发生作用时，其右端表达式中任意操作数的变化都会引起过程连续赋值语句的重新执行和响应。

过程连续赋值主要有两种，assign、deassign和force、release。

6.4.1 assign 和 deassign

assign（过程连续赋值操作）与deassign（取消过程连续赋值操作）的赋值对象只能是variable型变量，而不能是net型变量。

赋值过程中对variable型变量连续赋值，该值将保持直到被重新赋值。

带异步复位和置位端的D触发器可以用assign与deassign描述，如例6.9所示。

【例6.9】 用assign与deassign描述带异步复位和置位端的D触发器。

```
module dff_assign(
       input d, clock,
       input clear, preset,
       output reg q);
always @(clear or preset)
    if(!clear)  assign q = 0;            //assign语句赋值0
    else if(!preset)  assign q = 1;      //assign语句赋值1
    else  deassign q;                    //q被deassign语句取消赋值
always @(posedge clock)
    q = d;
endmodule
```

在上例中，当clear端或preset端为0时，通过assign语句分别对q端置0、置1，此时，时钟边沿对q端输出不再产生影响，这一状态一直持续到clear端和preset端均不为0时，此时执行一条deassign释放语句，结束对q端的强行控制，正常的过程赋值语句又重新起作用。

注： assign与deassign多数综合器是不支持的，多用于仿真。

6.4.2 force 和 release

force（强制赋值操作）与release（取消强制赋值）也是过程连续赋值语句，其使用方法和效果与assign、deassign类似，但赋值对象可以是variable型变量，也可以是net型变量。

因为是无条件强制赋值，一般多用于交互式调试过程，应避免在设计模块中使用。

当force作用于variable型变量时，该变量当前值被覆盖；release作用时该变量将继续保持强制赋值时的值；之后，其值可被原有的过程赋值语句改变。

当force作用于net型变量时，该变量也会被强制赋值；一旦release作用于该变量，其值马上变为原值，具体见例6.10。

【例 6.10】　用 force 与 release 赋值。

```
`timescale 1ns/1ns
module test_force;
reg a, b, c, d;
wire e;
and g1 (e, a, b, c);
initial begin
$monitor("%d d=%b,e=%b", $stime, d, e);
assign d = a & b & c;
       a = 1; b = 0; c = 1;
#10; force d = (a | b | c);      //force 强制赋值
     force e = (a | b | c);
#10; release d;                  //release 取消强制赋值
     release e;
#10  $finish;
end
endmodule
```

上例的运行结果如下所示：

```
0   d=0,e=0
10  d=1,e=1
20  d=0,e=0
```

6.5　块语句

块语句是由块标识符 begin-end 或 fork-join 界定的一组语句，当块语句只包含一条语句时，块标识符可省略。

6.5.1　串行块 begin-end

begin-end 串行块中的语句按串行方式顺序执行。例如：

```
begin
   regb=rega;
   regc=regb;
end
```

上面的语句最后将 regb、regc 的值都更新为 rega 的值，regb、regc 的值是相同的。

仿真时，begin-end 块中的每条语句前面的延时都是从前一条语句执行结束时起算的。例如，例 6.11 产生一段周期为 10 个时间单位的信号波形。

【例 6.11】　用 begin-end 串行块产生信号波形。

```
`timescale 10ns/1ns
module wave1;
parameter CYCLE=10;
reg wave;
initial
  begin                wave=0;
```

```
        #(CYCLE/2)       wave=1;
        #(CYCLE/2)       wave=0;
        #(CYCLE/2)       wave=1;
        #(CYCLE/2)       wave=0;
        #(CYCLE/2)       wave=1;
        #(CYCLE/2)       $stop;
    end
    initial $monitor($time,,,"wave=%b",wave);
    endmodule
```

用 ModelSim 仿真后，可得一段周期为 10 个时间单位（100ns）的信号波形，如图 6.8 所示。

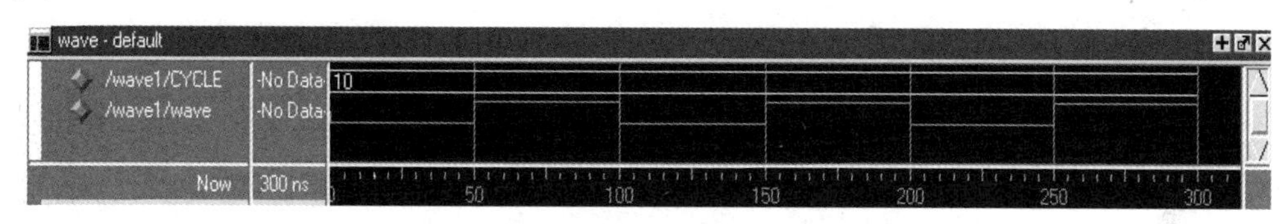

图 6.8　例 6.11 所描述的波形图

6.5.2　并行块 fork-join

并行块 fork-join 中的所有语句都是并发执行的。例如：

```
fork
   regb=rega;
   regc=regb;
join
```

上面的块语句执行完后，regb 更新为 rega 的值，而 regc 的值更新为改变之前的 regb 的值，故执行后，regb 与 regc 的值是不同的。

仿真时，fork-join 并行块中的每条语句前面的延时都是相对于该并行块的起始执行时间的，即起始时间对于块内所有的语句是相同的。要用 fork-join 并行块产生一段与例 6.11 相同的信号波形，应该像例 6.12 这样标注延时。

【例 6.12】　用 fork-join 并行块产生信号波形。

```
`timescale 10ns/1ns
module wave2;
parameter CYCLE=5;
reg wave;
initial
  fork            wave=0;
    #(CYCLE)      wave=1;
    #(2*CYCLE)    wave=0;
    #(3*CYCLE)    wave=1;
    #(4*CYCLE)    wave=0;
    #(5*CYCLE)    wave=1;
    #(6*CYCLE)    $stop;
join
```

```
initial $monitor($time,,,"wave=%b",wave);
endmodule
```

上面的程序用 ModelSim 编译仿真后，可得到与图 6.8 相同的波形。

6.5.3　块命名

可以给块语句命名（Block Name），只需把名字加在 begin、fork 关键字后面即可。块命名的作用有如下几点：

（1）可以在块内定义局部变量，该变量只在该块内有效；

（2）可以用 disable 语句终止该命名块的执行，并开始执行其后面的语句；

（3）可以通过层次路径名对命名块内的任一变量进行访问。

例如：

```
begin : break
for (i = 0; i < n; i = i+1) begin : continue
@ clk
if (a == 0) disable continue;    //终止 continue 循环
statements
@clk
if (a == b) disable break;       // "break" from loop
statements
end
end
```

再如：

```
always begin : monostable
   #250 q = 0;
end
always @retrig  begin
   disable  monostable;
   q = 1;
end
```

又如：

```
module  tb;
initial
begin : block1  //名字为 block1 的顺序命名块
  integer n;     //n 是本地变量，可用层次路径名 tb.block1.n 被其他模块访问
  ...
end
initial
fork : block2   //名字为 block2 的并行命名块
  reg n;        //n 是本地变量，可用层次路径名 tb.block2.n 被其他模块访问
  ...
join
```

disable 语句提供了一种终止命名块执行的方法。下面的例 6.13 是从寄存器的最低有效位开始寻找第一个值为 1 的位，找到该位后，则用 disable 语句终止命名块的执行，并

输出该比特位的位置。

【例 6.13】 用 disable 语句终止命名块的执行示例。

```
`timescale 1ns/1ns
module nameblock_tb;
reg [15:0] flag;
integer i;              //用于计数的整数
initial
begin
  flag = 16'b 0001_0100_0000_0000;
  i = 0;
  begin: detect_1       //块命名为 detect_1
  while(i < 16)
    begin
    if(flag[i])         //从 flag 寄存器的最低有效位开始寻找第一个值为 1 的位
    begin
        $display("Detect a bit 1 at element number %d", i);
    disable detect_1;  //在寄存器中找到了值为 1 的位，则终止 detect_1 命名块的执行
    end
    i = i + 1;
    end  end
end
endmodule
```

本例用 ModelSim 运行后，其输出如下，表示在第 10 位的位置发现比特 1。

```
Detect a bit 1 at element number          10
```

6.6　条件语句

Verilog HDL 行为级建模有赖于行为语句，这些行为语句如表 6.2 所示。其中的过程语句、块语句、赋值语句前面已介绍，本节着重介绍条件语句。

表 6.2　Verilog HDL 的行为语句

类　别	语　句	可综合性
过程语句	initial	√
	always	√
	task，function	
块语句	串行块 begin-end	√
	并行块 fork-join	
赋值语句	连续赋值 assign	√
	过程赋值=、<=	√
	过程连续性赋值：assign, deassign;　force, release	
条件语句	if-else	√
	case	√

续表

类　别	语　句	可综合性
循环语句	for	√
	repeat	
	while	
	forever	

条件语句有 if-else 和 case 语句两种，都属于顺序语句，应放在过程语句内使用。

6.6.1　if-else 语句

if 语句的格式与 C 语言中的 if-else 语句的格式类似，其使用方法有以下几种：

```
(1) if (表达式)           语句 1;          //非完整性 if 语句
(2) if (表达式)           语句 1;          //二重选择的 if 语句
    else                  语句 2;
(3) if (表达式 1)         语句 1;          //多重选择的 if 语句
    else if (表达式 2)    语句 2;
    else if (表达式 3)    语句 3;
    …
    else if (表达式 n)    语句 n;
    else          语句 n+1;
```

在上述方式中，表达式一般为逻辑表达式或关系表达式，也可能是 1 位的变量。系统对表达式的值进行判断，若为 0、x、z，则按“假”处理；若为 1，则按“真”处理，执行指定语句。语句可以是单句，也可以是多句，多句时用 begin-end 块语句括起来。if 语句也可以多重嵌套，对于 if 语句的嵌套，若不清楚 if 和 else 的匹配，最好用 begin-end 块语句括起来。

1. 二重选择的 if 语句

首先判断条件是否成立，如果 if 语句中的条件成立，那么程序会执行语句 1，否则程序执行语句 2。例如，例 6.14 是用两重选择 if 语句描述的三态非门。

【例 6.14】　用两重选择 if 语句描述的三态非门。

```
module tri_not(input x,oe,
               output reg y);
always @(x,oe)
  begin  if(!oe) y<=~x;
         else  y<=1'bZ;
end
endmodule
```

2. 多重选择的 if 语句

例 6.15 是用多重选择 if 语句描述的 1 位二进制数比较器。

【例 6.15】　用多重选择 if 语句描述的 1 位二进制数比较器。

```
module compare(input a,b,
               output reg less,equ,larg);
always @(a,b)
```

```
begin
   if(a>b) begin larg<=1'b1;equ<=1'b0;less<=1'b0;end
   else if(a==b) begin equ<=1'b1;larg<=1'b0;less<=1'b0;end
   else begin less<=1'b1;larg<=1'b0;equ<=1'b0;end
end
endmodule
```

例 6.16 和例 6.17 是用多重选择 if 语句实现的模 60 的 8421BCD 码加法计数器。

【例 6.16】　模为 60 的 8421BCD 码加法计数器。

```
module count60bcd(
          input load,clk,reset,
          input[7:0] data,
          output reg[7:0] qout,
          output cout);
always @(posedge clk)
begin
    if(!reset)   qout<=0;                     //同步复位
    else if(load==1'b0) qout<=data;           //同步置数
    else if( (qout[7:4] == 5)&&(qout[3:0] == 9))
            qout <= 0;                        //计数达到 59 时，输出清 0
    else if(qout[3:0] == 4'b1001)             //低位达到 9 时，低位清 0，高位加 1
      begin
      qout[3:0] <= 0;
      qout[7:4] <= qout[7:4] + 1; end
    else  begin                               //否则高位不变，低位加 1
      qout[7:4] <= qout[7:4];
      qout[3:0] <= qout[3:0] + 1'b1; end
end
assign cout=(qout==8'h59)?1:0;               //产生进位输出信号
endmodule
```

【例 6.17】　模 60 的 8421BCD 码加法计数器的 Test Bench 仿真代码。

```
`timescale 1ns/1ns
module count60bcd_tb;
parameter PERIOD = 20;      //定义时钟周期为 20ns
reg clk,rst,load;
reg[7:0] data=8'b01010100;  //置数端为 54
wire[7:0] qout;
wire cout;
initial begin clk = 0;
    forever begin #(PERIOD/2) clk = ~clk; end
end
initial begin
    rst <= 0; load <= 1;    //复位信号
    repeat(2) @(posedge clk);
```

```
    rst <= 1;
    repeat(5) @(negedge clk);
    load <= 0;              //置数信号
    @(negedge clk);
    load <= 1;
    #(PERIOD*100) $stop;
  end
count60bcd i1(.reset(rst), .clk(clk), .load(load),
              .data(data), .qout(qout), .cout(cout));
endmodule
```

本例在 ModelSim 中仿真，得到图 6.9 所示的仿真波形，说明功能正确。

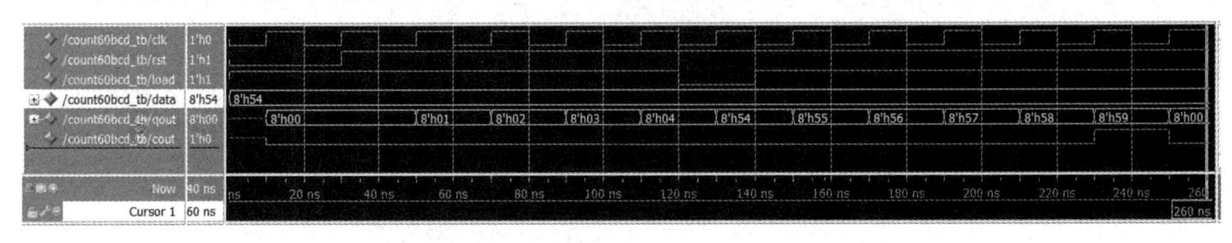

图 6.9　模 60 的 8421BCD 码加法计数器的仿真波形

3. 多重嵌套的 if 语句

if 语句可以嵌套，多用于描述具有复杂控制功能的逻辑电路。

多重嵌套的 if 语句的格式如下：

```
    if (条件 1)  语句 1;
    if (条件 2)  语句 2;
      ...
```

6.6.2　case 语句

相对 if 语句只有两个分支而言，case 语句是一种多分支语句，故 case 语句多用于多条件译码电路，如描述译码器、数据选择器、状态机及微处理器的指令译码等。

case 语句的使用格式如下：

```
case (敏感表达式)
      值 1: 语句 1;                  //case 分支项
      值 2: 语句 2;
          ⋮
      值 n: 语句 n;
      default: 语句 n+1;
endcase
```

当敏感表达式的值为 1 时，执行语句 1；值为 2 时，执行语句 2；依次类推；若敏感表达式的值与上面列出的值都不相符，则执行 default 后面的语句 n+1。若前面已列出了敏感表达式所有可能的取值，则 default 语句可省略。

例 6.18 是一个用 case 语句描述的 3 人表决电路，其综合结果见图 6.10。

【例 6.18】　用 case 语句描述的 3 人表决电路。

```
module vote3(input a,b,c,
```

```
            output reg pass);
always @(a,b,c)
  begin
    case({a,b,c})                         //用 case 语句进行译码
    3'b000,3'b001,3'b010,3'b100: pass=1'b0;      //表决不通过
    3'b011,3'b101,3'b110,3'b111: pass=1'b1;      //表决通过
                                          //注意多个选项间用逗号“,”连接
    default: pass=1'b0;
    endcase
  end
endmodule
```

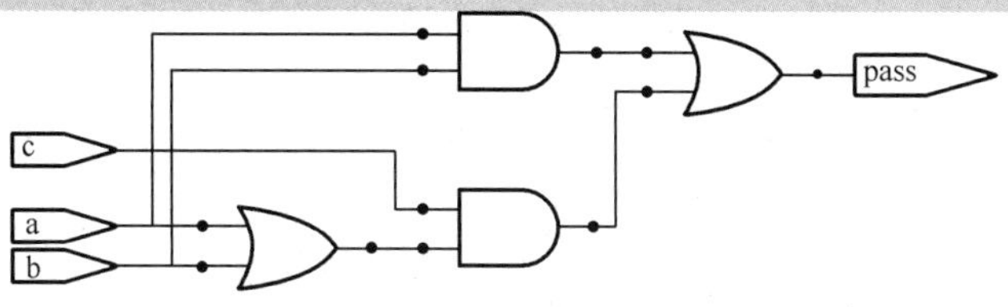

图 6.10　3 人表决电路综合结果

例 6.19 是用 case 语句编写的 BCD 码-7 段数码管译码电路，实现 4 位 8421BCD 码到 7 段数码管显示译码的功能。7 段数码管实际上是由 7 个长条形的发光二极管组成的（一般用 a、b、c、d、e、f、g 分别表示 7 个发光二极管），多用于显示字母、数字。图 6.11 是 7 段数码管的结构与共阴极、共阳极两种连接方式的示意图。假定采用共阴极连接方式，用 7 段数码管显示 0～9 十个数字，则相应的译码电路的 Verilog HDL 描述如例 6.19 所示。

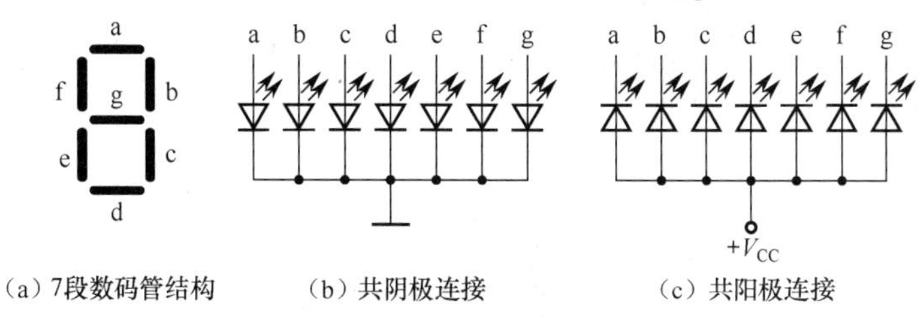

图 6.11　7 段数码管

【例 6.19】　BCD 码-7 段数码管译码电路。

```
module decode4_7(
          input D3,D2,D1,D0,                   //输入的 4 位 BCD 码
          output reg a,b,c,d,e,f,g);
always @*                                      //使用通配符
  begin
    case({D3,D2,D1,D0})                        //译码，共阴极连接
    4'd0:{a,b,c,d,e,f,g}=7'b1111110;           //显示 0
    4'd1:{a,b,c,d,e,f,g}=7'b0110000;           //显示 1
    4'd2:{a,b,c,d,e,f,g}=7'b1101101;           //显示 2
    4'd3:{a,b,c,d,e,f,g}=7'b1111001;           //显示 3
    4'd4:{a,b,c,d,e,f,g}=7'b0110011;           //显示 4
    4'd5:{a,b,c,d,e,f,g}=7'b1011011;           //显示 5
```

```
    4'd6:{a,b,c,d,e,f,g}=7'b1011111;          //显示 6
    4'd7:{a,b,c,d,e,f,g}=7'b1110000;          //显示 7
    4'd8:{a,b,c,d,e,f,g}=7'b1111111;          //显示 8
    4'd9:{a,b,c,d,e,f,g}=7'b1111011;          //显示 9
    default:{a,b,c,d,e,f,g}=7'b1111110;       //其他均显示 0
    endcase
  end
endmodule
```

例 6.20 是用 case 语句描述的下降汽触发的 JK 触发器。

【例 6.20】 用 case 语句描述的下降沿触发的 JK 触发器。

```
module jk_ff(
           input clk,j,k,
           output reg q);
always @(negedge clk)
begin  case({j,k})
    2'b00: q<=q;             //保持
    2'b01: q<=1'b0;          //置 0
    2'b10: q<=1'b1;          //置 1
    2'b11: q<=~q;            //翻转
    endcase
end
endmodule
```

从上例可以看出，用 case 语句描述实际上就是将模块的真值表描述出来，如果已知模块的真值表，不妨用 case 语句对其进行描述，该例的 RTL 综合结果如图 6.12 所示，是用 D 触发器和数据选择器 MUX 构成的。

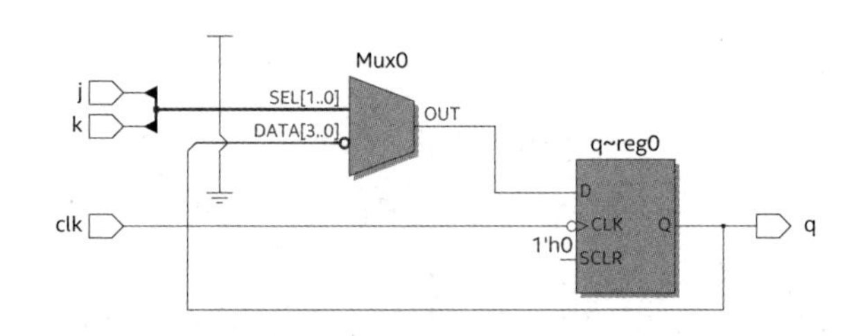

图 6.12　JK 触发器的综合结果

6.6.3　casez 与 casex 语句

在 case 语句中，敏感表达式与值 1～n 的比较是一种全等比较，必须保证两者的对应位全等。casez 与 casex 语句是 case 语句的两种变体，在 casez 语句中，如果分支表达式某些位的值为高阻态 z，那么对这些位的比较就不予考虑，因此只需关注其他位的比较结果。而在 casex 语句中，则把这种处理方式进一步扩展到对 x 的处理。即，如果比较的双方有一方的某些位的值是 x 或 z，那么这些位的比较就都不予考虑。

表 6.3 给出了 case、casez 和 casex 在进行比较时的规则。

表 6.3　case、casez 和 casex 语句的比较规则

case	0	1	x	z	casez	0	1	x	z	casex	0	1	x	z
0	1	0	0	0	0	1	0	0	1	0	1	0	1	1
1	0	1	0	0	1	0	1	0	1	1	0	1	1	1
x	0	0	1	0	x	0	0	1	1	x	1	1	1	1
z	0	0	0	1	z	1	1	1	1	z	1	1	1	1

此外，还有另一种标识 x 或 z 的方式，即用表示无关值的符号“？”来表示。例如：

```
case(a)
2'b1x:out=1;          //只有 a=1x，才有 out=1
casez(a)
2'b1x:out=1;          //如果 a=1x、1z，有 out=1
casex(a)
2'b1x:out=1;          //如果 a=10、11、1x、1z 等，有 out=1
casez(a)
3'b1??:out=1;         //如果 a=100、101、110、111 或 1xx、1zz 等，有 out=1
3'b01?:out=1;         //如果 a=010、011、01x、01z，有 out=1
```

例 6.21 是一个采用 casez 语句及符号“？”描述的数据选择器的例子。

【例 6.21】　用 casez 语句描述的数据选择器。

```
module mux_casez(
        input a,b,c,d, input[3:0] select,
        output reg out);
always @*
begin
   casez(select)
   4'b???1:out=a;
   4'b??1?:out=b;
   4'b?1??:out=c;
   4'b1???:out=d;         //不需再加 default 语句
   endcase
end
endmodule
```

在使用条件语句时，应注意列出所有条件分支，否则，编译器认为条件不满足时，会引进一个触发器保持原值。在设计组合电路时，应避免这种隐含触发器的存在。当然，在很多情况下，不可能列出所有分支，因为每个变量至少有 4 种取值：0、1、z、x。为了包含所有分支，可在 if 语句最后加上 else；在 case 语句的最后加上 default 语句。

例 6.22 是一个隐含锁存器的例子。

【例 6.22】　隐含锁存器示例。

```
module buried_ff(
          input b,a,
          output reg c);
always @(a or b)
```

```
    begin
     if((a==1)&&(b==1))  c=a&b;
    end
endmodule
```

设计者原意是设计一个 2 输入与门，但由于 if 语句中无 else 语句，在综合时会默认 else 语句为“c=c;”，因此会形成一个隐含锁存器。该例的综合结果如图 6.13 所示。

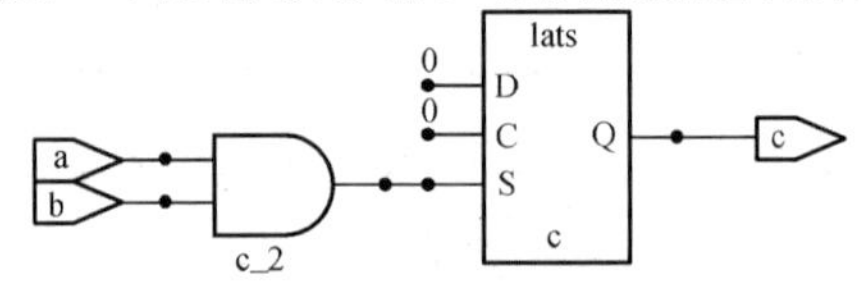

图 6.13　隐含锁存器综合结果

仿真时，在语句 c=1 执行之后 c 的值会一直维持为 1。为改正此错误，只需加上“else c=0;”语句即可。即：

```
always @(a or b)
begin  if((a==1)&&(b==1)) c=a&b;
       else c=0;
end
```

6.7　循环语句

Verilog HDL 有 4 种类型的循环语句，用来控制语句的执行次数。

（1）for：有条件的循环语句。

（2）repeat：连续执行一条语句 *n* 次。

（3）while：执行一条语句直到某个条件不满足。

（4）forever：连续地执行语句；多用在 initial 块中，用于生成时钟等周期性波形。

6.7.1　for 语句

for 语句的使用格式如下（同 C 语言）：

```
for(循环变量赋初值; 循环结束条件; 循环变量增值)
执行语句;
```

例 6.23 通过 7 人投票表决器这一例子说明 for 语句的使用：通过一个循环语句统计赞成的人数，若超过 4 人赞成则表决通过。用 vote[7:1]表示 7 人的投票情况，1 代表赞成，即 vote[i]为 1 代表第 i 个人赞成，pass=1 表示表决通过。

【例 6.23】　用 for 语句描述的 7 人投票表决器。

```
module voter7(input[7:1] vote,
              output reg pass);
reg[2:0] sum;
integer i;
always @(vote)
  begin  sum=0;
    for(i=1;i<=7;i=i+1)                 //for 语句
        if(vote[i]) sum=sum+1;
```

```
        if(sum[2])   pass=1;          //若超过4人赞成，则pass=1
        else         pass=0;
  end
endmodule
```

例 6.24 用 for 语句完成两个 8 位二进制数的乘法操作。

【例 6.24】　用 for 语句实现两个 8 位二进制数相乘。

```
module mult_for  #(parameter SIZE=8)
          (input[SIZE:1] a,b,                //操作数
           output reg[2*SIZE:1] outcome);    //结果
integer i;
always @(a or b)
     begin  outcome<=0;
       for(i=1;i<=SIZE;i=i+1)                //for 语句
       if(b[i]) outcome<=outcome+(a<<(i-1));
     end
endmodule
```

例 6.25 是一个用 for 循环语句生成奇校验位的例子。

【例 6.25】　用 for 循环语句生成奇校验位。

```
module parity_check(
             input[7:0] a,
             output reg y);
integer i;
always @(a)
begin  y=1'b1;                 //注意此处不能采用非阻塞赋值<=
for(i=0;i<=7;i=i+1)            //for 语句
y=y ^ a[i];  end               //此处不能采用非阻塞赋值<=
endmodule
```

在本例中，for 循环语句执行 1⊕a[0]⊕a[1]⊕a[2]⊕a[3]⊕a[4]⊕a[5]⊕a[6]⊕a[7]运算，综合后生成的 RTL 综合结果如图 6.14 所示。如果将变量 y 的初值改为 0，则上例变为偶校验电路。

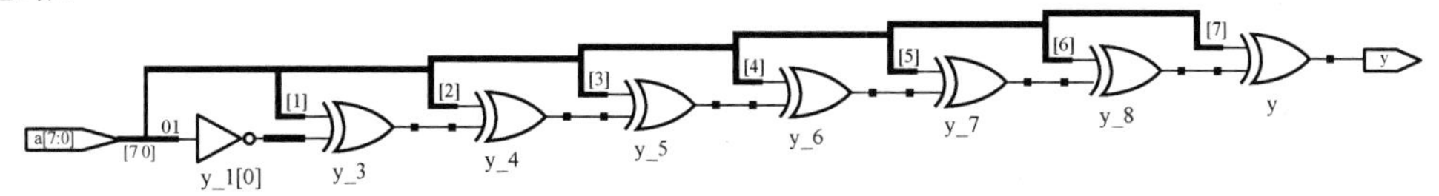

图 6.14　奇校验电路 RTL 综合结果

大多数综合器都支持 for 循环语句，在可综合的设计中，若需使用循环语句，应首先考虑用 for 语句实现。

6.7.2　repeat、while 和 forever 语句

1. repeat 语句

repeat 语句的使用格式如下：

```
repeat（循环次数表达式） begin
                         语句或语句块
```

```
                    end
```

例 6.26 用 repeat 循环语句和移位运算符实现了两个 8 位二进制数的乘法。

【例 6.26】　利用 repeat 实现两个 8 位二进制数的乘法。

```
module mult_repeat
            #(parameter SIZE=8)
             (input[SIZE:1] a,b,
              output reg[2*SIZE:1] result);
reg[2*SIZE:1] temp_a;
reg[SIZE:1] temp_b;
always @(a or b)
  begin
    result=0; temp_a=a; temp_b=b;
    repeat(SIZE)              //repeat 语句，SIZE 为循环次数
       begin
       if(temp_b[1])          //如果 temp_b 的最低位为 1，就执行下面的加法
       result=result+temp_a;
       temp_a=temp_a<<1;      //操作数 a 左移 1 位
       temp_b=temp_b>>1;      //操作数 b 右移 1 位
       end
  end
endmodule
```

2. while 语句

while 语句的使用格式如下：

```
while（循环执行条件表达式） begin
                          语句或语句块
                          end
```

while 语句在执行时，首先判断循环执行条件表达式是否为真，若为真，则执行后面的语句或语句块，然后回头判断条件表达式是否为真，若为真，再执行一遍后面的语句，如此不断，直到循环执行条件表达式不为真。因此，在执行语句中必须有一条改变条件表达式值的语句。

例如，在下面的代码中，用 while 语句统计 rega 变量中 1 的个数。

```
begin : count1s
reg[7:0] tempreg;
count = 0;
tempreg = rega;
while(tempreg) begin
   if(tempreg[0])
   count = count + 1;
   tempreg = tempreg >> 1;
end
end
```

下面的例子分别用 while 和 repeat 语句显示 4 个 32 位整数。

```
module loop1;
integer i;
initial  //repeat 循环
 begin i=0; repeat(4)
   begin
 $display("i=%h",i);i=i+1;
 end  end
endmodule
```

```
module loop2;
integer i;
initial  //while 循环
 begin  i=0; while(i<4)
  begin
$display("i=%h",i);i=i+1;
  end  end
endmodule
```

用 ModelSim 软件运行，其输出结果均如下：

```
i=00000001    //i 是 32 位整数
i=00000002
i=00000003
i=00000004
```

3. forever 语句

forever 语句的使用格式如下：

```
forever  begin
  语句或语句块
end
```

forever 循环语句连续不断地执行后面的语句或语句块，常用于产生周期性的波形。forever 语句多用在仿真模块的 initial 过程中，可以用 disable 语句中断循环，也可以用系统函数$finish 退出 forever 循环。

例如，下面的代码用 forever 语句产生时钟信号，其产生的时钟波形如图 6.15 所示。

```
`timescale 1 ns/1 ns
module loopf;
reg clk;
initial begin
   clk = 0;
   forever begin
     clk = ~clk;  #5; end
end
endmodule
```

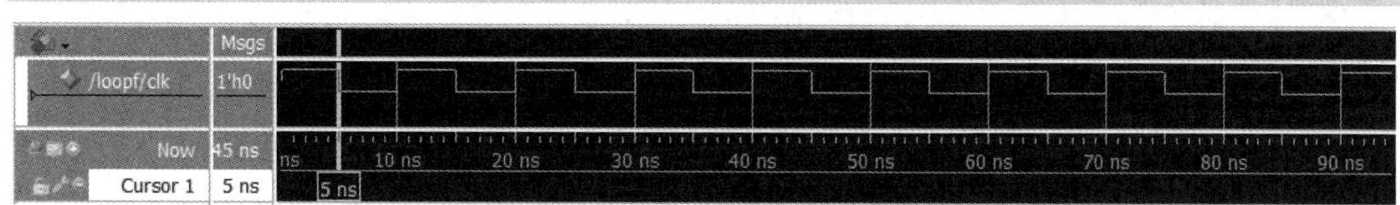

图 6.15　产生时钟信号波形图

习　题　6

6.1　用行为描述方式实现带异步复位端和异步置位端的 D 触发器。

6.2　用行为描述方式设计 JK 触发器，并进行综合，JK 触发器带异步复位端和异步置位端。

6.3　initial 语句与 always 语句的区别是什么？

6.4　编写同步模 5 计数器程序，有异步复位端和进位输出端。

6.5　用行为语句设计 8 位计数器，每次在时钟的上升沿计数器加 1，当计数器溢出时，自动从零开始重新计数，计数器有同步复位端。

6.6　分别编写 4 位串并转换程序和 4 位并串转换程序。

6.7　用 case 语句描述 4 位双向移位寄存器。74LS194 是 4 位双向移位寄存器，采用 16 引脚双列直插式封装，其引脚排列如图 6.16 所示。74LS194 具有异步清 0、数据保持、同步左移、同步右移、同步置数等 5 种工作模式。CLR 为异步清 0 输入，低电平有效，S_1、S_0 为方式控制输入：S_1S_0=00 时，74194 工作于保持方式；S_1S_0=01 时，74194 工作于右移方式，其中 D_R 为右移数据输入端，Q_3 为右移数据输出端；S_1S_0=10 时，74194 工作于左移方式，其中 D_L 为左移数据输入端，Q_0 为左移数据输出端；S_1S_0=11 时，74194 工作于同步置数方式，其中 D_3～D_0 为并行数据输入端。请用 case 语句描述实现 74LS194 的上述逻辑功能。

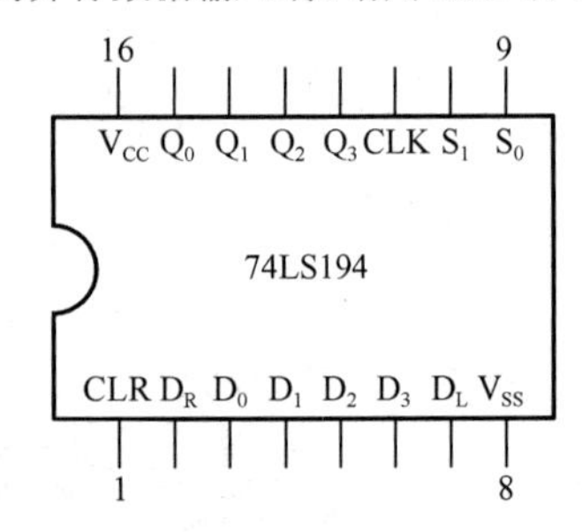

图 6.16　4 位双向移位寄存器 74LS194 引脚排列

6.8　用 if 语句描述四舍五入电路的功能，假定输入的是 1 位 BCD 码。

6.9　试编写两个 8 位二进制有符号数相减的 Verilog HDL 程序。

第7章 层次结构

Verilog HDL 通过模块例化支持层次化的设计，高层模块可以例化下层模块，并通过输入、输出和双向端口互通信息。

7.1 模块和模块例化

模块定义应包含在关键字 module 和 endmodule 之间，关键字 module 后面是模块名字，然后是参数列表、输入、输出端口列表，端口、信号数据类型声明，再然后是模块逻辑功能的定义，底层模块的例化等内容。Verilog HDL 模块的结构如下所示：

```
module  <顶层模块名>
   # (参数列表 parameter...)
(<输入输出端口列表>);
端口、信号数据类型声明;
/*任务、函数声明，用关键字 task，funtion 定义*/
//逻辑功能定义
assign <结果信号名>=<表达式>;         //使用 assign 语句定义逻辑功能
always @(<敏感信号表达式>)            //用 always 块描述逻辑功能
   begin
   //过程赋值
   //if-else,case 语句; for 循环语句
   //task，function 调用
   end
//子模块例化
   <子模块名> <例化名>   #(参数传递) (<端口列表>);
//门元件例化
   门元件名 <例化名> (<端口列表>);
endmodule
```

关键字 macromodule 可以与关键字 module 互换使用。

Verilog-2001 标准改进了模块端口的声明语句，使其更接近标准 C 语言的风格，可用于 module、task 和 function。同时允许将端口声明和数据类型声明放在同一语句中。

例如，以下是一个 FIFO 模块的端口声明：

```
module fifo_2001
      #(parameter MSB=3,DEPTH=4)    //参数定义，注意前面有"#"
       (input[MSB:0] in,
       input clk,read,write,reset,
       output reg[MSB:0] out,       //端口和数据类型声明放同一条语句中
       output reg full,empty);
```

例 7.1 是用两个与非门构成 D 触发器。

【例 7.1】　用两个与非门构成 D 触发器。

```
module ffnand(q, qbar, preset, clear);
output q, qbar;                    //2 个输出端口
input preset, clear;               //2 个输入端口
nand g1 (q, qbar, preset),         //用 2 个与非门构成 D 触发器
     g2 (qbar, q, clear);
endmodule
```

例 7.2 中例化了上面的 D 触发器，端口采用位置对应（或称为位置关联）的方式进行模块例化，此时，例化端口列表中信号的排列顺序应与模块定义时端口列表中的信号排列顺序相同。

【例 7.2】　例化 D 触发器（1）。

```
`timescale 1ns/1ns
module ffnand_wave1;
wire out1, out2;
reg in1, in2;
parameter d = 10;
ffnand ff(out1, out2, in1, in2);
                         //例化 ffnand 模块,采用位置关联
initial begin            //定义波形
   #d in1 = 0; in2 = 1;
   #d in1 = 1;
   #d in2 = 0;
   #d in2 = 1;
end
endmodule
```

在例 7.3 中也例化了上面的 D 触发器，采用的是信号名关联方式（对应方式），此种方式在调用时可按任意顺序排列信号。

【例 7.3】　例化 D 触发器（2）。

```
`timescale 1ns/1ns
module ffnand_wave2;
reg in1, in2;
parameter d = 10;
ffnand ff1(out1, , in1, in2),
           //例化 ffnand 模块,采用位置关联, ff1 的 qbar 端口未连接
       ff2(.qbar(out2), .clear(in2), .preset(in1), .q());
           //例化 ffnand 模块,采用信号名关联方式, ff2 的 q 端口未连接
initial begin
   #d in1 = 0; in2 = 1;
   #d in1 = 1;
   #d in2 = 0;
   #d in2 = 1;
end
```

```
endmodule
```

例 7.2 和例 7.3 的仿真波形均如图 7.1 所示。

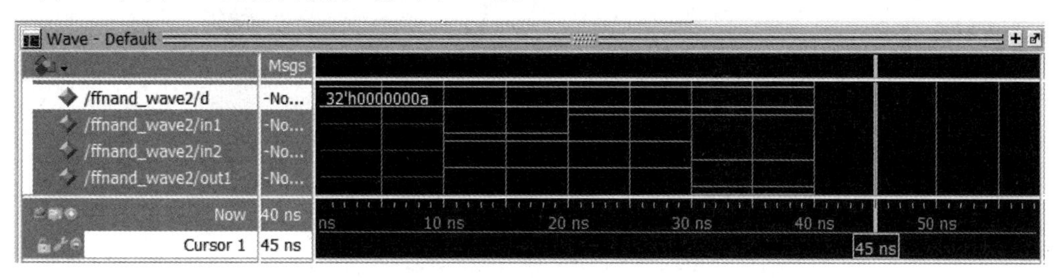

图 7.1　D 触发器仿真波形图

7.2　带参数模块例化与参数传递

在基于 Top-down 的数字设计中，可把系统分为多个子模块，子模块再分为更多的子模块，以此类推，直到易于实现为止。这种 Top-down 的方法能够把复杂的设计分解为许多相对简单的逻辑来实现，也适合多人分工合作，如同用 C 语言编写大型软件一样。Verilog HDL 能够很好地支持这种 Top-down 的设计方法。

本节用 8 位累加器（ACC）的例子，介绍在多层次电路设计中带参数模块的例化方法及参数传递的方式。

7.2.1　带参数模块例化

8 位累加器实现对输入的 8 位数据进行累加的功能，可分解为两个子模块实现：8 位加法器和 8 位寄存器。加法器负责对输入的数据、进位进行累加；寄存器负责暂存累加和，并把累加结果输出、反馈到累加器输入端，以进行下一次的累加。

例 7.4 和例 7.5 分别是 8 位加法器和 8 位寄存器的源码。

【例 7.4】　8 位加法器。

```
module add8
         #(parameter MSB=8,LSB=0)
          (input[MSB-1:LSB] a,b,
           input cin,
           output[MSB-1:LSB] sum,
           output cout);
assign {cout,sum}=a+b+cin;
endmodule
```

【例 7.5】　8 位寄存器。

```
module reg8
         #(parameter SIZE=8)
          (input clk,clear,
           input[SIZE-1:0] in,
           output reg[SIZE-1:0] qout);
always @(posedge clk, posedge clear)
  begin if(clear) qout<=0;           //异步清 0
```

```
        else  qout<=in;
      end
endmodule
```

对于顶层模块，可以像例 7.6 这样进行描述。

【例 7.6】 累加器顶层连接描述。

```
module acc
          #(parameter WIDTH=8)
           (input[WIDTH-1:0] accin,
            input cin,clk,clear,
            output[WIDTH-1:0] accout,
            output cout);
wire[DEPTH-1:0] sum;
add8 u1(.cin(cin),.a(accin),.b(accout),.cout(cout),.sum(sum));
           //例化 add8 子模块，端口名关联
reg8 u2(.qout(accout),.clear(clear),.in(sum),.clk(clk));
           //例化 reg8 子模块，端口名关联
endmodule
```

在模块例化时需注意端口的对应关系。在例 7.6 中，采用的是端口名关联方式（对应方式），此种方式在例化时可按任意顺序排列端口信号。

还可按照位置对应（或称为位置关联）的方式进行模块例化，此时，例化端口列表中端口的排列顺序应与模块定义时端口的排列顺序相同。如上面对 add8 和 reg8 的例化，采用位置关联方式应写为下面的形式。

```
add8 u3(accin, accout, cin, sum, cout);
            //例化 add8 子模块，端口位置关联
reg8 u4(clk, clear, sum, accout);
            //例化 reg8 子模块，端口位置关联
```

建议采用端口名关联方式进行模块例化，以免出错。

7.2.2 用 parameter 进行参数传递

在高层模块中例化下层模块时，下层模块内部定义的参数（parameter）值被高层模块覆盖（Override），称为参数传递或参数重载。下面介绍两种参数传递的方式。

1. 按列表顺序进行参数传递

按列表顺序进行参数传递，参数重载的顺序必须与参数在原模块中声明的顺序相同，并且不能跳过任何参数。

在前面的设计中，累加器是 8 位宽度，如果要将其改为 16 位宽度，则如例 7.7 所示。

【例 7.7】 按列表顺序进行参数传递。

```
module acc16
          #(parameter WIDTH=16)
           (input[WIDTH-1:0] accin,
            input cin,clk,clear,
            output[WIDTH-1:0] accout,
```

```
            output cout);
wire[WIDTH-1:0] sum;
add8 #(16,0)  //按列表顺序重载参数，参数排列必须与被引用模块中的参数一一对应
u1 (.cin(cin),.a(accin),.b(accout),.cout(cout),.sum(sum));
               //例化 add8 子模块
reg8 #(16)     //按列表顺序重载参数
u2 (.qout(accout),.clear(clear),.in(sum),.clk(clk));
               //例化 reg8 子模块
endmodule
```

上例用 Quartus Prime 综合后的 RTL 视图如图 7.2 所示，可见，整个设计的尺度已变为 16 位。

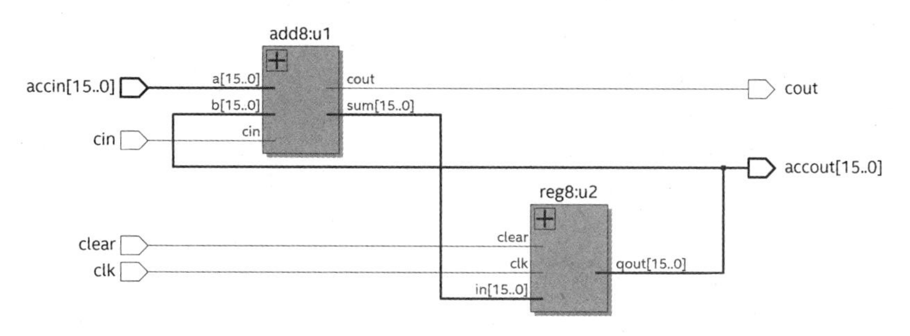

图 7.2　16 位累加器综合后的 RTL 视图

2. 用参数名进行参数传递

按列表顺序重载参数容易出错，Verilog-2001 标准中增加了用参数名进行参数传递的方式，这种方式允许参数按照任意顺序排列。例 7.7 采用参数名传递方式可写为例 7.8 所示的形式。

【例 7.8】　用参数名进行参数传递方式。

```
module acc16n
            #(parameter WIDTH=16)
           (input[WIDTH-1:0] accin,
            input cin,clk,clear,
            output[WIDTH-1:0] accout,
            output cout);
wire[WIDTH-1:0] sum;
add8 #(.MSB(16),.LSB(0))          //用参数名进行参数传递方式
u1 (.cin(cin),.a(accin),.b(accout),.cout(cout),.sum(sum));
                                  //例化 add8 子模块
reg8 #(.SIZE(16))                 //用参数名进行参数传递方式
u2 (.qout(accout),.clear(clear),.in(sum),.clk(clk));
                                  //例化 reg8 子模块
endmodule
```

例 7.8 用 Quartus Prime 综合后的 RTL 视图与例 7.6 的相同。在该例中，用 add8 #(.MSB(16),. LSB(0))修改了 add8 模块中的两个参数的值。显然，此时原来模块中的参数值

已失效，被顶层例化语句中的参数值代替。

综上，可总结参数传递的两种形式如下：

```
模块名 # (.参数 1(参数 1 值),.参数 2(参数 2 值),…) 例化名 (端口列表);
                                        //用参数名进行参数传递
模块名 # (参数 1 值,参数 2 值,…) 例化名 (端口列表);
                                        //按列表顺序进行参数传递
```

7.2.3　用 defparam 进行参数重载

还可以用 defparam 语句来更改（重载）下层模块的参数值，defparam 重载语句在例化之前就改变了原模块内的参数值，其使用格式如下：

```
defparam 例化模块名.参数 1 = 参数 1 值, 例化模块名.参数 2 = 参数 2 值,…;
模块名 例化模块名 (端口列表);
```

对于例 7.7，如果用 defparam 语句来完成参数重载，可写为例 7.9 所示的形式。

【例 7.9】　用 defparam 语句进行参数重载（1）。

```
module acc16_def
          #(parameter WIDTH=16)
          (input[WIDTH-1:0] accin,
          input cin,clk,clear,
          output[WIDTH-1:0] accout,
          output cout);
wire[WIDTH-1:0] sum;
defparam u1.MSB =16, u1.LSB =0;       //用 defparam 进行参数重载
add8 u1 (.cin(cin),.a(accin),.b(accout),.cout(cout),.sum(sum));
                                      //例化 add8 子模块
defparam u2.SIZE = 16;                //用 defparam 进行参数重载
reg8 u2 (.qout(accout),.clear(clear),.in(sum),.clk(clk));
                                      //例化 reg8 子模块
endmodule
```

defparam 语句是可综合的，例 7.9 的综合结果与例 7.7、例 7.8 相同。

在例 7.10 中，采用专门的模块（模块名为 annotate），用 defparam 语句进行参数传递。

【例 7.10】　用 defparam 语句进行参数重载（2）。

```
module top_tb;
reg clk;
reg [0:4] in1;
reg [0:9] in2;
wire [0:4] o1;
wire [0:9] o2;
vdff m1 (o1, in1, clk);
vdff m2 (o2, in2, clk);
endmodule

module annotate;
defparam              //用 defparam 进行参数传递
```

```
    top.m1.size = 5,
    top.m1.delay = 10,
    top.m2.size = 10,
    top.m2.delay = 20;
endmodule
module vdff(out, in, clk);
parameter size = 1, delay = 1;
input [0:size-1] in;
input clk;
output [0:size-1] out;
reg [0:size-1] out;
always @(posedge clk)
    # delay out = in;
endmodule
```

7.3　层次路径名

在 Verilog HDL 描述中，每一个例化模块，以及每个模块的端口、变量，都应使用不同的标识符来命名。在整个设计中，每个标识符都具有唯一性，这样就可以在任何地方，通过指定完整的层次名对整个设计中的每个设计对象进行访问，即层次访问。

Verilog HDL 中的每一个标识符都有层次路径名（hierarchical path name），可以通过路径对其访问，层次之间的分隔符采用点号（.）。

注：*层次访问多见于仿真中，在面向综合的设计中并不推荐；此外，automatic 的任务和函数不能通过层次路径名访问。*

在例 7.11 中，其顶层模块和各个子模块间的端口和变量都可以通过层次路径名唯一确定，并相互访问。

【例 7.11】　层次访问示例。

```
module wave;
reg stim1, stim2;
cct a(stim1, stim2);                    //例化 cct 模块
initial begin :wave1
  #100 fork :innerwave                  //命名块
       reg hold;
       join
  #150 begin
       stim1 = 0;
       end
end
endmodule
module cct(stim1, stim2);               //cct 子模块
input stim1, stim2;
  mod amod(stim1), bmod(stim2);         //例化 mod
```

```
endmodule
module mod(in);                          //mod 子模块
input in;
always @(posedge in) begin : keep       //命名块
reg hold;
 hold = in;
end
endmodule
```

本例的层次结构如图 7.3 所示，包括模块，子模块，命名块等对象。

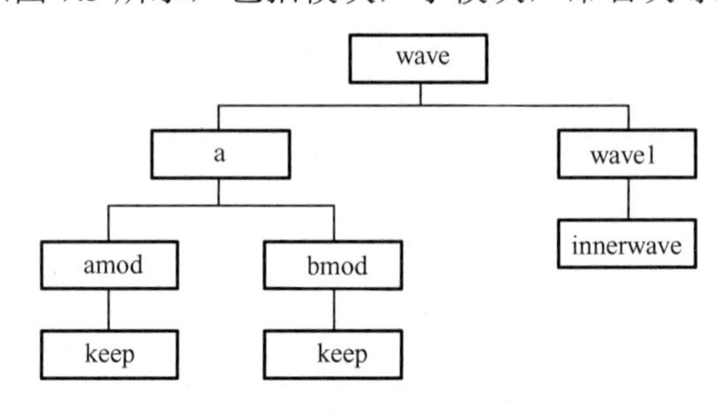

图 7.3　例 7.11 的层次结构

例 7.11 中的层次结构对象如下所示，包括模块、子模块、命名块，以及上述对象内的端口、变量，这些设计对象都可以通过层次结构命名唯一确定，并相互访问。

```
wave                          wave.a.bmod
wave.stim1                    wave.a.bmod.in
wave.stim2                    wave.a.bmod.keep
wave.a                        wave.a.bmod.keep.hold
wave.a.stim1                  wave.wave1
wave.a.stim2                  wave.wave1.innerwave
wave.a.amod                   wave.wave1.innerwave.hold
wave.a.amod.in
wave.a.amod.keep
wave.a.amod.keep.hold
```

在下例中，两个命名块中的变量通过层次路径名被区分并赋值。

注：下例中的两个变量虽然都名为 x，但分处于两个块中，是两个不同的变量。

```
begin
fork :mod_1
   reg x;
   mod_2.x = 1;    //在 mod_1 命名块中访问 mod_2.x 变量
join
fork :mod_2
   reg x;
   mod_1.x = 0;    //在 mod_2 命名块中访问 mod_1.x 变量
join
end
```

7.4 generate 生成语句

generate 是 Verilog-2001 中新增的语句，generate 语句一般和循环语句（for）、条件语句（if，case）一起使用。为此，Verilog-2001 增加了 4 个关键字 generate、endgenerate、genvar 和 localparam。genvar 是一个新的数据类型，用在 generate 循环中的索引变量（控制变量）必须定义为 genvar 数据类型。

7.4.1 generate、for 生成语句

generate 语句和 for 循环语句一起使用，generate 循环可以产生一个对象（如 module、primitive，或者 variable、net、task、function、assign、initial 和 always）的多个例化，为可变尺度的设计提供便利。

在使用 generate、for 生成语句时需注意以下几点：

（1）关键字 genvar 用于定义 for 的索引变量，genvar 变量只作用于 generate 生成块内，在仿真输出中是看不到 genvar 变量的。

（2）for 循环的内容必须加 begin 和 end（即使只有一条语句），且必须给 begin-end 块命名，以便于循环例化展开，也便于对生成语句中的变量进行层次化引用。

例 7.12 是一个用 generate 语句描述的 4 位行波进位加法器的例子，它采用 generate 语句和 for 循环产生元件的例化和元件间的连接关系。

【例 7.12】　采用 generate for 循环描述的 4 位行波进位加法器。

```
module add_ripple  #(parameter SIZE=4)
     (input[SIZE-1:0] a,b,
      input cin,
      output[SIZE-1:0] sum,
      output cout);
wire[SIZE:0] c;
assign c[0]=cin;
generate
  genvar i;        //声明循环变量，该变量只用于generate生成块内
  for(i=0;i<SIZE;i=i+1)
  begin : add     //generate循环块命名
  wire n1,n2,n3;
  xor g1(n1,a[i],b[i]);
  xor g2(sum[i],n1,c[i]);
  and g3(n2,a[i],b[i]);
  and g4(n3,n1,c[i]);
  or g5(c[i+1],n2,n3);  end
endgenerate      //generate生成块结束
assign cout=c[SIZE];
endmodule
```

上例用 Quartus Prime 软件综合，其 RTL 综合原理图如图 7.4 所示，从图中可以看出，generate 执行过程中，每次循环中有唯一的名字，如 add[0]、add[1]等，这也是 begin-end

块语句需要起名字的原因之一。

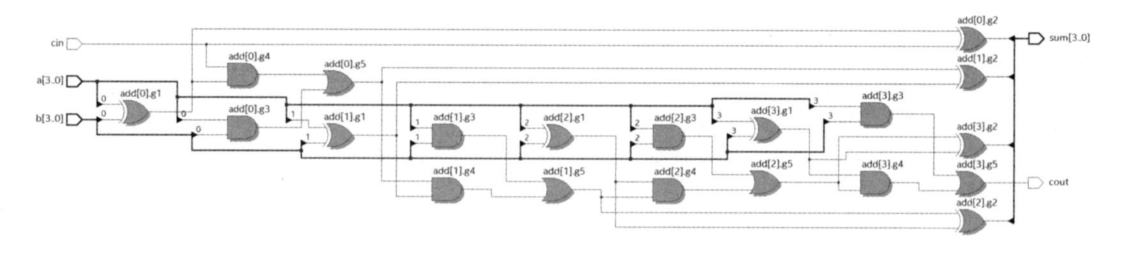

图 7.4　4 位行波进位加法器 RTL 综合原理图

例 7.13 是一个参数化的格雷码到二进制码的转换器模块，采用 generate 语句和 for 循环复制（生成）assign 连续赋值操作。

【例 7.13】　格雷码到二进制码的转换，用 generate 语句和 for 循环复制 assign 连续赋值实现（1）。

```
module gray2bin1(
            input[SIZE-1:0] gray,
            output[SIZE-1:0] bin);
parameter SIZE = 8;
genvar i;             //声明循环变量
generate
   for (i=0; i<SIZE; i=i+1)
   begin : bit
     assign bin[i] = ^ gray[SIZE-1:i];    //复制 assign 赋值操作
   end
endgenerate
endmodule
```

例 7.14 也是实现格雷码到二进制码的转换，也采用 generate 语句和 for 循环语句实现，不同之处在于复制的是 always 过程块。

【例 7.14】　格雷码到二进制码的转换，用 generate 语句和 for 循环复制 always 过程块实现（2）。

```
module gray2bin2(bin, gray);
parameter SIZE = 8; // this module is parameterizable
output [SIZE-1:0] bin;
input [SIZE-1:0] gray;
reg [SIZE-1:0] bin;
genvar i;
generate for (i=0; i<SIZE; i=i+1)
   begin: bit
    always @(gray[SIZE-1:i])              //复制 always 过程块
    bin[i] = ^gray[SIZE-1:i]; end
endgenerate
endmodule
```

例 7.15 采用 generate for 实现两条 N 位总线的按位异或功能，本例的 RTL 原理图如

图 7.5 所示。

【例 7.15】　采用 generate for 实现两条 *N* 位总线的按位异或功能。

```
module bit_xor(
        input[N-1 : 0 ]  bus0 , bus1,
        output[N-1 : 0 ]  out);
parameter  N = 8 ;  //总线位宽为 8 位
genvar  j;             //声明循环变量，只用于生成块内部
generate               //generate 循环例化异或门（xor）
     for(j = 0 ; j < N; j = j + 1)
     begin : xor_bit             //循环生成块命名
     xor g1(out[j], bus0[j], bus1[j]);
     end
endgenerate            //结束生成块
endmodule
```

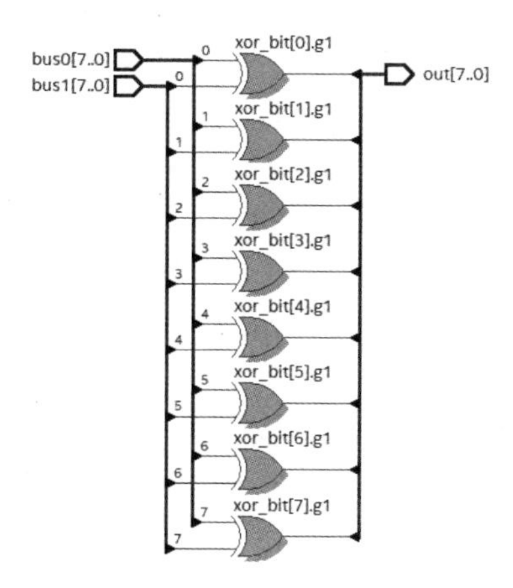

图 7.5　用 generate、for 语句实现按位异或功能

7.4.2　generate、if 生成语句

generate 语句和 if 条件语句一起使用，可根据不同的条件例化不同的对象，此时，if 的条件通常为常量。

下面的例子用 generate 语句描述一个可扩展的乘法器，当乘法器的 a 和 b 的位宽小于 8 时，生成 CLA 超前进位乘法器；否则生成 WALLACE 树状乘法器。

```
module multiplier(
   input [a_width-1:0] a,
   input [b_width-1:0] b,
   output[product_width-1:0] product);
parameter a_width = 8, b_width = 8;
localparam product_width = a_width+b_width;
generate
   if((a_width < 8) || (b_width < 8))
    CLA_mult #(a_width, b_width)
    u1 (a, b, product);
```

```
    else
      WALLACE_mult #(a_width, b_width)
      u1 (a, b, product);
endgenerate
endmodule
```

7.4.3 generate、case 生成语句

generate 语句和 case 条件语句一起使用，可根据不同的条件例化不同的对象。

例 7.16 采用 generate、case 生成语句实现半加器和全加器的例化，当条件 ADDER 为 0 时，例化半加器；当条件 ADDER 为 1 时，例化全加器。

【例 7.16】 用 generate、case 生成语句实现半加器和 1 位全加器的例化。

```
module adder_gene(                    //顶层模块
                input a, b, cin,
                output sum, cout);
parameter ADDER = 0;
  generate
    case(ADDER)
     0 : h_adder  u0(.a(a), .b(b), .sum(sum), .cout(cout));
     1 : f_adder  u1(.a(a), .b(b), .cin(cin), .sum(sum),.cout(cout));
    endcase
  endgenerate
endmodule
```

例 7.16 中的半加器和 1 位全加器源码如例 7.17 所示。

【例 7.17】 半加器和 1 位全加器源码。

```
module h_adder(input a, b,            //半加器源码
          output reg sum, cout);
always @ (a or b)
   {cout, sum} = a + b;
  initial
    $display ("Half adder instantiation");
endmodule
module f_adder(input a, b, cin,       //1 位全加器源码
          output reg sum, cout);
always @ (a or b or cin)
   {cout, sum} = a + b + cin;
initial
     $display ("Full adder instantiation");
endmodule
```

用 generate、for 语句例化 4 个 1 位全加器实现 4 位全加器，源码如例 7.18 所示。

【例 7.18】 用 generate、for 语句实现 4 位加法器。

```
module full_adder4(
      input[3:0] a , b,
      input      c ,
```

```
     output[3:0] so,
     output     co);
wire [3:0]   co_temp ;
f_adder  u_adder0(                 //单独例化最低位的 1 位全加器
       .a(a[0]),
       .b(b[0]),
       .cin(c==1'b1 ? 1'b1 : 1'b0),
       .sum(so[0]),
       .cout(co_temp[0]));
genvar  i;
generate
    for(i=1; i<=3; i=i+1)          //循环例化其余 3 个 1 位全加器
      begin: adder_gen             //块命名
       f_adder  u_adder(           //f_adder 源码见例 7.17
          .a(a[i]),
          .b(b[i]),
          .cin(co_temp[i-1]),      //上个 1 位全加器的进位是下一个的进位
          .sum(so[i]),
          .cout(co_temp[i]));
       end
endgenerate
assign  co = co_temp[3];
endmodule
```

例 7.18 中 4 位加法器的仿真脚本如例 7.19 所示，其仿真波形如图 7.6 所示。

【例 7.19】　4 位加法器的仿真脚本。

```
module adder4_tb;
reg[3:0] a, b;
reg  cin;
wire[3:0] sum;
wire cout;
integer i;
full_adder4 u1(.a(a), .b(b), .c(cin), .so(sum), .co(cout));
initial begin
   a <= 0;
   b <= 0;
   cin <= 0;
$monitor("a=0x%0h b=0x%0h cin=0x%0h cout=0%0h sum=0x%0h",
          a, b, cin, cout, sum);
for(i = 0; i < 8; i = i + 1) begin
   #10 a <= $random;
       b <= $random;
     cin <= $random;  end
  end
```

```
endmodule
```

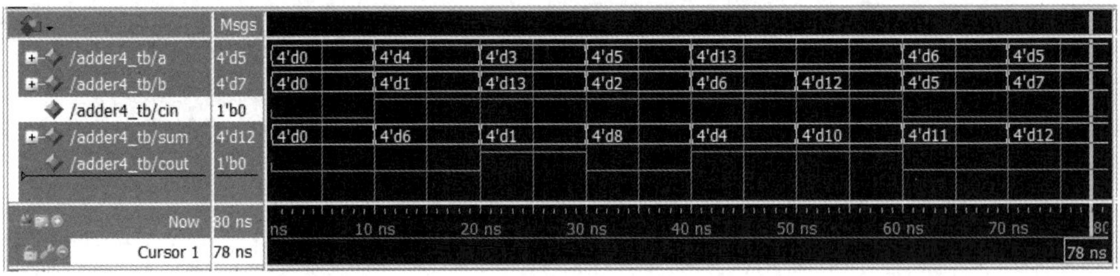

图 7.6　4 位加法器的仿真波形图

7.5　属　　性

属性（Attribute）用于向仿真工具或综合工具传递信息，控制仿真工具或综合工具的行为和操作。与综合有关的属性包括：

- enum_encoding
- chip_pin
- keep
- preserve
- noprune

此处以 keep 属性为例说明属性的用法。

keep 属性用于告诉综合器保留特定节点，以免该节点在优化过程中被优化掉。比如，例 7.20 是产生短脉冲信号的电路，该电路中有 3 个反相器，如果不采取任何措施，综合器将会减少到只保留一个，故例中使用 keep 属性语句来告诉综合器保留节点 a、b 和 c。该例综合后生成的 RTL 视图如图 7.7 所示。

【例 7.20】　产生短脉冲信号。

```
module pulse_gen(
            input  clk,
            output pulse);
(* synthesis, keep *) wire a;
(* synthesis, keep *) wire b;
(* synthesis, keep *) wire c;
assign a = (~clk);
assign b = (~a);
assign c = (~b);
assign pulse = clk & c;
endmodule
```

注：(* synthesis, keep *)也可以写为(* keep *)的形式。

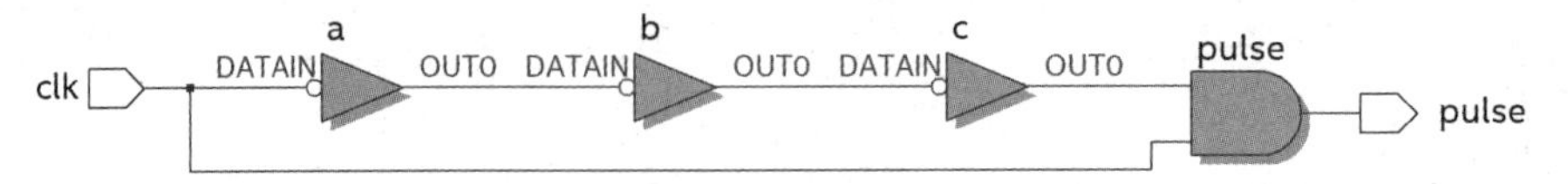

图 7.7　产生短脉冲信号的电路 RTL 视图

对于 reg 型变量，为防止综合器将其优化掉，可为其添加 noprune 属性，例如：

```
(* synthesis, noprune *) reg [3:0] cnt;
```

注：不同的综合器，属性语句的使用格式会有所不同。

(* synthesis, keep *)也适用于 reg 型变量，可防止 reg 型变量被优化掉。但也有可能出现这样的情况，有的变量即使经过此处理，仍然会被综合工具优化掉，致使无法找到它。此时就需对其使用“测试属性”，即 probe_port 属性，把这两个属性结合起来，例如：

```
( *synthesis, probe_port, keep *)
```

上面的语句适应于 wire 型和 reg 型变量。

其他与综合有关的属性语句还包括：

```
(* synthesis, async_set_reset[="signal_name1,signal_name2,..."]*)
(* synthesis, black_box[=<optional_value>] *)
(* synthesis, combinational[=<optional_value>] *)
(* synthesis, fsm_state[=<encoding_scheme>] *)
(* synthesis, full_case[=<optional_value>] *)
(* synthesis, parallel_case[=<optional_value>] *)
(* synthesis, implementation="<value>" *)
(* synthesis, keep[=<optional_value>] *)
(* synthesis, ram_block[=<optional_value>] *)
(* synthesis, rom_block[=<optional_value>] *)
(* synthesis, probe_port[=<optional_value>] *)
```

Verilog HDL 没有定义标准的属性，属性的具体用法由综合器、仿真器厂商来定义，目前尚无统一的标准。

习　题　7

7.1　分别用结构描述和行为描述方式设计一个基本的 D 触发器。在此基础上，采用结构描述的方式，用 8 个 D 触发器构成 8 位移位寄存器。

7.2　带置数功能的 4 位循环移位寄存器电路如图 7.8 所示。当 load 为 1 时，将 4 位数据 $d_0d_1d_2d_3$ 同步输入寄存器寄存，当 load 为 0 时，电路实现循环移位并输出 $q = q_0q_1q_2q_3$，试将 2 选 1 MUX、D 触发器分别定义为子模块，并采用 generate、for 语句例化两种子模块，实现图 7.8 所示电路功能。

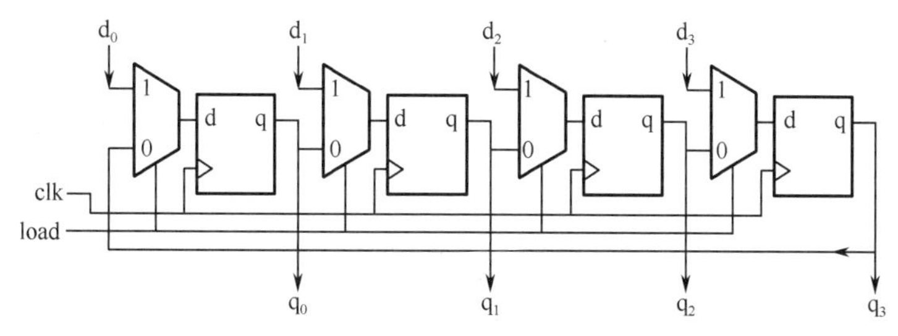

图 7.8　4 位循环移位寄存器

7.3　74161 是异步复位/同步置数的 4 位计数器，图 7.9 是由 74161 构成的模 11 计数器，试完成下述任务：

① 用 Verilog HDL 设计实现 74161 的功能；

② 用模块例化的方式实现图 7.9 所示的模 11 计数器。

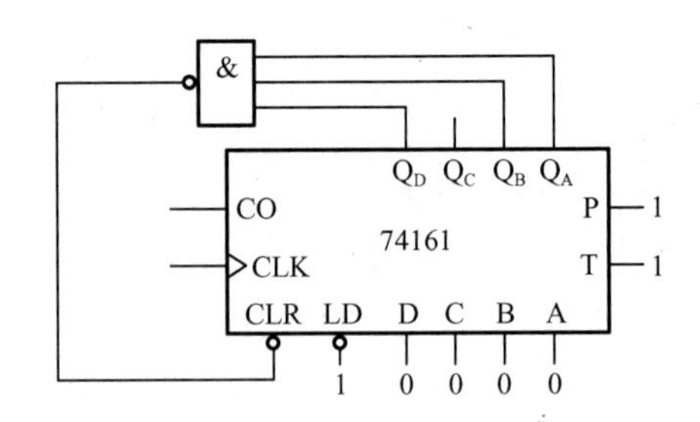

图 7.9　由 74161 构成的模 11 计数器

7.4　用 Verilog HDL 或用 IP 核设计实现异步 FIFO（First In First Out）缓存器，FIFO 缓存器具有异步复位端（rst_n），低电平有效，具有写时钟端口（wclk），读时钟端口（rclk），具有数据满（full）、空（empty）标识，数据位宽为 8 位，深度为 1024。

7.5　generate 语句中的循环控制变量（索引变量）应该定义为什么数据类型？试举例说明。

第 8 章　任务与函数

任务和函数提供了在设计的不同位置执行共同代码的能力，还提供了一种将大型设计分解为较小设计的方法，便于读取和调试，并使程序结构清晰。

本章介绍在仿真中常用的系统任务和系统函数。

8.1　任　　务

8.1.1　任务

任务（task）定义的格式如下：

```
task <任务名>;              //无端口列表
      端口及数据类型声明语句;
      其他语句;
endtask
```

任务调用的格式为

```
<任务名> （端口 1，端口 2，…）；
```

需注意的是，任务调用时的端口变量和定义时的端口变量应是一一对应的。

例如：

```
task sum;                  //任务定义
input[7:0] a, b;
output[7:0] s;
begin
   s = a + b;
end
endtask
```

也可以这样定义：

```
task sum(                 //任务定义
   input[7:0] a, b,
   output[7:0] s);
begin
   s = a + b;
end
endtask
```

当调用任务时，可以这样使用：

```
module task_inst(
   input[7:0] x, y,
   output reg[7:0] z);
always@*
begin
   sum(x, y, z);  //任务调用，变量 x 和 y 的值赋给 a 和 b；任务完成后，s 的值赋给 z
```

```
end
endmodule
```

注：上面的例子若用综合器综合，应把 task 任务源码置于模块内，不可放在模块外定义。

8.1.2　任务示例

例 8.1 通过任务实现了交通灯时序控制电路。

【例 8.1】　交通灯控制任务示例。

```
module traffic_lights;
reg clock, red, amber, green;
parameter  on = 1, off = 0, red_tics = 350,
           amber_tics = 30, green_tics = 200;
initial red = off;
initial amber = off;
initial green = off;
always begin                            //控制灯顺序
    red = on;                           //红灯亮
    light(red, red_tics);               //任务例化
    green = on;                         //绿灯亮
    light(green, green_tics);           //任务例化
    amber = on;                         //黄灯亮
    light(amber, amber_tics);           //任务例化
end
task light;                             //任务定义
output color;
input[31:0] tics;                       //延时
begin
    repeat (tics) @(posedge clock);
    color = off;                        //灯灭
end
endtask
always begin                            //产生时钟波形
    #100 clock = 0;
    #100 clock = 1;
end
endmodule
```

本例用 ModelSim 运行，其输出波形如图 8.1 所示。

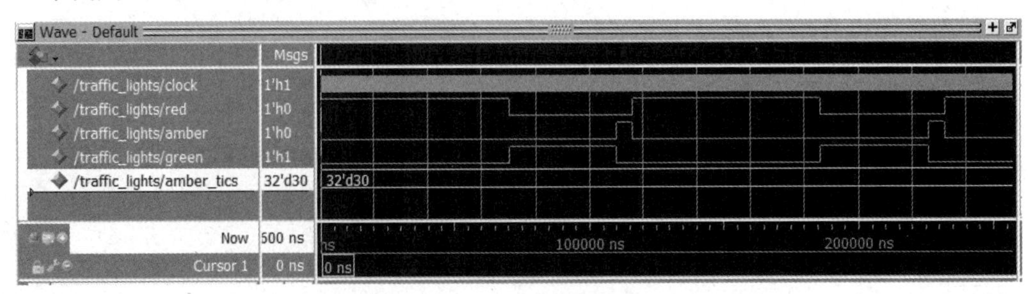

图 8.1　交通灯时序控制电路仿真波形图

在例 8.2 中，定义了一个完成两个操作数按位与操作的任务，然后在后面的算术逻辑单元的描述中，调用该任务完成与操作。

【例 8.2】　用任务实现两个操作数按位与。

```
module alutask(code,a,b,c);
input[1:0] code; input[3:0] a,b;
output reg[4:0] c;
task my_and;                          //任务定义，注意无端口列表
input[3:0] a,b;                       //a,b,out 名称的作用域范围为 task 任务内部
output[4:0] out;
integer i;  begin for(i=3;i>=0;i=i-1)
     out[i]=a[i]&b[i];                //按位与
end
endtask
always@(code or a or b)
     begin  case(code)
     2'b00: my_and(a,b,c);
            /*调用任务，此处的端口 a,b,c 分别对应任务定义时的 a,b,out */
     2'b01:c=a|b;                     //相或
     2'b10:c=a-b;                     //相减
     2'b11:c=a+b;                     //相加
     endcase
     end
endmodule
```

编写如下的激励脚本对上例进行验证：

```
`timescale 100ps/ 1ps
module alutask_vlg_tst( );
parameter DELY=100;
reg eachvec;
reg [3:0] a;reg [3:0] b;reg [1:0] code;
wire [4:0]  c;
   alutask i1( .a(a),.b(b),.c(c),.code(code));
initial   begin
code=4'd0;a=4'b0000;b=4'b1111;
  #DELY code=4'd0;a=4'b0111;b=4'b1101;
  #DELY code=4'd1;a=4'b0001;b=4'b0011;
  #DELY code=4'd2;a=4'b1001;b=4'b0011;
  #DELY code=4'd3;a=4'b0011;b=4'b0001;
  #DELY code=4'd3;a=4'b0111;b=4'b1001;
  $display("Running testbench");
end
always  begin
@eachvec;
end
endmodule
```

用 ModelSim 运行上面的代码，得到如图 8.2 所示的仿真波形。例 8.3 用任务实现异或功能。

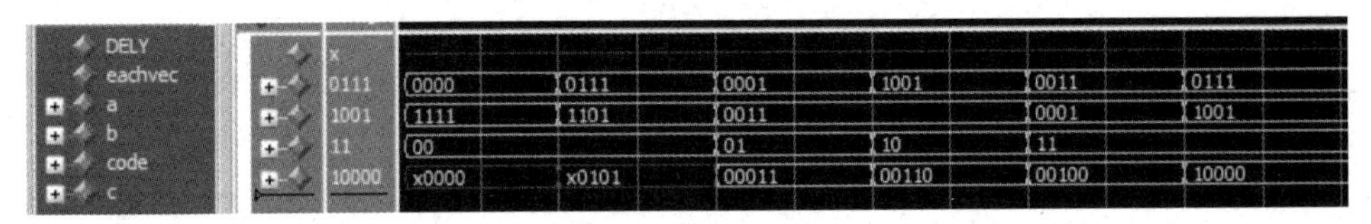

图 8.2　用任务实现两个操作数按位与

【例 8.3】　用任务实现异或功能。

```
module xor_oper
  #(parameter  N = 4)
     (input  clk, rstn ,
      input[N-1:0]  a, b,
      output [N-1:0]  co);
reg[N-1:0]  co_t;
always @(*) begin
   xor_tsk(a, b, co_t);           //任务例化
   end
reg[N-1:0]  co_r;
always @(posedge clk or negedge rstn) begin
    if(!rstn) begin  co_r   <= 'b0;  end
    else begin  co_r <= co_t;  end
    end
assign  co = co_r;
/*---------- task -------*/
task xor_tsk;
input [N-1:0]   numa;
input [N-1:0]   numb;
output [N-1:0]  numco;
    #3  numco  = numa ^ numb;     //实现异或功能
endtask
endmodule
```

该例的 RTL 综合视图如图 8.3 所示。

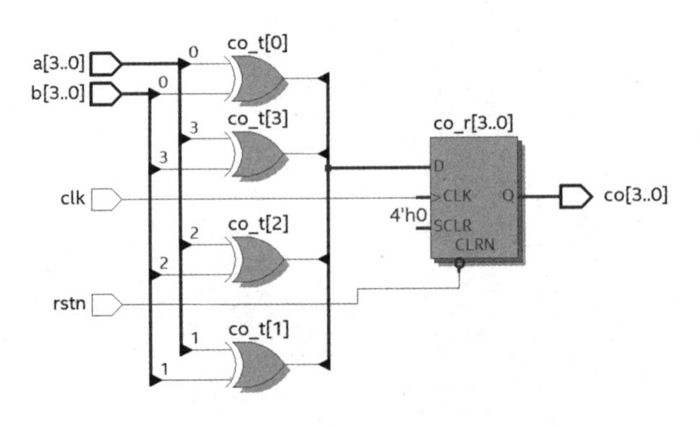

图 8.3　例 8.3 的 RTL 综合视图

综上所述，在使用任务时，应注意以下几点：

（1）任务的定义与调用必须在一个 module 模块内。

（2）定义任务时，没有端口名列表，但需紧接着进行输入/输出端口和数据类型的说明。

（3）当任务被调用时，任务被激活。任务的调用与模块的调用一样，通过任务名调用实现，调用时需列出端口名列表，端口名的排序和类型必须与任务定义时相一致。

（4）一个任务可以调用别的任务和函数，可调用的任务和函数个数不受限制。

8.2　函　　数

8.2.1　函数

在 Verilog HDL 模块中，如果多次用到重复的代码，则可以把这部分重复代码摘取出来，定义成函数（function）。在综合时，每调用一次函数，则复制或平铺（flatten）该电路一次，所以函数不宜过于复杂。使用时都是把函数作为表达式中的一个操作数。

函数可以有一个或者多个输入，但只能返回一个值，通常在表达式中调用函数的返回值。函数的定义格式如下：

```
function  <返回值位宽或类型说明> 函数名;
            端口声明;
            局部变量定义;
            其他语句;
endfunction
```

<返回值位宽或类型说明>是一个可选项，如果默认，则返回值为 1 位寄存器类型的数据。

函数的调用是通过将函数作为表达式中的操作数来实现的。调用格式如下：

```
<函数名>(<表达式><表达式>);
```

例 8.4 用函数和 case 语句定义了一个 8—3 编码器，并使用 assign 语句调用了该函数。

【例 8.4】　用函数和 case 语句描述的编码器（不含优先顺序）。

```
module code_83(din,dout);
input[7:0] din;
output[2:0] dout;
function[2:0] code;                       //函数定义
input[7:0] din;                           //函数只有输入，输出为函数名本身
    casex(din)
    8'b1xxx_xxxx:code=3'h7;
    8'b01xx_xxxx:code=3'h6;
    8'b001x_xxxx:code=3'h5;
    8'b0001_xxxx:code=3'h4;
    8'b0000_1xxx:code=3'h3;
    8'b0000_01xx:code=3'h2;
    8'b0000_001x:code=3'h1;
    8'b0000_000x:code=3'h0;
    default:code=3'hx;
    endcase
endfunction
```

```
assign dout=code(din);              //函数调用
endmodule
```

与 C 语言相类似，Veirlog HDL 使用函数以适应对不同操作数采取同一运算的操作。函数在综合时被转换成具有独立运算功能的电路，每调用一次函数相当于改变这部分电路的输入以得到相应的计算结果。

例 8.5 用函数实现一个带控制端的完成整数运算的电路，分别完成正整数的平方、立方和阶乘运算，例 8.6 是其 Test Bench 测试代码，图 8.4 是其仿真输出波形。

【例 8.5】 用函数实现平方、立方和阶乘运算。

```
module calculate(
      input   clk,clr,
      input[1:0]   sel,
      input[3:0]   n,
      output reg[31:0]   result);
always @(posedge clk)
begin
   if(!clr)  result<=0;
   else  begin
      case(sel)
        2'd0: result<=square(n);
        2'd1: result<=cubic(n);
        2'd2: result<=factorial(n);      //调用 factorial 函数
      endcase
end  end

function [31:0] square;                    //平方运算函数定义
input[3:0] operand;
begin  square=operand*operand;  end
endfunction

function [31:0] cubic;
input[3:0] operand;
begin  cubic=operand*operand*operand;  end
endfunction

function [31:0] factorial;                 //阶乘运算函数定义
input[3:0] operand;
integer i;
begin
   factorial = 1;
   for(i = 2; i <= operand; i =i + 1)
      factorial = i * factorial;
end
endfunction
endmodule
```

【例 8.6】　平方、立方和阶乘运算电路的 Test Bench 测试代码。

```
`timescale  1ns/100ps
module calculate_tb;
reg[3:0] n;
reg  clr,clk;
reg[1:0] sel;
wire[31:0] result;
parameter CYCLE = 20;
calculate u1(.clk(clk),.n(n),.result(result),.clr(clr),.sel(sel));
initial begin clk = 0;
  forever  # CYCLE clk = ~clk; end    //产生时钟信号
initial
begin
    {n, clr, sel} <= 0;
    #40 clr=1;
    repeat(10)
    begin
    @(negedge clk) begin
      n={$random} % 11;
    @(negedge clk)
      sel={$random} % 3;
    end end
    #1000 $stop;
end
endmodule
```

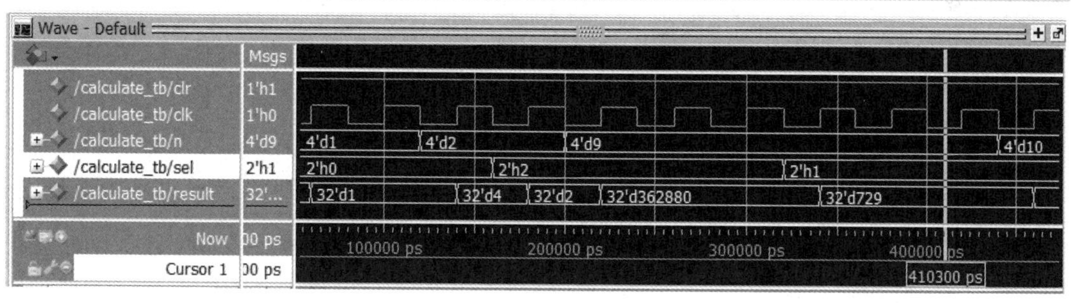

图 8.4　平方、立方和阶乘运算电路仿真波形图

注：函数的定义中蕴含了一个与函数同名的、函数内部的寄存器。在函数定义时，将函数返回值所使用的寄存器名称设为与函数同名的内部变量，因此函数名被赋予的值就是函数的返回值。

下例定义了一个 clogb2 函数，该函数完成以 2 为底的对数运算，在下例中实现由 RAM 模块的深度换算出所需的地址宽度。

```
module ram_model(address, write, cs, data);
parameter data_width = 8;
parameter ram_depth = 256;
localparam adder_width = clogb2(ram_depth);      //调用 clogb2 函数
input[adder_width - 1:0] address;
```

```
input write, cs;
inout [data_width - 1:0] data;
reg[data_width - 1:0] data_store[0:ram_depth - 1];

function integer clogb2(input integer value);   //定义 clogb2 函数
begin
   for(clogb2=0; value>0; clogb2=clogb2+1;)
   value = value>>1;
end
endfunction
```

综上所述，在使用函数时，应注意以下几点：

（1）函数的定义与调用必须在一个 module 模块内。

（2）函数只允许有输入变量且必须至少有一个输入变量，输出变量由函数名本身担任，如在例 8.6 中，函数名 factorial 就是输出变量，在调用该函数时：result<=2* factorial(n);自动将 n 的值赋给函数的输入变量 opa，完成函数计算后，将结果通过 factorial 名字本身返回，作为一个操作数参与 result 表达式的计算。因此，在定义函数时，需声明函数名的数据类型和位宽。

（3）定义函数时没有端口名列表，但调用函数时需列出端口名列表，端口名的排序和类型必须与定义时一致，这一点与任务相同。定义函数时不能使用非阻塞赋值。

（4）函数可以出现在持续赋值 assign 的右端表达式中。

（5）函数定义不应包含任何时间控制语句，包括使用#、@或 wait 等符号。

（6）函数的使用与任务相比有更多的限制和约束。函数不能启动任务，而任务可以调用别的任务和函数，且调用任务和函数个数不受限制。在函数中不能包含任何时间控制语句。

8.2.2　任务和函数的区别

任务和函数的区别有以下几点：

- 函数应在一个模拟时间单元中执行；任务可以包含时间控制语句。
- 函数不能启用任务；任务可以启用其他任务和函数。
- 函数应至少有一个输入类型参数，并且不应有输出或输出类型参数；任务可以有任何类型的零个或多个参数。
- 函数应返回单个值；任务不应返回值。

表 8.1 对任务（task）与函数（function）进行了比较。

表 8.1　任务（task）与函数（function）的比较

比 较 项 目	任务（task）	函数（function）
输入与输出	可有任意个各种类型的参数	至少有一个输入，不能将 inout 类型作为输出
调用	任务只可在过程语句中调用，不能在连续赋值语句 assign 中调用	函数可作为表达式中的一个操作数来调用，在过程赋值和连续赋值语句中均可以调用
定时事件控制（#，@和 wait）	任务可以包含定时和事件控制语句	函数不能包含这些语句
调用其他任务和函数	任务可调用其他任务和函数	函数可调用其他函数，但不可以调用其他任务
返回值	任务不向表达式返回值	函数向调用它的表达式返回一个值

合理使用 task 和 function 会使程序显得结构清晰而简单，一般的综合器对 task 和 function 都是支持的，但有些综合器不支持 task。

8.3 automatic 任务和函数

Verilog-2001 标准增加了一个关键字 automatic，可用于任务和函数的定义。

8.3.1 automatic 任务

任务本质上是静态的（static），并发执行的多个任务共享存储区。若某个任务在模块中的多个地方被同时调用，则这两个任务对同一块地址空间进行操作，结果可能是错误的。Verilog-2001 标准中增加了关键字 automatic，空间是动态分配的，使任务成为可重入的，若在模块中的多个地方同时调用该任务，则任务可以并发执行。

例 8.7 给出一个静态任务的例子。

【例 8.7】 静态任务。

```
module task_tb;
 integer i=0;                    //变量 i 在模块中声明
  initial  disp_ask( );       //任务的调用
  initial  disp_ask( );
  initial  disp_ask( );
 task disp_ask( );
begin
  i=i+1;
  $display("i = %0d",i);
end
endtask
endmodule
```

该例用 ModelSim 运行，其 TCL 窗口输出信息如下：

```
 i = 1
 i = 2
 i = 3
```

若在上面的任务定义中增加关键字 automatic，则定义了可重入任务（Reentrant task），如例 8.8 所示，则任务的多次调用是并发执行的。

【例 8.8】 automatic 任务。

```
module auto_tb;
  initial  disp_ask( );      //任务的调用
  initial  disp_ask( );
  initial  disp_ask( );
task automatic disp_ask( );
integer i=0;                    //变量 i 在任务中声明
begin
  i=i+1;
  $display("i = %0d",i);
end
```

```
endtask
endmodule
```

该例用 ModelSim 运行，其 TCL 窗口输出信息如下：

```
i = 1
i = 1
i = 1
```

8.3.2　automatic 函数

关键字 automatic 用于函数，表示函数的迭代调用，也可称为递归函数（Recursive Function）。

如前面例 8.5 中的阶乘运算，可采用递归函数来实现，如例 8.9 所示，通过函数自身的迭代调用，实现了 32 位无符号整数的阶乘运算（n!）。

比较例 8.5 与例 8.9 的异同，可体会函数与递归函数的区别。

【例 8.9】　阶乘递归函数。

```
module tryfact;
function automatic integer factorial;         //函数定义
input[31:0] opa;
   if (opa >= 2)
   factorial = factorial(opa-1) * opa;        //迭代调用
   else
   factorial = 1;
endfunction
integer result;
integer n;
initial begin
   for (n = 0; n <= 7; n = n+1) begin
   result = factorial(n);                     //函数调用
$display("%0d  factorial=%0d", n, result);
end  end
endmodule
```

上例中的 factorial 函数是用 if 语句实现的，也可以写为下面的形式，用条件操作符实现：

```
function automatic  integer factorial;
input integer opa;
integer  i;
   begin
   factorial = (opa >= 2) ? opa * factorial(opa-1) : 1;
   end
endfunction
```

上例的仿真结果如下：

```
0  factorial=1
1  factorial=1
2  factorial=2
```

```
3  factorial=6
4  factorial=24
5  factorial=120
6  factorial=720
7  factorial=5040
```

由于 Verilog-2001 标准增加了关键字 signed，所以函数的定义还可在 automatic 后面加上 signed，返回有符号数。例如：

```
function automatic signed [63:0] factorial;
```

例 8.10 用函数实现一个 16 位数据的高低位转换，最高有效位转换为最低有效位，次高位转换为次低位，依次类推。

【例 8.10】 用函数实现数据的高低位转换。

```
`timescale 1ns/ 1ns
module bit_invert;
reg[7:0] din;
wire[7:0] result;
assign result = invert(din);                        //函数调用
initial begin  din=8'b00101101;
     #30 din=8'b00101111;
     #20 din=8'b10001111;
     #30 $stop;
end
initial $monitor($time,,,"ain=%b result=%b",din,result);
function automatic unsigned[7:0] invert(
       input[7:0] data);
integer i;
begin
for (i = 0; i < 8; i = i + 1)
   invert[i] = data[7-i];
end
endfunction
endmodule
```

该例用 ModelSim 运行，其 TCL 窗口输出信息如下，可见转换结果正确。

```
0   ain=00101101  result=10110100
30  ain=00101111  result=11110100
50  ain=10001111  result=11110001
```

8.4　系统任务与系统函数

Verilog HDL 的系统任务和系统函数主要用于仿真。系统任务和系统函数均以符号“$”开头，一般在 intial 或 always 过程块中对其进行调用；用户也可以通过编程语言接口（PLI）将自己定义的系统任务和系统函数加到系统中，以进行仿真和调试。

根据功能，常用的系统任务和系统函数可分为以下几类。

（1）显示任务：

```
$display    $displayb   $displayh   $displayo
$write      $writeb     $writeh     $writeo
$strobe $strobeb    $strobeh    $strobeo
$monitor    $monitorb   $monitorh   $monitoro
$monitoron  $monitoroff
```

（2）文件输入/输出任务：

```
$fclose         $fopen          $ferror         $fread
$fgetc          $fgets          $ungetc         $sformat
$readmemh       $readmemb       $sdf_annotate
$fdisplay       $fdisplayb      $fdisplayh      $fdisplayo
$fwrite         $fwriteb        $fwriteh        $fwriteo
$fstrobe        $fstrobeb       $fstrobeh       $fstrobeo
$fmonitor       $fmonitorb      $fmonitorh      $fmonitoro
$swrite         $swriteb        $swriteh        $swriteo
$fscanf         $sscanf         $rewind     $fseek
$ftell          $fflush         $feof
```

（3）时间尺度任务：

```
$printtimescale  $timeformat
```

（4）仿真控制任务：

```
$finish $stop
```

（5）时间函数：

```
$realtime        $stime          $time
```

（6）转换函数：

```
$signed          $unsigned
```

（7）随机数与概率分布函数：

```
$random          $dist_chi_square    $dist_erlang    $dist_exponential
$dist_normal     $dist_poisson       $dist_t         $dist_uniform
```

下面介绍常用的系统任务和系统函数，这些任务和函数被多数仿真工具所支持，能满足多数仿真测试的需要。

注：系统任务和系统函数在不同的 Verilog 仿真工具（如 ModelSim、VCS、Verilog-XL）上，其使用方法和功能可能存在一定差异，具体应查阅相关仿真器的使用手册。

8.5 显示类任务

显示类或称为输出控制类的系统任务包括$display、$write、$strobe、$monitor 等。

8.5.1 $display 与$write

$display 和$write 都用于输出仿真结果，可以把变量和代码运行结果打印在 TCL 窗口上，供调试者知晓代码运行情况。两者功能类似，区别在于$display 在输出结束后能自动换行，而$write 不能自动换行。

$display 和$write 的使用格式为

```
$display ("格式控制符", 输出变量名列表);
$write ("格式控制符", 输出变量名列表);
```

例如：

```
$display($time,,,"a=%h b=%h c=%h",a,b,c);
```

上面的语句定义了信号显示的格式，即以十六进制格式显示信号 a、b、c 的值，两个相邻的逗号“,,”表示加入一个空格。

显示格式的控制符及其说明见表 8.2。

表 8.2　显示格式控制符及其说明

格式控制符	说　明
%h 或%H	以十六进制形式显示
%d 或%D	以十进制形式显示
%o 或%O	以八进制形式显示
%b 或%B	以二进制形式显示
%c 或%C	以 ASCII 码字符形式显示
%v 或%V	显示 net 型变量的驱动强度
%m 或%M	显示层次名
%s 或%S	以字符串形式输出
%t 或%T	以当前的时间格式显示

也可用$display 显示字符串，例如：

```
$display("it's a example for display\n");
```

上面的语句表示直接输出引号中的字符串，其中，“\n”是转义字符，表示换行。

Verilog HDL 中常用的转义字符\n（换行）、\t（Tab 键）、\"（符号"）等，其含义及用法已在 1.4 节中介绍（参见表 1.1）。

转义字符常用于定义仿真输出的格式，例如：

```
module dis;
initial begin
$display("\\\t\\\n\"\123");
end
endmodule
```

上面的代码执行后输出如下：

```
\     \
"S                          //八进制数 123 对应的 ASCII 码字符为 S（大写）
```

在例 8.11 中，用$display 分别显示了多种进制数，ASCII 码，驱动强度，字符串等各种格式的内容，用 ModelSim 仿真，其 TCL 窗口输出信息见图 8.5。

【例 8.11】　$display 用法示例。

```
module disp;
reg [31:0] rval;
pulldown (pd);
initial begin
 rval = 101;
```

```
    $display("rval = %h hex %d decimal",rval,rval);
    $display("rval = %o octal\nrval = %b bin",rval,rval);
    $display("rval has %c ascii character value",rval);
    $display("pd strength value is %v",pd);
    $display("current scope is %m");
    $display("%s is ascii value for 101",101);
    $display("simulation time is %t", $time);
end
endmodule
```

```
Transcript
VSIM 3> run -all
# rval = 00000065 hex        101 decimal
# rval = 00000000145 octal
# rval = 00000000000000000000000001100101 bin
# rval has e ascii character value
# pd strength value is StX
# current scope is disp
#    e is ascii value for 101
# simulation time is                    0

VSIM 4>
```

图 8.5　TCL 窗口输出信息

8.5.2　$strobe 与$monitor

$strobe 与$monitor 都提供了监控和输出参数列表中字符或变量的值的功能。其使用格式为

```
$monitor("格式控制符", 输出变量名列表);
$strobe("格式控制符", 输出变量名列表);
```

$strobe 与$monitor 使用方法与$display 类似，上面的格式控制符、输出变量名列表与$display 与$write 中定义的完全相同，但打印信息的时间和$display 有所不同。

$strobe 相当于选通监控器，$strobe 只有在模拟时间发生改变且所有事件都处理完毕后才将结果输出。$strobe 更适合显示用非阻塞赋值的变量的值。

$monitor 相当于持续监控器，一旦被调用，就相当于启动了一个实时监控器，输出变量列表中的任何变量发生了变化，就会按照$monitor 语句中规定的格式将变量值输出一次。

例如：

```
$monitor($time,"a=%b b=%h",a,b);
```

每次 a 或 b 信号的值发生变化都会激活上面的语句，并显示当前仿真时间、二进制格式的 a 信号和十六进制格式的 b 信号。

例如：

```
$monitor($time,,,"a=%d b=%d c=%d",a,b,c);
//只要 a、b、c 三个变量的值发生任何变化，都会将 a、b、c 的值输出一次
```

例 8.12 是一个说明$display、$write、$strobe、$monitor 四个显示类任务区别的例子。

【例 8.12】　$display、$write、$strobe、$monitor 的区别。

```
module disp_tb;
integer i;
initial begin
   for(i=1; i<4; i=i+1)begin
```

```
        $display("$display output i=: %d", i);
        $write("$write output i=: %d\n", i);
        $strobe("$strobe output i=: %d", i);
      end
    end
    initial
      $monitor("$monitor output i=: %d", i);
    endmodule
```

上面的代码执行后输出如下，$display 和$write 执行显示操作各 3 次；$strobe 退出循环后才会执行，故$strobe 显示的是 i=4，是循环结束时变量的值；$monitor 为持续监测任务，用于变量的持续监测，变量发生了变化，$monitor 均会显示相应的信息。

```
$display output i=:          1
$write output i=:            1
$display output i=:          2
$write output i=:            2
$display output i=:          3
$write output i=:            3
$strobe output i=:           4
$monitor output i=:          4
```

8.6　文件操作类任务

Verilog HDL 提供的对文件进行操作的系统任务包括如下。

① 文件打开、关闭：$fopen，$fclose，$ferror；

② 文件写入：$fdisplay，$fwrite，$fstrobe，$fmonitor；

③ 文件读取：$fgetc，$fgets，$fscanf，$fread；

④ 文件读取加载至存储器：$readmemh，$readmemb；

⑤ 字符串写入：$sformat，$swrite；

⑥ 文件定位：$fseek，$ftell，$feof，$frewind。

使用文件操作任务对文件进行操作时，需根据文件性质和变量内容确定使用哪一种系统任务，并保证参数及读/写变量类型与文件内容的一致性。

8.6.1　$fopen 与$fclose

$fopen 用于打开某个文件并准备写操作，其格式为

```
fd = $fopen("file_name");
fd = $fopen("file_name", mode);
```

file_name 为打开文件的名字，fd 为返回的 32 位文件描述符，文件成功打开时，fd 为非零值；如果文件打开出错，fd 为 0 值，此时，应用程序可以调用系统任务$ferror 来确定最近发生错误的原因。

mode 用于指定文件打开的方式，mode 的类型及其含义见表 8.3。

表 8.3　$fopen 文件打开的方式

mode 类型	说　明
r　rb	以只读的方式打开
w　wb	清除文件内容并以只写的方式打开
a　ab	在文件末尾写数据
r+　r+b　rb+	以可读/写的方式打开文件
w+　w+b　wb+	读/写打开或建立一个文件，允许读/写
a+　a+b　ab+	读/写打开或建立一个文本文件，允许读，或在末尾追加信息

$fclose 用于关闭文件，其格式为

```
$fclose(fd);
```

上面的语句表示用系统任务$fclose 关闭由 fd 指定的文件，同时隐式终结$fmonitor、$fstrobe 等任务。fd 必须是 32 位的变量，之前应该定义成 integer 型或 reg 型，例如：

```
reg[31:0] fd;               //或 integer fd;
```

以下是用$fopen 打开文件的例子：

```
integer messages, broadcast, cpu_chann, alu_chann, mem_chann;
initial begin
cpu_chann = $fopen("cpu.dat");
   if (cpu_chann == 0) $finish;
alu_chann = $fopen("alu.dat");
   if (alu_chann == 0) $finish;
mem_chann = $fopen("mem.dat");
   if (mem_chann == 0) $finish;
messages = cpu_chann | alu_chann | mem_chann;
   broadcast = 1 | messages;
end
```

8.6.2　$fgetc 与$fgets

仿真中有时需将文件中的数据读入到系统中，系统函数$fgetc、$fgets、$fscanf、$fread 用于将文件中的数据读出，以供仿真程序使用。

1. $fgetc

$fgetc 是每次从文件读取 1 个字符（character），其使用格式如下：

```
c = $fgetc(fd)
```

上面的语句表示用$fgetc 从 fd 指定的文件中读取 1 个字符(1 字节)，每执行一次$fgetc，就从文件中读取 1 个字符；若从文件中读取时发生错误或读取到文件结束时，则将 c 设置为 EOF（-1）。

使用$fgetc 读取字符，$fgetc 的返回值是 8 位，c 的值可能是 8'h00～8'hFF 之间的任何数值，而 EOF（-1）的 8 位补码也是 8'hFF，因此在读出正常数据 8'hFF 时会产生错误判断文件读取已结束的情况，故一般 c 的数据宽度应定义为大于 8 位，以便 EOF（-1）可以与字符代码 0xFF 区分。例如：

```
reg[15:0]  c;
c = $fgetc(fd)
```

将 c 定义为 16 位（只要大于 8 位即可），这样正常读取的数据只能是 16'h0000～16'h00FF 之间，只有读取文件结束时，才会得到值 16'hFFFF（-1），此时就可以判断出文件结束了。

比如，在例 8.13 中采用$fgetc 读取文件 tb.txt 的内容，用 ModelSim 仿真，其 TCL 窗口输出信息见图 8.6，tb.txt 文件的内容如图中所示。

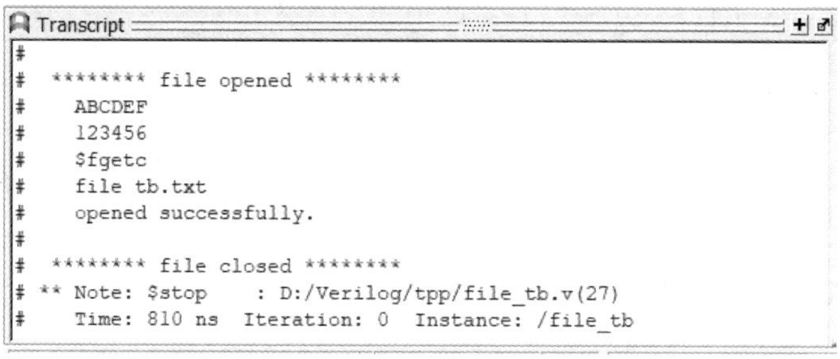

```
Transcript
#
#  ******** file opened ********
#    ABCDEF
#    123456
#    $fgetc
#    file tb.txt
#    opened successfully.
#
#  ******** file closed ********
# ** Note: $stop    : D:/Verilog/tpp/file_tb.v(27)
#    Time: 810 ns  Iteration: 0  Instance: /file_tb
```

图 8.6　TCL 窗口输出信息

【例 8.13】　$fgetc 用法示例。

```
`timescale 1ns / 1ps
module file_tb( );
localparam FILE_TXT = "./tb.txt";
integer fd;
integer i;
reg[15:0]  c;                       //将 c 定义为 16 位，以便判断文件结束
initial begin
   i = 0;
   fd = $fopen(FILE_TXT, "r");      //以只读方式打开文件
   if(fd == 0)  begin
      $display("$open file failed");
      $stop;  end
   $display("\n ******** file opened ******** ");
   c = $fgetc(fd);
   i = i + 1;
   while ($signed(c) != -1)        //判断文件是否已读取完毕
   begin                           //用 while 语句逐个读取字符
      $write("%c", c);
      #10;
      c = $fgetc(fd);
      i = i + 1;
   end
   #10;
   $fclose(fd);
   $display("\n ******** file closed ******** ");
   #100;  $stop;
```

```
end
endmodule
```

2. $fgets

$fgets 是按行（line）读取文件，其使用格式为

```
integer code = $fgets(str, fd);
```

上面的语句表示$fgets 将 fd 指定的文件中的字符读入 str 变量中，直至变量 str 被填满，或者读到换行符并传输到 str，或遇到文件结束条件。正常读取时返回值 code 表示当前行有多少个数据，如果返回值 code 为 0，表示文件读取结束或者读取错误。

$fgets 主要针对文本文件使用，对于读取二进制文件，虽然也可以使用，但不能表示明确的行的含义。

8.6.3 $readmemh 与$readmemb

$readmemh 与$readmemb 是属于文件读/写控制的系统任务，其作用都是从外部文件中读取数据并放入存储器中。两者的区别在于读取数据的格式不同，$readmemh 为读取十六进制数据，而$readmemb 为读取二进制数据。$readmemb 的使用格式为

```
1）$readmemb("数据文件名",存储器名);
2）$readmemb("数据文件名",存储器名,起始地址);
3）$readmemb("数据文件名",存储器名,起始地址,结束地址);
```

其中，起始地址和结束地址均可以默认。默认起始地址表示从存储器的首地址开始，默认结束地址表示一直存储到存储器的结束地址。

$readmemh 的使用格式与$readmemb 相同。例 8.14 是使用$readmemh 的例子。

【例 8.14】 $readmemh 使用举例。

```
`timescale 10ns/1ns
module rm_tp;
reg[15:0] my_mem[0:5];  /*定义一个 16×6 的存储器 my_mem,存储器共 6 个单元,
每个单元宽度为 16 位，可存储 16 位二进制数（4 位十六进制数）*/
reg[4:0] n;
initial
  begin
    $readmemh("myfile.txt",my_mem);  /*将 myfile.txt 中的数据装载到存储器
my_mem 中，默认起始地址从 0 开始，到存储器的结束地址结束*/
    for(n=0;n<=5;n=n+1)
    $display("%h",my_mem[n]);
  end
endmodule
```

上例在用 ModelSim 仿真前，在当前工程目录下准备一个名为 myfile.txt 的文件，不妨将其内容填写如下：

```
0123 4567 89AB CDEF
```

上例用 ModelSim 仿真后的输出如下所示，说明 myfile.txt 中的数据已装载到存储器中。

```
0123
4567
89ab
```

```
cdef
xxxx
xxxx
```

8.7　控制和时间类任务

8.7.1　$finish 与$stop

系统任务$finish 与$stop 用于控制仿真的执行过程，$finish 是结束本次仿真；$stop 是暂停（中断）当前的仿真，仿真暂停后通过仿真工具菜单或命令行还可以使仿真继续进行。

$finish 与$stop 的使用格式如下：

```
$stop;
$stop(n);
$finish;
$finish(n);
```

n 是$finish 和$stop 的参数，n 的值可以是 0、1、2，分别表示如下含义。

- 0：不输出任何信息。
- 1：输出当前仿真时间和位置。
- 2：输出仿真时间和位置，以及其他一些运行统计数据。

如果不带参数，则默认的参数值是 1。

当仿真程序执行到$stop 语句时，将暂时停止仿真，此时设计者可以输入命令，对仿真器进行交互控制。而当仿真程序执行到$finish 语句时，则结束此次仿真过程，返回主操作系统。例 8.15 是使用$stop 的例子。

【例 8.15】　$stop 使用举例。

```
`timescale 1ns / 1ns
module stop_tb();
reg ra;
initial begin
  ra = 0;
  #500  $stop(0);              //$stop(1); $stop(2)
  end
always #20 ra = {$random} % 2;
endmodule
```

上例中先用$stop(0)语句，在 ModelSim 中用 run all 命令进行仿真，波形仿真在 500ns 处暂停，同时 TCL 窗口中输出“Break in Module stop_tb at .../stop_tb.v line 6”字样；将例 8.15 中$stop(0)语句参数改为 1，重新仿真，则波形同样在 500ns 处暂停，TCL 窗口中的输出信息多了仿真时间；将$stop( )语句参数改为 2，重新仿真，则 TCL 窗口中的输出增加了耗用的内存、占用处理器的时间等信息。

输出波形及 TCL 窗口输出信息见图 8.7。

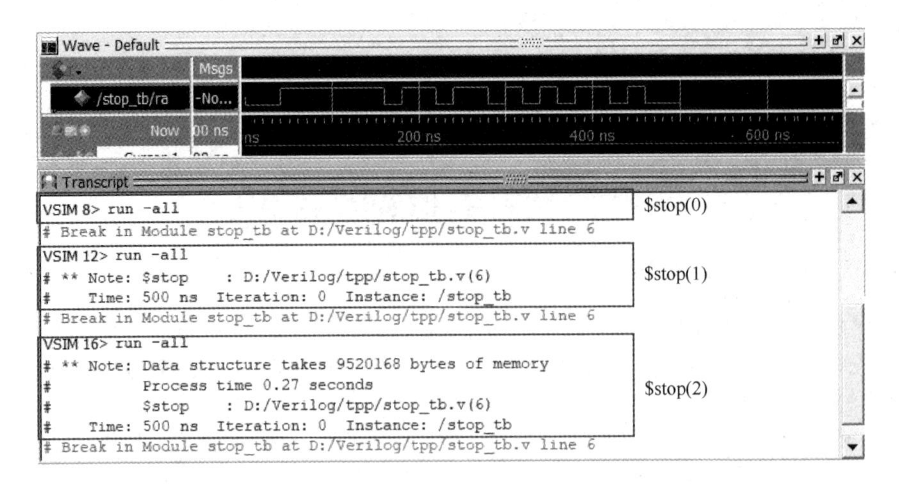

图 8.7　输出波形及 TCL 窗口输出信息

8.7.2　$time、$stime 与$realtime

$time、$stime 和$realtime 都属于显示仿真时间标度的系统函数。这 3 个函数被调用时，都返回当前时刻距离仿真开始时刻的时间量值，不同之处如下。

- $time：返回一个 64 位整数型时间值；
- $stime：返回一个 32 位整数型时间值；
- $realtime：返回一个实数型时间值，可以是浮点数。

除非仿真时间很长，$time 与$stime 的区别并不明显。通过例 8.16 可以看出$time 与$realtime 的区别。

【例 8.16】　$time 与$realtime 的区别示例。

```
`timescale 10ns / 1ns
module ts_tp;
reg set;
parameter p = 1.55;
initial begin
  $monitor($realtime,,"set=",set);       //使用函数$realtime
  #p  set = 0;
  #p  set = 1;
end
endmodule
```

上例用 ModelSim 仿真，其 TCL 窗口输出如下所示，时间显示为实数值。

```
0    set=x
1.6  set=0
3.2  set=1
```

如果将例中的$realtime 改为$time，则输出如下，时间的显示为整数值。

```
0  set=x
2  set=0
3  set=1
```

8.7.3　$printtimescale 与$timeformat

这类任务用于显示和设置时标信息。

1. $printtimescale

$printtimescale 用于显示指定模块的时间单位和精度。其使用格式为

```
$printtimescale(模块名);
```

参数缺省表示显示调用此任务的模块的时标信息如例 8.17 所示。

【例 8.17】　任务$printtimescale 的用法示例。

```
`timescale 1ns / 1ps
module a_dat();
    b_dat b1();
    initial $printtimescale( );
    initial $printtimescale(b1);
    initial $printtimescale(b1.c1);
endmodule

`timescale 10fs / 1fs
module b_dat();
    c_dat c1();
endmodule

`timescale 10ns / 1ns
module c_dat();
endmodule
```

查看特定模块的时标信息，则要在任务参数中指定模块的层次结构信息。运行上面代码后的打印输出信息如下所示：

```
Time scale of (a_dat) is  1ns / 1ps
Time scale of (a_dat.b1) is  10fs / 1fs
Time scale of (a_dat.b1.c1) is  10ns / 1ns
```

2. $timeformat

$timeformat 的用法为

```
$timeformat(units, precision, suffix_string, min_width);
```

其中，units 是时间单位：0 表示秒（s），-3 表示毫秒（ms），-6 表示微秒（μs），-9 表示纳秒（ns），-12 表示皮秒（ps），-15 表示飞秒（fs），-10 表示以 100ps 为单位，依次类推，缺省值为`timescalse 所设置的仿真时间单位。

precision 是指小数点后保留的位数，缺省为 0。

suffix_string 是时间值后面的后缀字符串，缺省为空格。

min_width 是时间值与后缀字符串合起来的这部分字符串的最小长度，若字符串不足这个长度，则在字符串之前补空格，其缺省值为 20。

$timeformat 不会更改`timescale 设置的时间单位与精度，它只是更改了$write、$display、

$strobe、$monitor、$fwrite、$fdisplay、$fstrobe、$fmonitor 等任务在%t 格式下显示时间的方式。在一个 initial 块中，它会持续生效，直到执行了另一个$timeformat。

例如：

```
`timescale 1ns /1ps
module time_tb /**/;
initial
begin
   $timeformat(-9, 1, "ns", 10);
   #3.1415;
   $display("%t: $timeformat test.",$realtime);
end
endmodule
```

在上例中，$timeformat 执行后，在$display 任务中以%t 格式显示时间，时间的单位是 10^{-9} 秒（即纳秒，ns），时间值保留到小数点后 1 位，时间值后面加上"ns"字符串，时间值和"ns"合起来的字符串长度如果不足 10 个字符，则在前面补空格。

上例用 ModelSim 运行，其 TCL 窗口输出如下：

```
     3.1ns: $timeformat test.
```

8.7.4　$signed 与$unsigned

可使用两个系统函数来控制表达式的符号：$signed( )和$unsigned( )。

```
$signed(c)          //返回值有符号
$unsigned(c)        //返回值无符号
```

$signed(c)将 c 转化为有符号数返回，不改变 c 的类型和内容。

$unsigned(c)将 c 转化为无符号数返回，不改变 c 的类型和内容。

例 8.18 中对$signed 和$unsigned 函数的用法进行了研究，对各类数据的变换结果进行分析，有助于搞清楚这两个函数的用法。

【例 8.18】　$signed 和$unsigned 函数的用法示例。

```
module sign_tb /**/;
reg signed[7:0] a,b;
reg[7:0] c,d;
wire signed[8:0] sum;
wire[7:0] rega, regb;
wire signed[7:0] regs;
assign rega = $unsigned(-10);
assign regb = $unsigned(-6'sd4);
assign regs = $signed (6'b110011);
assign sum = a+b;

initial
begin
  a = -8'd1;
  b =  8'd20;
```

```
  c = 8'b1000_0001;
  d = 8'b0001_0010;
#10
  $display("rega    =%b=%d",rega,rega);
  $display("regb    =%b=%d",regb,regb);
  $display("regs    =%b=%d",regs,regs);
#10
  $display("signed a  =%b=%d",a,a);
  $display("signed b  =%b=%d",b,b);
  $display("a+b    =%b=%d",sum,sum);
#10
  $display("$unsigned(a)=%b=%d",$unsigned(a),$unsigned(a));
  a=$signed(c);
  b=$signed(d);
#10
  $display("a  =%b=%d",a,a);
  $display("b  =%b=%d",b,b);
  $display("a+b   =%b=%d",sum,sum);
end
endmodule
```

本例用 ModelSim 运行，其 TCL 窗口输出如下：

```
rega    = 11110110 = 246
regb    = 00111100 = 60
regs    =11110011= -13
signed a  =11111111=  -1
signed b  =00010100=  20
a+b    =000010011=  19
$unsigned(a)=11111111=255
a  =10000001=-127
b  =00010010=  18
a+b  =110010011=-109
```

8.8　随机数及概率分布函数

8.8.1　$random

$random 是产生随机数的系统函数，每次调用该函数将返回一个 32 位的随机数（有符号整数）。其使用格式如下：

```
$random < seed >;
```

其中的 seed 为随机数种子，其数据类型可以是 reg 型、integer 型或 time 型。seed 值不同，产生的随机数也不同；seed 相同，产生的随机数也是一样的。

可以为 seed 赋初值，也可以缺省，缺省时 seed 的值为 0。

注：参数 seed 必须定义为变量，不能是常数。所有函数的种子参数均应该以变量作为载体，否则函数不能正常运行。

例如：

```
integer seed = 1200;
initial begin
    forever @ (posedge clk)
        rand = $random(seed);
end
```

$random 还有如下两种常用的使用方法：

```
//用法 1: 产生(-b+1)到(b-1)之间的随机数
reg[15:0]  rand;
rand = $random % b;
//用法 2: 产生 0 到 b-1 之间的随机数
reg[15:0] rand;
rand = {$random} % b;
  //使用拼接操作符，拼接操作符的结果是无符号数，因此该用法的结果为无符号数
```

例如：

```
reg[23:0] rand1,rand2;
rand1 = $random % 60;              //产生一个-59～59之间的随机数
rand2 = {$random} % 60;            //产生一个 0～59 之间的正的随机数
```

例 8.19 是产生随机数的例子，分别用带 seed 参数和不带 seed 参数的方式产生随机数。

【例 8.19】　$random 函数的使用示例。

```
`timescale 1ns/1ns
module random_gen;
reg[23:0] rand1;
reg[15:0] rand2;
reg clk;
integer seed = 21000;
parameter CY=10;
initial $monitor($time,,,"rand1=%b rand2=%b",rand1,rand2);
initial begin
  repeat(12) @(posedge clk)
  begin  rand1 <= $random(seed);
         rand2 <= $random % 100;  //每次产生一个-99～99之间的随机数
  end  end
initial begin clk = 0;            //用 initial 过程产生时钟 clk
   forever #(CY/2) clk = ~clk;  end
endmodule
```

该例用 ModelSim 仿真，其 TCL 窗口输出如下，输出的是二进制格式，图 8.8 显示的是波形输出，rand1 和 rand2 的格式均设置为 Decimal，有符号十进制数。

```
0   rand1=xxxxxxxxxxxxxxxxxxxxxxxx   rand2=xxxxxxxxxxxxxxxx
5   rand1=011101000001101010101100   rand2=1111111111100001
15  rand1=100111011110001001110001  rand2=1111111111010011
```

```
25  rand1=111100010101111001110111  rand2=0000000000011001
35  rand1=100110100100000100111101  rand2=1111111111101010
45  rand1=000000100010111000101010  rand2=1111111111011100
55  rand1=010011111100001000111000  rand2=1111111111000011
65  rand1=111100000001110011110011  rand2=0000000001001001
```

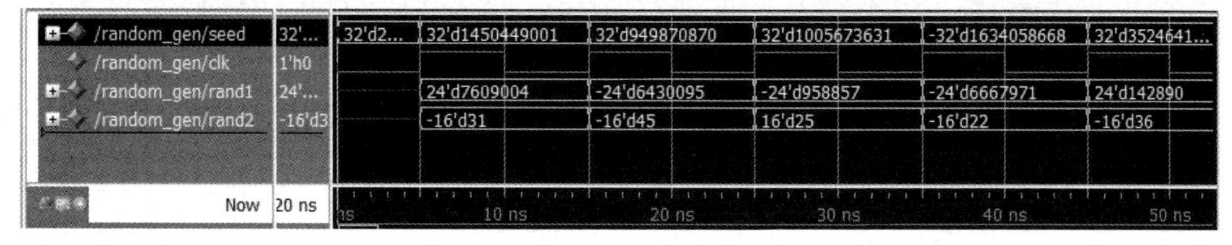

图 8.8　产生随机数

8.8.2　概率分布函数

Verilog HDL 提供了多个按一定概率分布产生数据的系统函数，其使用格式及说明见表 8.4。

表 8.4　概率分布的系统函数

概率分布类型	系统函数使用格式	说　　明
均匀分布	$dist_uniform(seed, start, end);	start 和 end 分别为数据的起始和结尾
正态分布	$dist_normal (seed, mean, std_dev);	mean 为期望值，std_dev 为标准方差
泊松分布	$dist_poisson(seed, mean);	mean 为期望值，等于标准差
指数分布	$dist_exponential(seed , mean);	mean 为单位时间内事件发生的次数

下面以正态分布为例进行介绍。

正态分布（Normal Distribution）：如果正态分布的数学期望为 μ，标准方差为 σ，则其概率密度函数可表示为

$$f(x)=\frac{1}{\sqrt{2\pi}\sigma}\exp\left(-\frac{(x-\mu)^2}{2\sigma^2}\right)$$

数学期望为 0、标准方差为 1（μ=0，σ=1）的正态分布称为标准正态分布。

正态分布曲线呈钟形，两边低，中间高，左右对称，如图 8.9 所示。

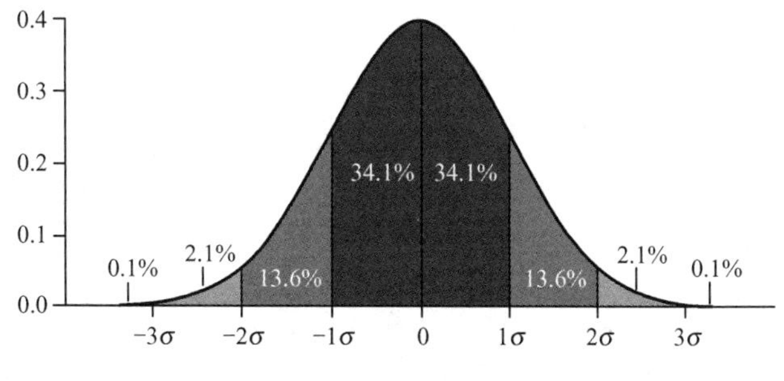

图 8.9　正态分布图

调用$dist_normal 系统函数产生标准正态分布（μ=0，σ=1）数据的代码如下：

```
`timescale 1ns/1ns
module dist_tb;
parameter p=10;
```

```
reg  clk= 0;
always #p  clk = ~clk;
integer  seed_norm = 0;
reg[15:0]  data_norm;              //标准正态分布数据
always@(posedge clk) begin
    data_norm <= $dist_normal(seed_norm, 0, 1);   //标准正态分布
end
initial begin
    forever begin
    #1000 $finish;
    end
end
endmodule
```

8.9 编译指令

编译指令（Compiler Directive）语句以符号“`”（该符号 ASCII 码为 0x60）开头，在编译时，编译器通常先对这些指令语句进行预处理，然后将预处理的结果和源程序一起编译。

Verilog HDL 提供了十余条编译指令，包括

```
(1) `timescale
(2) `define, `undef
(3) `ifdef, `else, `elsif, `endif, `ifndef
(4) `include
(5) `default_nettype
(6) `resetall
(7) `celldefine, `endcelldefine
(8) `unconnected_drive, `nounconnected_drive
(9) `begin_keywords, `end_keywords
(10) `line, `pragma
```

8.9.1 `timescale

`timescale 用于定义时延、仿真的时间单位和时间精度，其使用格式如下：

```
`timescale <time_unit>/<time_precision>
`timescale <时间单位>/<时间精度>
```

其中，用来表示时间单位的符号有 s、ms、μs、ns、ps 和 fs，分别表示秒、10^{-3}s、10^{-6}s、10^{-9}s、10^{-12}s 和 10^{-15}s。时间精度可以和时间单位一样，但是时间精度大小不能超过时间单位大小。例 8.20 给出了它的定义。

【例 8.20】 `timescale 定义。

```
`timescale 1ns/100ps
module andgate(
     output out,
     input a,b);
```

```
and  #(4.34,5.86)  a1(out,a,b);        //门延时定义
endmodule
```

在上例中，`timescale 指令定义延时以 1ns 为单位，精度为 100ps（精确到 0.1ns），因此，门延时值 4.34 对应 4.3ns，延时值 5.86 对应 5.9ns。如果将`timescale 指令定义为

```
`timescale 10ns/1ns
```

那么延时值 4.34 对应 43ns，5.86 对应 59ns。

再如：

```
`timescale 10 ns / 1 ns
module test;
reg set;
parameter d = 1.55;
initial begin
  #d set = 0;        //16ns(1.6×10)时，set 赋值为 0
  #d set = 1;        //32ns(1.6×10+1.6×10)时，set 赋值为 1
end
endmodule
```

`timescale 指令在模块说明外部出现，并且影响后面所有的延时值；在编译过程中，`timescale 指令会影响后面所有模块中的时间值，直至遇到另一个`timescale 指令或`resetall 指令。

在 Verilog HDL 中没有默认的`timescale，如果没有指定`timescale，Verilog HDL 模块就会继承前面编译模块的`timescale 参数。

如果一个设计中的多个模块都带有`timescale 时，模拟器总是定位在所有模块的最小延时精度上，并且所有延时都相应地换算为最小延时精度，延时单位并不受影响。

例如：

```
`timescale 1ns/1ns
module top;                    //顶层模块
reg  a, b;
wire cout;
initial begin
  a = 1; b = 0;
 # 2.25  a = 0;
 # 5.5  b = 1;
end
andgate g1(cout,a,b);     //andgate 模块见例 8.19
endmodule
```

在上例中，延时值 2.25 对应 2ns，延时值 5.5 对应 6ns。

但由于子模块 andgate 中定义时间精度为 100ps，故该例中的时延精度变为 100ps。

`timescale 的时间精度设置是会影响仿真时间的。时间精度越小，仿真时占用内存越多，实际耗用的仿真时间就越长。

$printtimescale 系统任务可用于显示当前的时间单位和时间精度。

8.9.2 `define 和`undef

`define 用于定义宏名，类似于 C 语言中的# define。其使用格式为

```
`define  宏名  字符串
```

例如：

```
`define WORDSIZE 8
reg[`WORDSIZE:1] data;       //相当于定义 reg[8:1] data;
```

再如：

```
`define var_nand(dly) nand #dly    //定义带延时的与非门
`var_nand(2) g1 (q21, n10, n11);
`var_nand(5) g2 (q22, n10, n11);
```

又如：

```
`define max(a,b) ((a) > (b) ? (a) : (b))
n = `max(p+q, r+s);
```

上面的语句等同于：

```
n = ((p+q) > (r+s)) ? (p+q) : (r+s) ;
```

`undef 用来取消之前的宏定义，例如：

```
`define WORDSIZE 16
reg[`WORDSIZE:1] data;
…
`undef  WORDSIZE
```

从上面的例子可以看出：

（1）`define 宏定义语句行末是没有分号的。

（2）在引用已定义的宏名时，必须在宏名的前面加上符号“`”，以表示该名字是一个宏定义的名字。

（3）`define 的作用范围是跨模块（module）的，可以是整个工程。就是说，在一个模块中定义的`define 指令可以被其他模块调用，直到遇到`undef 失效。所以，用`define 定义常量和参数时，一般将定义语句放在模块外。与`define 相比，用 parameter 定义的参数作用范围只限于本模块内，但上层模块例化下层模块时，可通过参数传递改变下层模块中参数的值。

8.9.3 `ifdef、`else、`elsif、`endif 和`ifndef

`ifdef、`else、`elsif、`endif、`ifndef 均属于条件编译指令。比如，在下面的例子中，定义了 3 种显示模式，如果定义了 VIDEO_480_272（用`define 语句定义，如`define VIDEO_480_272），则使用第 1 套参数；如果定义了 VIDEO_640_480，则使用第 2 套参数；否则使用第 3 套参数。

```
`ifdef  VIDEO_480_272                 //480x272 显示模式
   parameter H_ACTIVE = 16'd480;
   parameter V_ACTIVE = 16'd272;
`endif

`ifdef  VIDEO_640_480                 //640x480 显示模式
```

```
    parameter H_ACTIVE = 16'd640;
    parameter V_ACTIVE = 16'd480;
`endif

`ifdef  VIDEO_800_480              //800x480 显示模式
    parameter H_ACTIVE = 16'd800;
    parameter V_ACTIVE = 16'd480;
`endif
```

上面的例子中只使用`ifdef 和`endif 组成条件编译指令块，也可以增加`elsif，`else 编译指令，则上面的例子改为如下形式：

```
`ifdef  VIDEO_480_272              //480x272 显示模式
    parameter H_ACTIVE = 16'd480;
    parameter V_ACTIVE = 16'd272;

`elsif  VIDEO_640_480              //640x480 显示模式
    parameter H_ACTIVE = 16'd640;
    parameter V_ACTIVE = 16'd480;

`else  VIDEO_800_480              //800x480 显示模式
    parameter H_ACTIVE = 16'd800;
    parameter V_ACTIVE = 16'd480;
`endif
```

条件编译指令`ifdef，`ifdef，`else 和`endif 可以指定仅对程序中的部分内容进行编译，该指令有如下几种使用形式。

（1）

```
`ifdef  宏名
    语句块
`endif
```

这种形式的意思是：若宏名在程序中被定义过（用`define 语句定义），则下面的语句块参与源文件的编译，否则，该语句块不参与源文件的编译。

（2）

```
`ifdef  宏名
    语句块 1
`else    语句块 2
`endif
```

这种形式的意思是：若宏名在程序中被定义过（用`define 语句定义），则语句块 1 将被编译到源文件中，否则，语句块 2 将被编译到源文件中。

（3）

```
`ifdef  宏名
    语句块 1
`ifdef   语句块 2
`else    语句块 3
```

```
`endif
```

例 8.21 给出了`ifdef 的用法。

【例 8.21】　`ifdef 的用法。

```
module compile(
             input a,b,
             output out);
`ifdef add                  //宏名为 add
       assign out=a+b;
`else  assign out=a-b;
`endif
endmodule
```

在上例中，若在程序中有“`define add”，则执行“assign out=a+b;”操作，若没有该定义语句，则执行“assign out=a–b;”操作。

也可用`ifndef 指令语句来设置条件编译，表示如果没有相关的宏定义，则执行相关语句。比如，上面的例子如果使用`ifndef 指令改写，则如例 8.22 所示，这两例的操作是相同的，只是表达的方式不同。

【例 8.22】　`ifndef 用法。

```
module compile_ndef(
           input a,b,
           output out);
`ifndef add           //`ifndef 指令
       assign out=a-b;
`else  assign out=a+b;
`endif
endmodule
```

8.9.4　`include

使用`include 可以在编译时将一个 Verilog 文件包含到另一个文件中，其格式为

```
`include  "文件名"
```

`include 类似于 C 语言中的# include <filename.h> 结构，后者用于将内含全局或公用定义的头文件包含到设计文件中。

`include 用于指定包含其他文件的内容，被包含的文件名必须放在双引号中，被包含的文件既可以使用相对路径，也可以使用绝对路径；如果没有路径信息，则默认在当前目录下搜寻要包含的文件。

例如：

```
`include  "parts/count.v"
`include  "../../fileA.v"
`include  "fileB"
```

使用`include 语句时还应注意以下几点。

（1）一个`include 语句只能指定一个被包含的文件。如果需要包含多个文件，则需要使用多个`include 命令进行包含，多个`include 命令可以写在一行，但命令行中只可以出现空格和注释。例如：

```
`include "file1.v"  `include "file2.v"
```

（2）`include 语句可以出现在源程序的任何地方。被包含的文件若与包含文件不在同一个子目录下，必须指明其路径名。

（3）文件允许嵌套包含，但限制其数量最多为 15 个。

8.9.5 `default_nettype

`default_nettype 指令用于把没有被声明的 net 型变量指定为线网类型。例如：

```
`default_nettype wand
```

上面的语句将数据类型缺省的变量定义为 wand 型，在此指令后面的任何模块中的连线没有声明，则该线网自动被定义为 wand 型变量。

```
`default_nettype none
```

上面的语句定义后，将不再自动默认 net 型变量。

比如下面的例子，假如没有语句“`default_nettype none”，变量 f 默认为 wire 型变量，编译会通过；加上该语句，则编译时报错。

```
`default_nettype none
module net_tb(
      input a,
      input b,
      output f);      //f 未定义数据类型，由于编译指令的存在，系统会报错
assign f =a & b;
endmodule
```

注：对于上面的代码，如果用综合器 Quartus Prime 进行综合，由于 Quartus Prime 不支持`default_nettype 指令，故加不加语句“`default_nettype none”均会通过，变量 f 会默认为 wire 型变量。

如果用 ModelSim 编译，加语句“`default_nettype none”后会报错：

```
** Error: Net type of 'f' must be explicitly declared.
```

8.9.6 其他编译指令

（1）`resetall

`resetall 指令用于将所有的编译指令重新设置为缺省值。

如果把`resetall 指令加到模块后面，可以将`timescale 的作用范围只限制在当前模块，避免其影响其他模块。

（2）`celldefine，`endcelldefine

`celldefine，`endcelldefine 指令用于将模块标记为单元（cell）。例如：

```
`celldefine
module(
    input clk, clr,
    output q,
    output cout);
  …
endmodule
`endcelldefine
```

（3）`unconnected_drive，`nounconnected_drive

出现在这两个编译指令间的所有未连接信号的驱动强度为 pull1 或 pull0。例如：

```
`unconnected_drive pull1
. . .
 / *在这两个指令间的所有未连接信号的驱动强度为 pull1 * /
`nounconnected_drive
`unconnected_drive pull0
. . .
 / *在这两个指令间的所有未连接信号的驱动强度为 pull0 * /
`nounconnected_drive
```

（4）`begin_keywords，`end_keywords

`begin_keywords 和`end_keywords 指令用于说明源代码使用哪一种关键字集，如 1364-1995、1364-2001、1364-2005。

`begin_keywords 和`end_keywords 指令只能在模块外使用。

习　题　8

8.1　任务和函数的不同点有哪些？

8.2　分别用任务和函数描述一个 4 选 1MUX。

8.3　用函数实现一个用 7 段数码管交替显示 26 个英文字母的程序，自定义字符的形状。

8.4　用函数实现一个 16 位数据的高低位转换，最高有效位转换为最低有效位，次高位转换为次低位，以此类推。

8.5　系统任务$strobe 和$monitor 有何区别？

8.6　可否用$display 系统任务来显示非阻塞赋值的变量输出值？为什么？

8.7　用任务完成无符号数的大小排序，设 a、b、c、d 是 4 个 8 位无符号数，按从小到大的顺序重新排列并输出到 4 个寄存器中存储。

8.8　编写一个 Verilog HDL 任务，生成偶校验位。输入是一个 8 位数据，输出是一个包含数据和偶校验位的码字。

8.9　编写一个 Verilog HDL 函数，实现求输入向量补码的功能，使用 comp2(vect，N)形式进行调用，其中 vect 是输入的 8 位有符号二进制数，N 是其位宽。

8.10　使用 for 循环语句对一个深度为 16（地址从 0～15），位宽为 8 位的存储器（寄存器类型数组）进行初始化，把所有单元初始值赋为 0，存储器命名为 cache。

第 9 章　Test Bench 测试与时序检查

Verilog HDL 不仅提供了设计与综合的能力，也提供对激励、响应和设计验证（Verification）的建模能力。Verilog HDL 最初是专用于电路仿真（Simulation）的语言，后来，Verilog HDL 综合器的出现才使它具有了硬件综合的能力。

9.1　Test Bench 测试

测试平台（Test Bench 或 Test Fixture）为测试或仿真 Verilog HDL 模块构建了一个虚拟平台，给被测模块施加激励信号，通过观察被测模块的输出响应，可以判断其逻辑功能和时序关系正确与否。

9.1.1　Test Bench

图 9.1 是 Test Bench 的示意图，激励模块（Stimulus）类似一个测试向量发生器（Test Vector Generator），向待测模块（Design Under Test，DUT）施加激励信号，输出检测器（Output Checker）检测输出响应，将待测模块在激励向量作用下产生的输出按规定的格式以文本或图形的方式显示出来，供用户检测验证。

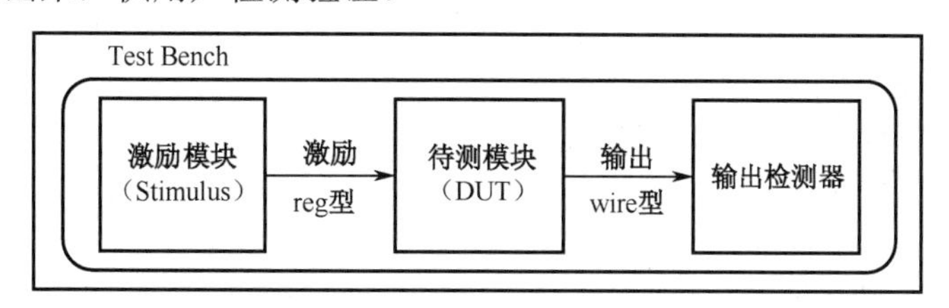

图 9.1　Test Bench 示意图

激励模块与一般的 Verilog HDL 模块没有根本的区别，其特点表现在下面几点。

- 激励模块只有模块名字，没有端口列表；输入信号（激励信号）定义为 reg 型，以保持信号值；待测模块在激励信号的作用下产生输出，输出信号定义为 wire 型。
- 可用 initial、always 过程定义激励信号，在过程中用 if-else、for、forever、while、repeat、wait、disable、force、release 和 fork-join 等语句产生信号。
- 使用系统任务和系统函数（如$monitor）来检测输出响应，实时打印输入/输出信号值，以便于检查，$monitor 等系统函数要在 initial 过程中使用。

9.1.2　产生激励信号

例 9.1 是产生激励信号和复位信号的例子，用 intial 语句产生异步复位信号和同步复位信号，再产生输入信号。

【例 9.1】　产生复位信号和激励信号。

```
`timescale 1ns/1ns
module stimu_gen;
```

```
reg rst_n1,rst_n2;
reg  clk=0;            //clk 赋初值
reg a,b;
initial begin          //产生异步复位信号
           rst_n1 = 1;
    #65;  rst_n1 = 0;
    #50;  rst_n1 = 1;
    end
initial  begin  rst_n2 = 1;
                       //产生同步复位信号
    @(negedge clk)  rst_n2 = 0;
    repeat(5) @(posedge clk);  //持续 5 个时钟周期
    @(posedge clk)  rst_n2 = 1;
   end
always
  begin  #10 clk = ~clk;  end   //产生时钟信号
initial
begin    a=0;b=0;     //激励波形描述
    #150 a=1;b=0;
    #80 b=1;
    #80 a=0;
    #90 $stop;
end
initial $monitor($time,,,"rst_n1=%b rst_n2=%b",rst_n1,rst_n2);  //显示
initial $monitor($time,,,"a=%d b=%d",a,b);
endmodule
```

本例在 ModelSim 中用 run 400ns 命令进行仿真，得到图 9.2 所示的信号波形。

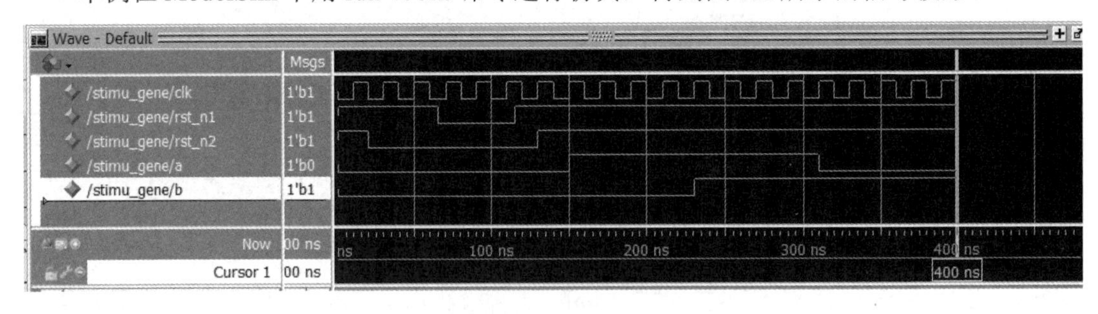

图 9.2　复位信号和激励信号波形

9.1.3　产生时钟信号

例 9.2 中用多种方法产生时钟信号，其中 clk1 用 always 过程实现，clk2 用 initial 过程实现，且只产生一段波形，clk3 用 initial 和 forever 实现，clk4 用 initial 和 forever 产生占空比非 50%的时钟信号。

【例 9.2】　产生时钟信号。

```
`timescale 1ns/1ns
```

```
module clk_gene;
parameter CYCLE=20;
reg  clk1,clk2,clk3,clk4;
initial  {clk1,clk2}=2'b01;    //赋初值
always #(CYCLE/2) clk1=~clk1; //用 always 过程产生时钟 clk1
initial repeat(12) #(CYCLE/2) clk2=~clk2;
                              //控制只产生一段时钟
initial begin clk3 = 0;       //用 initial 过程产生时钟 clk3
   forever #(CYCLE/2) clk3 = ~clk3;
   end
initial  begin  clk4 = 0;
  forever  begin              //用 initial 过程产生占空比非 50%的时钟 clk4
    #(CYCLE/4)    clk4 = 0;
    #(3*CYCLE/4) clk4 = 1;
  end  end
initial $monitor($time,,,"clk1=%b clk2=%b clk3=%b clk4=%b",
                          clk1,clk2,clk3,clk4);
endmodule
```

本例在 ModelSim 中用 run 200ns 命令进行仿真，得到图 9.3 所示的时钟波形。

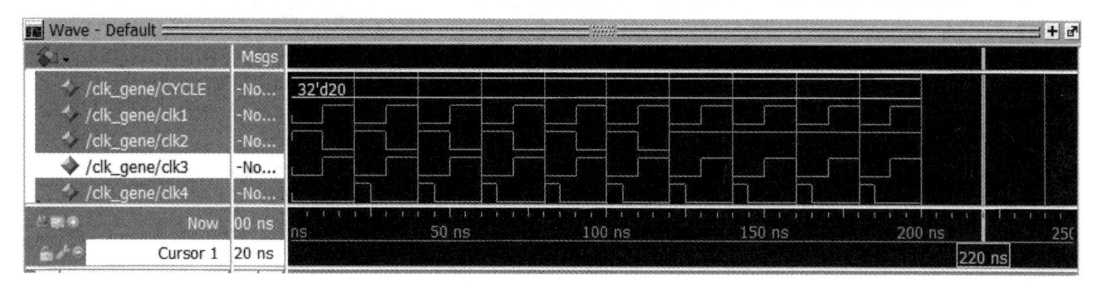

图 9.3　时钟信号波形

9.1.4　读写文件

仿真时经常需要从文件中读取测试信息，并将仿真结果写入文件供其他程序读取分析。

1. 从文件中读取数据（见例 9.3）

【例 9.3】　从文件中读取数据。

```
`timescale 1ns/100ps
module read2mem;
reg clk=0;
reg[11:0] din;
integer ad;
parameter PEROD=20;
parameter NUM=6;
reg[11:0] memo[0:NUM-1];          //存储器
always begin #(PEROD/2) clk = ~clk; end
```

```
initial
begin
    $readmemh("D:/Verilog/tpp/hex.dat", memo);
      //将文件中的数据读至存储器，文件路径中用反斜杠"/"。
      //如果不指定路径，则文件应和 Test Bench 文件在同一目录
    ad = 0;
    repeat(NUM) begin              //重复读取存储器中数据
    @(posedge clk) begin
        din = memo[ad];
        $display("%h", memo[ad]);
        ad = ad + 1;  end
end  end
endmodule
```

本例在用 ModelSim 仿真前，先在当前工程目录下准备一个名为 hex.dat 的文件，不妨将其内容填写如下：

```
0af x01 bec 109  5  6
```

本例用 ModelSim 运行指令 run 200ns 的输出如下所示，说明 hex.dat 中的数据已装载到存储器中。

```
0af
x01
bec
109
005
006
```

2. 将数据写入文件（见例 9.4）

【例 9.4】 产生随机数，并将其写入文件。

```
`timescale 1ns/100ps
module wri2mem;
reg clk=0;
parameter PEROD=20;
integer fd;
reg[7:0] rand;
always begin #(PEROD/2) clk = ~clk; end

initial  $monitor("%t rand=%d", $time, rand);
initial begin
  repeat(10) @(posedge clk)
  begin  rand <= {$random} % 200;  //每次产生一个 0～199 之间的随机数
  end  end
initial
begin
    fd = $fopen("D:/Verilog/tpp/wr.dat");   //打开文件
```

```
    if(!fd) begin
        $display("can't open file");   //fd 为 0 的话表示打开文件失败
        $finish;
end  end
always @(posedge clk)
    $fdisplay(fd, "%d", rand);
endmodule
```

写入文件首先要用系统任务$fopen 打开文件，如果文件不存在，则自动创建该文件，$fopen 打开文件的同时会清空文件，并返回一个句柄 fd，fd 为 0 表示打开文件失败。

打开文件之后便可用句柄 fd 和$fdisplay 系统任务向文件中写入数据。

本例用 ModelSim 运行 run 200ns 指令后的输出如图 9.4 所示，用文本编辑器打开文件 wr.dat，其内容如下，说明产生的随机数已存入该文件中。

注：每调用一次$fdisplay，都会在数据后插入一个换行符。

```
x
148
 97
 57
187
157
157
125
 82
161
```

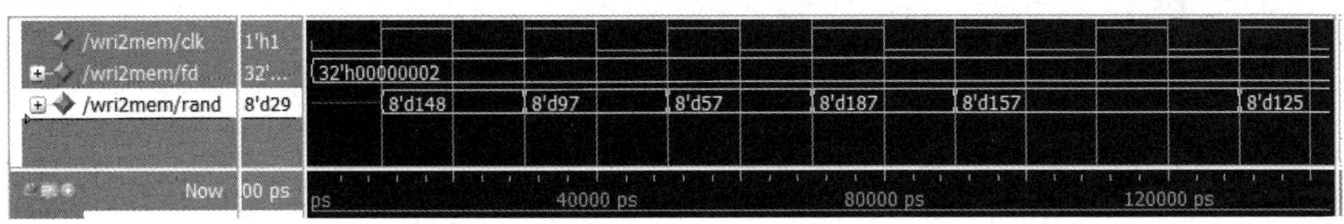

图 9.4　产生随机数并写入文件仿真输出

9.1.5　显示结果

可以使用系统任务$display 和$monitor 来显示输出响应，例如：

```
initial begin
    $timeformat(-9, 1, "ns", 12);
    $display(" Time clk  clr  qout  carry" );
    $monitor("%t   %b   %b    %d     %b",
             $time, clk, clr, qout, carry);
end
```

$display 会将双引号间的文本输出显示，$monitor 的输出为事件驱动型，如上例中$time 变量用于触发信号列表的显示，%t 表示$time 以时间格式输出，%b 表示以二进制格式显示，%d 则表示以十进制格式显示。

9.2 测试实例

9.2.1 乘法器测试

例 9.5 是 8 位乘法器的 Test Bench 仿真实例。

【例 9.5】 8 位乘法器的 Test Bench 仿真。

```
`timescale 1ns/100ps
module mult8_tb();
parameter WIDTH = 8;
reg [WIDTH:1] a=0;                              //输入信号
reg [WIDTH:1] b=0;
wire [WIDTH*2:1]  out;                          //输出信号
parameter p=20;
integer i,j;
mult8 #(.SIZE(WIDTH)) i1(.opa(a), .opb(b), .resul(out));
            //例化待测模块
initial  $monitor($time,,,"a*b  =%b=%d",out,out);

initial begin
   for(i=0;i<6;i=i+1)
   # p  a = {$random} % 255;            //每次产生一个 0~255 之间的随机数
   # 300 $stop;
   end
initial begin
   for(j=0;j<6;j=i+1)
   # (p*2)  b = {$random} % 255;      //每次产生一个 0~255 之间的随机数
   # 300 $stop;
   end
endmodule
//--------------------------------------------
module mult8 #(parameter SIZE=8)               //8 位乘法器
       (input[SIZE:1] opa,opb,                 //操作数
        output[2*SIZE:1] resul);               //结果
assign resul=opa*opb;
endmodule
```

本例用 ModelSim 运行，其 TCL 窗口输出如下，仿真波形如图 9.5 所示。

```
0    a*b  =0000000000000000=    0
40   a*b  =0010011000010000= 9744
60   a*b  =0000111100011000= 3864
80   a*b  =0001010110101000= 5544
100  a*b  =0001101010111000= 6840
120  a*b  =0001111100111000= 7992
```

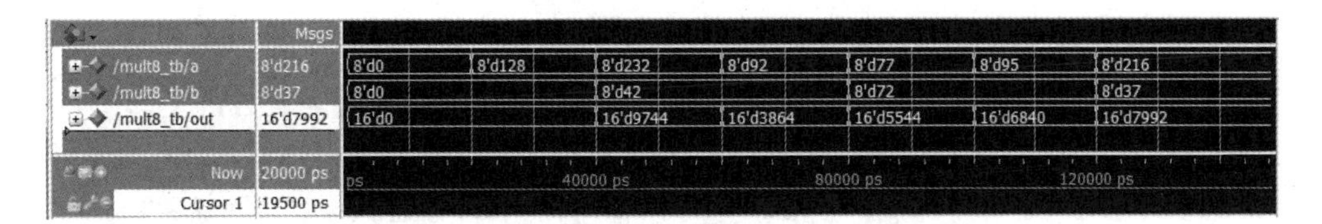

图 9.5　8 位乘法器的仿真波形图

9.2.2　数据选择器测试

2 选 1 MUX 的 Test Bench 测试源码如例 9.6 所示，调用门级原语实现，图 9.6 是其门级原理图。

【例 9.6】　2 选 1 MUX 的 Test Bench 测试。

```
`timescale 1ns/1ns
module mux21_tb;
reg a,b,sel;
wire out;
mux2_1 m1(out,a,b,sel);      //调用待测试模块
initial begin  a=1'b0;b=1'b0;sel=1'b0;
     #30 b=1'b1;
     #10 sel=1'b1;
     #10 a=1'b1;
     #20 b=1'b0;
     #10 sel=1'b0;
     #30 $stop;
end
initial $monitor($time,,,"a=%b b=%b sel=%b out=%b",a,b,sel,out);
endmodule
//---------------------------------------
module mux2_1(out,a,b,sel);      //待测的 2 选 1 MUX 模块
input a,b,sel; output out;
not #(1.4,1.3) (sel_,sel);       //#(1.4,1.3)为门延时
and #(1.7,1.6) (a1,a,sel_);
and #(1.7,1.6) (a2,b,sel);
or #(1.5,1.4) (out,a1,a2);
endmodule
```

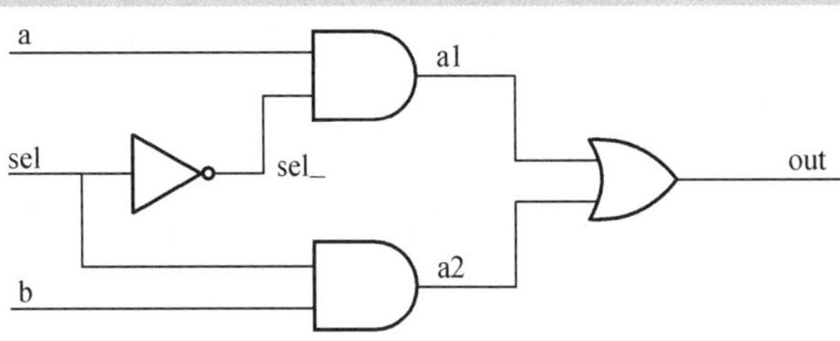

图 9.6　2 选 1 MUX 门级原理图

该例的仿真波形如图 9.7 所示，从图中可以看出，输入 a、b、sel 的值变了，out 经过相应的门延时后才改变。

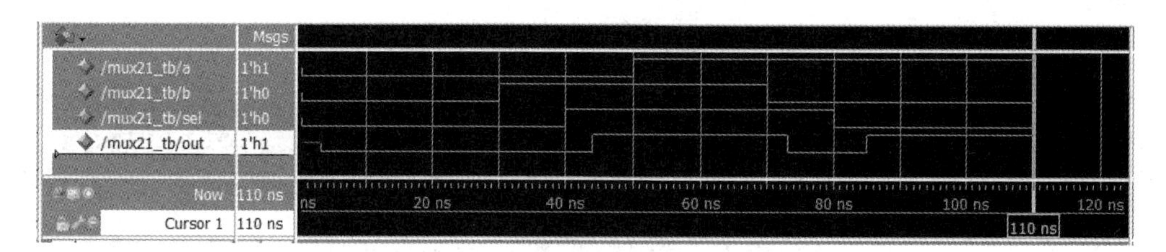

图 9.7　2 选 1 MUX 的仿真波形图

9.2.3　格雷码计数器

例 9.7 给出 5 位格需码计数器的 Test Bench 仿真的例子。

【例 9.7】　5 位格雷码计数器的 Test Bench 仿真。

```
`timescale 1ns/1ns
module gray_count_tb;
parameter WIDTH = 5;
parameter PERIOD = 20;       //定义时钟周期为 20ns
reg clk,rst;
wire[WIDTH-1 : 0] count;
wire count_done;
initial begin clk = 0;
   forever begin #(PERIOD/2) clk = ~clk;
   end end
initial begin
   rst <= 0;                  //复位信号
   repeat(2) @(posedge clk);
   rst <= 1;
  end
gray_count #(.WIDTH(WIDTH)) i1( .rst(rst),
          .clk(clk), .count(count), .count_done(count_done));
initial  $monitor($time,,,"count =%b",count);
endmodule
//---------待测的 5 位格雷码计数器模块---------------
module gray_count
    #(parameter WIDTH = 5)
     (input clk, rst,
      output[WIDTH-1 : 0] count,
      output count_done);
reg [WIDTH - 1 : 0] bin_cnt = 0;
reg [WIDTH - 1 : 0] gray_cnt;
always@(posedge clk)
begin if(!rst)
    begin bin_cnt <= 0; gray_cnt <= 0; end
    else begin bin_cnt <= bin_cnt + 1;
    gray_cnt <= bin_cnt ^ bin_cnt >>> 1;    //二进制码转格雷码
end  end
```

```
assign count = gray_cnt;
assign count_done = (gray_cnt == 0) ? 1 : 0;
endmodule
```

本例在 ModelSim 中用 run 1000ns 命令进行仿真，得到图 9.8 所示的仿真波形，TCL 窗口输出如下。

```
0    count =xxxxx
10   count =00000
70   count =00001
90   count =00011
110  count =00010
130  count =00110
150  count =00111
170  count =00101
190  count =00100
210  count =01100
230  count =01101
250  count =01111
270  count =01110
290  count =01010
310  count =01011
330  count =01001
350  count =01000
370  count =11000
390  count =11001
410  count =11011
430  count =11010
450  count =11110
470  count =11111
490  count =11101
510  count =11100
530  count =10100
550  count =10101
570  count =10111
590  count =10110
610  count =10010
630  count =10011
650  count =10001
670  count =10000
690  count =00000
```

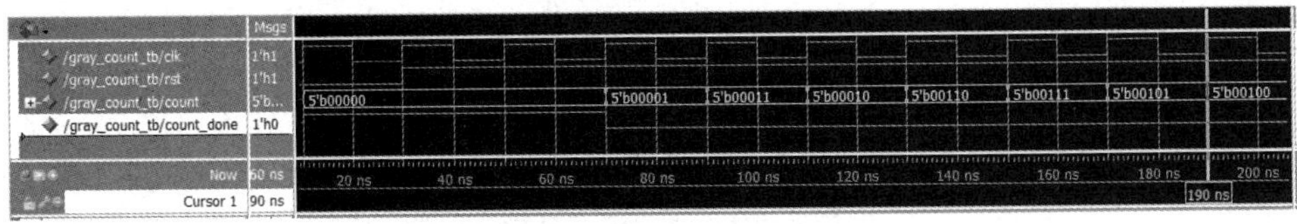

图 9.8　5 位格雷码计数器的仿真波形图

9.3 specify 块

Verilog HDL 可以对模块中指定的路径进行延时定义，用关键字 specify 和 endspecify 描述，这两个关键字之间组成 specify 块。

specify 块是模块中独立的一部分，不能出现在其他语句块（如 initial、always 等）中，specify 块有一个专用的关键字 specparam 用来定义参数，用法和 parameter 一样，不同点是两者的作用域不同：specparam 可以在 specify 块内，也可以在模块（module）内声明并使用；而 parameter 只能在模块（module）内、specify 块外部声明并使用。

specify 块语句的作用包括：

- 描述模块内的各种路径，指定路径中源与目标之间的延时；
- 进行时序检查（timing check）。

9.3.1 specify 块简介

Verilog HDL 中描述的延时可分为两类。

1. 分布延时（distributed delay）

分布延时指事件通过模块内的门元件和 net 网表传输所需的时间。例如：

```
module distrib(
      input  a, b, c, d,
      output  f);
wire  f1, f2 ;
nand #3 (f1, a, b);    //与非门分布延时为 3
nand #4 (f2, c, d);
assign #5 f = f1 ^ f2;
endmodule
```

2. 模块路径延时（module path delay）

模块路径延时描述事件从源端口（input 端口或 inout 端口）传输到目标端口（output 端口或 inout 端口）所需的时间。

下面是一个定义 specify 块的例子，用 specparam 语句定义延时参数。

```
module dff_path(
       input  d,
       input  clk,
       output reg  q);
specify
     specparam t_rise = 2 : 2.5 : 3;
     specparam t_fall = 2 : 2.6 : 3;
     specparam t_turnoff = 1.5 : 1.8 : 2.0;
     (clk => q) = (t_rise, t_fall, t_turnoff);
endspecify
always@(posedge clk)
    q <= d ;
```

```
endmodule
```

可给任意模块路径指定 1 个、2 个、3 个（甚至 6 个或 12 个）延时参数，如果指定了 3 个延时，则分别是

```
t_rise, t_fall, t_turnoff   //分别是上升延时、下降延时、关断（turn-off）延时
```

例如：

```
specparam tPLH1 = 12, tPHL1 = 22, tPz1 = 34;
specparam tPLH2 = 12:14:30, tPHL2 = 16:22:40, tPz2 = 22:30:34;
(C => Q) = (tPLH1, tPHL1, tPz1);
(C => Q) = (tPLH2, tPHL2, tPz2);
```

如果只指定 1 个延时值，则上升、下降、关断（turn-off）延时均为该值；如果指定 2 个延时值，则分别是上升延时和下降延时。

每一种延时又可以指定为 3 个值：即 delay 信息分为 min、typ 和 max 三种。

```
min   : typ : max         //最小值 : 典型值 : 最大值
```

下面是用 specify 块为模块路径指定延时的又一个例子。

```
specify
   specparam tRise_clk_q = 45:150:270, tFall_clk_q=60:200:350;
   specparam tRise_Control = 35:40:45, tFall_control=40:50:65;
   //模块路径延时定义
   (clk => q) = (tRise_clk_q, tFall_clk_q);
   (clr, pre *> q) = (tRise_control, tFall_control);
endspecify
```

9.3.2　模块路径延时

在 specify 块中描述的路径，称为模块路径（module path），模块路径将信号源（source）与信号目标（destination）配对，信号源可以是单向（input 端口）或双向（inout 端口），信号目标也可以是单向（output 端口）或双向（inout 端口），模块路径可以连接向量和标量的任意组合。

模块路径可以被描述为简单路径、边缘敏感路径或状态相关路径。

1. 简单路径（simple path）

简单路径可用以下两种格式中的任意一种来声明。

（1）并行连接（parallel connections）：source => destination;

每条路径语句都有一个源和一个目标，每一位都对应相连，如果是向量必须位数相同。例如：

```
(A => Q) = 10;
(B => Q) = (12);
```

（2）全连接（full connection）：source *> destination;

位对位连接，如果源和目标是向量，则不必位数相同，类似于交叉相连。

图 9.9 说明了两个 4 位向量之间的并行连接与全连接的区别。

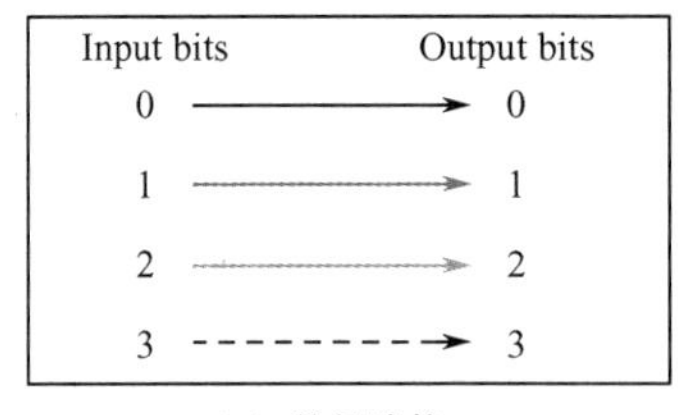

（a）并行连接

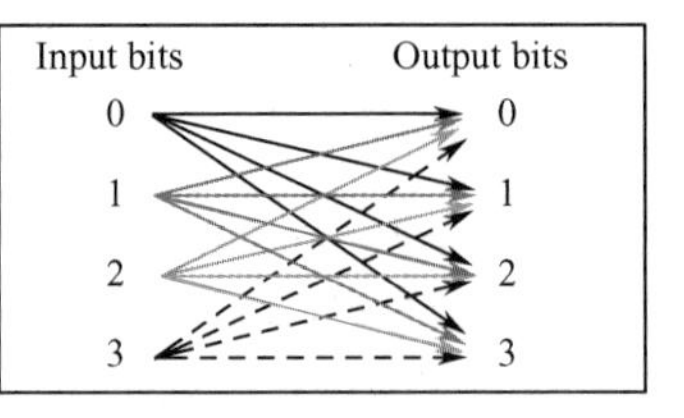

（b）全连接

图 9.9　两个 4 位向量之间的并行连接与全连接

例如：

```
(C, D *> Q) = 18;
(a, b *> q, qn) = 1;
        //等价于(a => q) = 1; (b => q) = 1; (a => qn) = 1; (b => qn) = 1;
```

再如：

```
(a, b, c *> q1, q2) = 10;
```

上面的语句等价于下面 6 条模块路径延时语句：

```
(a *> q1) = 10;
(b *> q1) = 10;
(c *> q1) = 10;
(a *> q2) = 10;
(b *> q2) = 10;
(c *> q2) = 10;
```

下例描述了具有 2 个 8 位输入和 1 个 8 位输出的 2 选 1 数据选择器的模块路径。

```
module mux8(in1, in2, s, q);
output [7:0] q;
input [7:0] in1, in2;
input s;
  ...   //省略了功能描述
  specify
    (in1 => q) = (3, 4);
    (in2 => q) = (2, 3);
    (s *> q) = 1;
  endspecify
endmodule
```

2. 边沿敏感的路径（edge sensitive path）

边沿敏感的路径指源点（source）使用边沿触发的路径，并使用 posedge/negedge 关键字作为触发条件，如果没有指明，那么就是任何变化都会触发终点（destination）的变化。例如：

```
(posedge clock => (out +: in)) = (10, 8);
    //在 clock 的上升沿，从 clock 到 out 的模块路径，其上升延时是 10，下降延时是 8
    //数据路径从 in 到 out，即 out = in
```

再如：

```
(negedge clock[0] => ( out -: in )) = (10, 8);
    //在 clock[0]的下降沿，从 clock[0]到 out 的模块路径，上升延时是 10，下降延时是 8
```

```
    //从 in 到 out 的数据路径是反向传输，即 out = ~in
```

下例是不包含 posedge/negedge 关键字的边沿敏感的路径定义：

```
(clock => ( out : in )) = (10, 8);
  //clock 的任何变化，从 clock 到 out 的模块路径，其上升延时是 10，下降延时是 8
```

3. 状态相关的路径（state-dependented path）

与状态相关的路径，指源点（source）指定条件状态的路径，用 if 语句（不带 else）指定，只有当指定的条件为真时，才为该路径指定延时。

下例使用与状态相关的路径来描述 XOR 门的时序，在该例中，前两个与状态相关的路径描述了当 XOR 门（x1）对输入取反时的输出上升和下降延时，后两条与状态相关的路径描述了当 XOR 门对输入缓冲时的上升和下降延时。

```
module XORgate (a, b, out);
input a, b;
output out;
xor x1 (out, a, b);
  specify
  specparam noninvrise = 1, noninvfall = 2;
  specparam invertrise = 3, invertfall = 4;
    if (a) (b => out) = (invertrise, invertfall);
    if (b) (a => out) = (invertrise, invertfall);
    if (~a)(b => out) = (noninvrise, noninvfall);
    if (~b)(a => out) = (noninvrise, noninvfall);
  endspecify
endmodule
```

9.3.3 模块路径延时和分布延时混合

如果一个模块中既有模块路径延时，又有分布延时，则应使用每个路径的两个延时中较大的那个。

例如，在图 9.10 中，从 D 到 Q 的模块路径上的延时是 22，但是沿着该模块路径上的分布式延时现在加起来是 10+20=30，故应取分布式延时，就是说由 D 上的事件引起的 Q 上的事件将在 D 上的事件发生后延时 30 个时间单位。

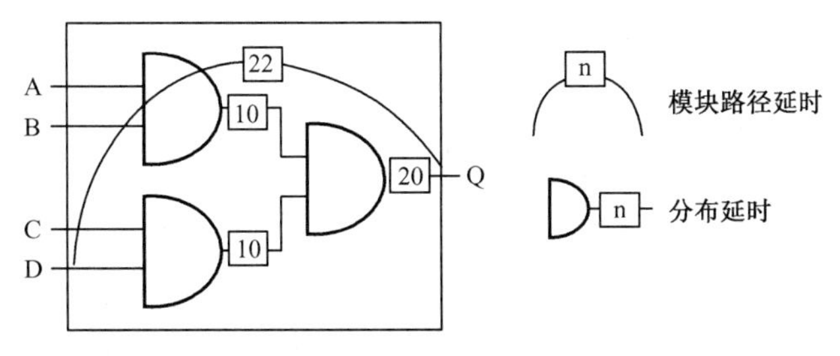

图 9.10　模块路径延时和分布延时的混合

9.4 时序检查

时序检查（timing check）的目的是确定信号是否满足时序约束，时序检查只能在 specify

块中定义。

Verilog HDL 提供了一些系统任务，用于时序检查，这些系统任务只能在 specify 块中调用。常用的用于时序检查的系统任务包括$setup、$hold、$recovery、$removal、$width 和$period。通过系统任务$setup、$hold、$width 指定路径延时，目的是让仿真的时序更加接近实际电路的时序。利用时序约束对数字设计进行时序检查，看是否存在违反时序约束的地方，并加以修改。时序检查是数字设计中不可或缺的过程。

9.4.1　$setup 和$hold

系统任务$setup 用来检查设计中时序元件的建立时间约束条件，$hold 用来检查保持时间约束条件。

建立时间和保持时间示意图如图 9.11 所示，在时序元件（如边沿触发器）中，建立时间是数据必须在有效时钟边沿之前到达的最小时间；保持时间是数据在有效时钟边沿之后保持不变的最小时间。

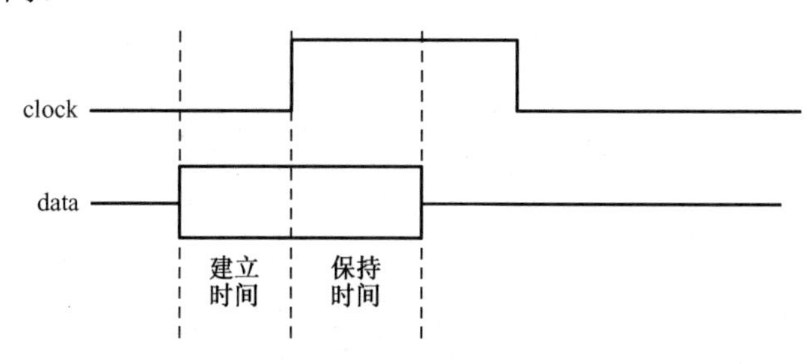

图 9.11　建立时间和保持时间示意图

（1）$setup 使用格式如下：

```
$setup(data_event, ref_event, setup_limit);
```

- data_event：被检查的信号，判断它是否违反约束；
- ref_event：用于检查的参考信号，一般为时钟信号的跳变沿；
- setup_limit：设置的最小建立时间。

如果 T(ref_event - data_event) < setup_limit，则会报告存在违反约束。

例如：

```
specify
   $setup(data, posedge clock, 3);
   //clock 作为参考信号，data 是被检查的信号
   //如果 T(posedge_clock - data) < 3,则报告违反约束
endspecify
```

再如：

```
module DFF (Q, CLK, DAT);
input CLK;
input [7:0] DAT;
output [7:0] Q;
always @(posedge CLK)
      Q = DAT;
  specify
     $setup(DAT, posedge CLK, 10);
```

```
  endspecify
endmodule
```

（2）$hold 使用格式如下：

```
$hold(ref_event, data_event, hold_limit);
```

- data_event：被检查的信号，判断它是否违反约束；
- ref_event：用于检查的参考信号，一般为时钟信号的跳变沿；
- hold_limit：设置的最小保持时间。

如果 T(data_event - ref_event) < hold_limit，则会报告存在违反约束。

注：$setup 和$hold 输入信号的位置是不同的。

例如：

```
specify
   $hold(posedge clock, data, 5);
   //clock 作为参考信号，data 是被检查的信号
   //如果 T(data - posedge_clock) < 5,则报告违反约束
endspecify
```

（3）$setuphold

Verilog 还提供了同时检查建立时间和保持时间的系统任务$setuphold，其格式为

```
$setuphold(ref_event, data_event, setup_limit, hold_limit);
```

9.4.2　$width 和$period

系统任务$width 和$period 用于对脉冲宽度或周期进行检查，$width 和$period 分别表示脉冲宽度和周期，其示意图如图 9.12 所示。

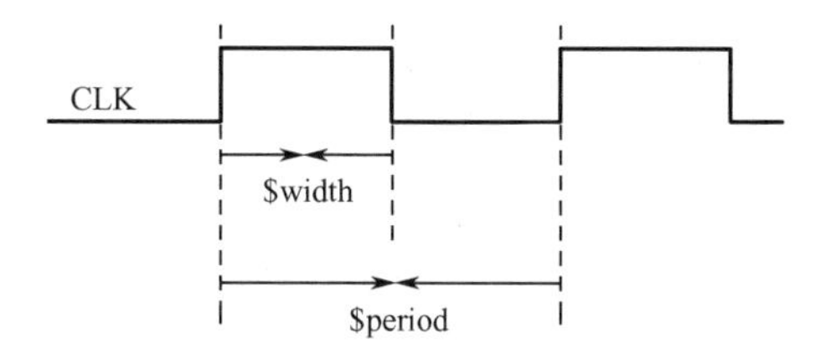

图 9.12　$width 和$period 示意图

（1）$width 的用法如下：

```
$width(ref_event, time_limit);
```

- ref_event：边沿触发事件；
- time_limit：脉冲的最小宽度。

$width 用于检查边沿触发事件 ref_event 到下一个反向跳变沿之间的时间，常用于检查脉冲宽度是否满足最小宽度要求，如果两个反向跳变沿之间的时间小于 time_limit，则报告存在违反约束。

（2）$period 的用法如下：

```
$period(ref_event, time_limit);
```

$period 用于检查边沿触发事件 ref_event 到下一个同向跳变沿之间的时间，常用于时钟周期的检查，如果两次同向跳边沿之间的时间小于 time_limit，则报告存在违反约束。

检查信号 CLK 宽度和周期的 specify 块描述如下：

```
specify
```

```
    $width(posedge clock, 6);
    //clock 信号的正跳变与下一个反向负跳变间的时间 < 6,则报告违反约束
    $period(posedge clk, 20);
    //clk 的正跳变作为 ref_event，其与下一个正跳变间的时间 < 20,则报告违反约束
endspecify
```

9.5　SDF 文件

延时反标注是设计者根据单元库工艺、门级网表、版图中的电容电阻等信息，借助数字设计工具将延时信息标注到门级网表中的过程。利用延时反标注后的网表，可以进行精确的时序仿真，使仿真更接近实际工作的数字电路。

1. SDF 文件

SDF（Standard Delay Format，标准延时格式）文件包含仿真用到的所有延时和时序约束的参数。

SDF 文件包含指定路径延时（specify path delay）、参数值（specparam value）、时序检查约束（timing check constraint）、互连线延时（interconnect delay）等仿真时序值，还包含一些和仿真不相关的说明信息。

SDF 文件的时序值通常来自延时计算工具，延时工具充分使用连接值，工艺库和布线值等计算出各种时序值。

SDF 文件用关键字 DELAYFILE 声明，并包含 DESIGN、DATE 等关键字信息。

延时和时序约束参数均在 CELL 内说明。

SDF 文件就是由文件声明信息和很多个不同的 CELL 组成的。

2. SDF 文件的反标注

反标注 SDF 就是把 SDF 文件中的时序值标注到设计中，这样就可以使用真实的时序值对设计进行仿真。

反标注 SDF 文件的过程，就是更新 specify 块相对应信息的过程，如果 SDF 文件没有包含某些信息，则参考 specify 块中的相应信息。SDF 时序信息在 CELL 内部描述，包含指定路径延时、互连线延时、时序检查约束和参数值等信息。

Verilog HDL 提供了系统函数$sdf_annotate 调用 SDF 文件完成延时反标注的过程。

$sdf_annotate 使用格式如下：

```
$sdf_annotate('sdf_file'[, module_instance][,'config_file']
        [,'log_file'][,'mtm_spec'][,'scale_factors'][,'scale_type']);
```

其中，sdf_file 必须指定，其余参数可选。

- sdf_file：SDF 文件名字，包含路径信息。
- module_instance：例化的设计模块名字，一般为 Test Bench 中所例化的数字设计模块名称，注意和 SDF 文件内容中的声明保持层次上的一致。
- log_file：编译时关于 SDF 的日志，方便查阅。
- mtm_spec：指定使用的延时类型，选项包括 Maximum、Minimum、Typical，分别表示使用 SDF 文件中标注的最大值、最小值或典型值。

习　题　9

9.1　什么是仿真？仿真一般分为哪几种？

9.2　什么是测试平台？测试平台有哪几个组成部分？

9.3　时序检查和时序仿真两个概念有何区别？

9.4　写出产生占空比为 1/4 的时钟信号的测试程序。

9.5　编写一个时钟波形产生器，产生正脉冲宽度为 15ns、负脉冲宽度为 10ns 的时钟波形，分别用 always 语句和 initial 语句完成本设计。

9.6　编写一个模 10 计数器程序（含异步复位端），编写 Test Bench 测试程序并对其进行仿真。

9.7　编写奇偶检测电路，输入码字位宽为 3，编写 Test Bench 测试程序并对奇偶检测电路进行仿真。

9.8　如果不用 initial 语句，能否描述生成时钟信号？

9.9　编写一个 4 位的比较器，并对其进行测试。

9.10　编写一个测试程序，对 D 触发器的逻辑功能进行测试。

9.11　设计乘累加器（Multiply ACcumulator，MAC），用 ModelSim 进行仿真。乘累加器实现相乘和累加的功能，图 9.13 是其框图。

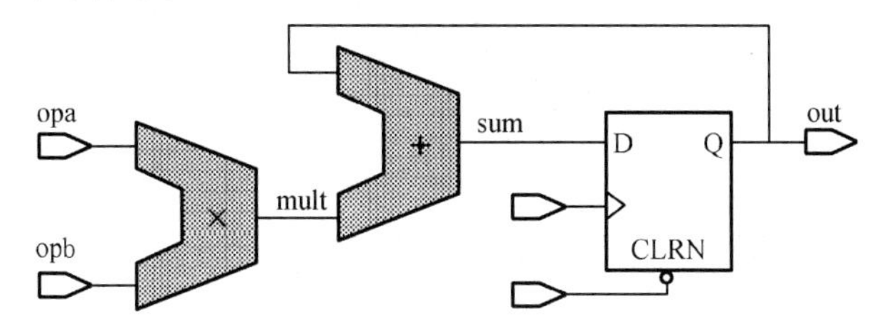

图 9.13　乘累加器的框图

第 10 章　面向综合的设计

本章讨论可综合的设计，以加法器、乘法器、存储器等常用数字部件的设计为例，给出实现方法，并采用属性语句控制其特性。本章还讨论设计的优化，包括资源耗用的优化、速度和功耗的优化，以使设计尽量做到省面积、高速度和低功耗。

10.1　可综合的设计

可综合是指设计代码能转化为电路网表（netlist）结构。在用 FPGA 器件实现的设计中，综合就是将 Verilog HDL 描述的行为级或功能级电路模型转化为 RTL 级功能块或门级电路网表的过程。图 10.1 是综合过程的示意图。

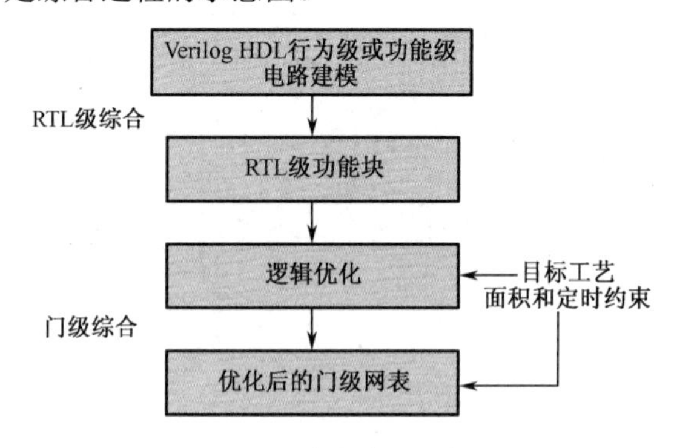

图 10.1　综合过程示意图

RTL 级综合后得到由功能模块（如触发器、加法器、数据选择器等）构成的电路结构，逻辑优化器以用户设定的面积和定时约束（Constraint）为目标优化电路网表，针对目标工艺产生优化后的电路门级网表结构。Verilog HDL 中没有专门的触发器和寄存器元件，因此，不同的综合器提供不同的机制来实现触发器和寄存器，不同的综合器有自己独特的电路建模方式。Verilog HDL 的基本元素和硬件电路的基本元件之间存在对应关系，综合器使用某种映射机制或构造机制将 Verilog HDL 元素转变为具体的硬件电路元件。

在进行可综合的电路设计时，应注意以下几点。

- 尽可能采用同步方式设计电路。
- 可混合采用行为级建模、数据流建模和结构建模等方式来实现设计。
- 不使用循环次数不确定的循环语句，如 forever、while 等。
- 设计中的延时信息会被忽略。
- 组合逻辑实现的电路和时序逻辑实现的电路应尽量分配到不同的 always 过程中。
- 一个 always 过程中只允许描述对应于一个时钟信号的同步时序逻辑。多个 always 过程之间可通过信号线进行通信和协调。为了达到多个过程协调运行，可设置一些握手信号，在过程中检测这些握手信号的状态，以决定是否进行操作。

- 所有的内部寄存器都应该能够被复位，在使用 FPGA 实现设计时，应尽量使用器件的全局复位端作为系统总的复位，因为该引脚的驱动功能最强，到所有逻辑单元的延时也基本相同。同样道理，应尽量使用器件的全局时钟端作为系统外部时钟输入端。
- 运算电路中应慎重使用乘法*、除法/、求余数%等操作符，这些操作符综合后生成的电路，其结构、资源耗用和时序往往不易控制，可尽量使用优化后的 IP 核和成熟的电路模块来实现此类操作。
- 尽量不要用除法，除以常数可以用乘以定点常数的方法来代替。
- 尽量避免使用锁存器（Latch），锁存器是电平触发的存储单元，其缺点是对毛刺敏感，使能信号有效时，输出状态可能随输入状态多次变化，产生空翻，会影响后一级电路；锁存器不能异步复位，上电后处于不确定状态。
- 在 Verilog HDL 模块中，任务（task）通常被综合成组合逻辑的形式；函数（function）在调用时通常也被综合为一个独立的组合电路模块。

每种综合器都定义了自己的 Verilog HDL 可综合子集。表 10.1 列举了多数综合器支持的 Verilog HDL 结构，并说明了某些结构和语句的使用限制（符号“√”表示可综合）。

表 10.1　综合器支持的 Verilog HDL 结构

Verilog HDL 结构	可综合性说明
module, macromodule	√
数据类型：wire, reg, integer, parameter	√
端口类型：input, output, inout	√
运算符：+, - , *, %,&, ~&, |, ~|, ^, ^~, ==, !=, &&, ||, !,~, &, |, ^, ^~,>>, <<, ?:, {}	大部分可综合；全等运算符（=== !==）不支持；多数工具对除法（/）和求模（%）有限制；如对除法（/）操作，只有当除数是常数且是 2 的指数时才支持
基本门元件：and, nand, nor, or, xor, xnor, buf, not, bufif1, bufif0, notif1, notif0, pullup, pulldown	全部可综合；但某些综合器对取值为 x 和 z 有所限制
连续赋值：assign	√
过程赋值：阻塞赋值（=），非阻塞赋值（<=）	支持，但对同一 reg 型变量只能采用阻塞和非阻塞赋值中的一种赋值
条件语句：if-else, case, casez, endcase	√
for 循环语句	√
always 过程语句，begin-end 块语句	√
initial	√
function, endfunction	√
task, endtask	一般支持，少数综合器不支持
编译指示：`include, `define, `ifdef, `else, `endif	√
primitive, endprimitive	√

有些 Verilog HDL 语法结构在综合器中将被忽略，如延时信息等。表 10.2 对容易被综合器忽略的 Verilog HDL 结构进行了总结，表 10.3 则汇总了综合器不支持的 Verilog HDL 结构。

表 10.2　综合器易忽略的 Verilog HDL 结构

Verilog HDL 结构	可综合性说明
延时控制, scalared, vectored, specify	这些语句和结构在综合时全被忽略
small, large, medium	
weak1, weak0, highz0, highz1, pull0, pull1	
time	有些综合工具将其视为整数（integer）
wait	有些综合工具有限制地支持

表 10.3　综合器不支持的 Verilog HDL 结构

Verilog HDL 结构	可综合性说明
在 assign 持续赋值中，等式左边含有变量的位选择	一般的综合器都不支持这些结构和语句，用这些语句描述的程序代码不能转化为具体的电路网表结构。但这些结构都能够被仿真工具（如 ModelSim 等）所支持
全等运算符 === 　!==	
cmos, nmos, rcmos, rnmos, pmos, rpmos	
deassign , defparam, event, force, release	
fork- join, forever, while, repeat, casex	
rtran, tran, tranif0, tranif1, rtranif0, rtranif1	
table, endtable	

10.2　加法器设计

加法运算是最基本的算术运算，在多数情况下，无论乘法、除法、减法还是 FFT 等运算，最终都可以分解为加法运算来实现。实现加法运算的常用方法包括行波进位加法器、超前进位加法器、并行加法器、流水线加法器等。

10.2.1　行波进位加法器

图 10.2 所示的加法器由多个 1 位加法器级联构成，其进位输出像波浪一样，依次从低位到高位传递，因此得名行波进位加法器（Ripple-Carry Adder，RCA），或称为级联加法器。

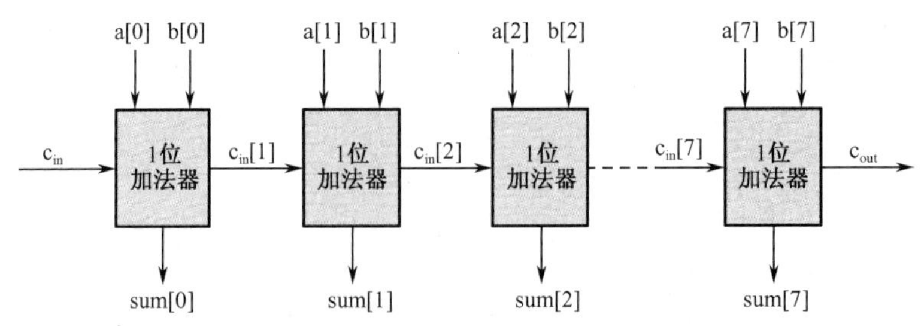

图 10.2　8 位行波进位加法器结构图

例 10.1 是 8 位行波进位加法器的代码，采用例化 8 个全加器级联实现。

【例 10.1】　8 位行波进位加法器。

```
module add_rca_jl(
        input[7:0] a,b, input cin,
```

```
            output[7:0] sum, output cout);
full_add u0(a[0],b[0],cin,sum[0],cin1);     //级联描述
full_add u1(a[1],b[1],cin1,sum[1],cin2);
full_add u2(a[2],b[2],cin2,sum[2],cin3);
full_add u3(a[3],b[3],cin3,sum[3],cin4);
full_add u4(a[4],b[4],cin4,sum[4],cin5);
full_add u5(a[5],b[5],cin5,sum[5],cin6);
full_add u6(a[6],b[6],cin6,sum[6],cin7);
full_add u7(a[7],b[7],cin7,sum[7],cout);
endmodule
```

可采用 generate 简化上面的例化语句，用 generate for 循环产生元件的例化，如例 10.2 所示。

【例 10.2】　采用 generate for 循环描述的 8 位行波进位加法器。

```
module add_rca_gene #(parameter SIZE=8)
          (input[SIZE-1:0] a,b,
           input cin,
           output[SIZE-1:0] sum,
           output cout);
wire[SIZE:0] c;
assign c[0]=cin;
generate
genvar i;
  for(i=0;i<SIZE;i=i+1)
  begin : add      //命名块
  full_add fi(a[i],b[i],c[i],sum[i],c[i+1]);
  end
endgenerate
assign cout=c[SIZE];
endmodule
```

行波进位加法器的结构简单，但 *n* 位级联加法运算的延时是 1 位全加器的 *n* 倍，延时主要是由进位信号级联造成的，因此影响了加法器的速度。

10.2.2　超前进位加法器

行波进位加法器的延时主要是由进位的延时造成的，因此，要加快加法器的运算速度，就必须减小进位延迟，超前进位链能有效减小进位的延迟，由此产生了超前进位加法器（Carry-Lookahead Adder，CLA）。超前进位的推导在很多图书和资料中都能找到，这里只以 4 位超前进位链的推导为例介绍超前进位的概念。

首先，1 位全加器的本位值和进位输出可表示如下：

$$\mathrm{sum} = \mathrm{a} \oplus \mathrm{b} \oplus \mathrm{c_{in}}$$

$$\mathrm{c_{out}} = (\mathrm{a}\bullet\mathrm{b})+(\mathrm{a}\bullet\mathrm{c_{in}})+(\mathrm{b}\bullet\mathrm{c_{in}}) = \mathrm{ab}+(\mathrm{a}+\mathrm{b})\mathrm{c_{in}}$$

从上面的式子可以看出，如果 a 和 b 都为 1，则进位输出为 1；如果 a 和 b 有一个为 1，则进位输出等于 $\mathrm{c_{in}}$。令 G = ab，P = a+b，则有 $\mathrm{c_{out}} = \mathrm{ab}+(\mathrm{a}+\mathrm{b})\mathrm{c_{in}} = \mathrm{G}+\mathrm{P}\cdot\mathrm{c_{in}}$。

由此可以用 G 和 P 写出 4 位超前进位链如下：（设定 4 位被加数和加数为 A 和 B，进

位输入为 C_{in}，进位输出为 C_{out}，进位产生 $G_i = A_iB_i$，进位传输 $P_i = A_i+B_i$）

$C_0 = C_{in}$

$C_1 = G_0+P_0C_0 = G_0+P_0 C_{in}$

$C_2 = G_1+P_1C_1 = G_1+P_1(G_0+P_0 C_{in}) = G_1+P_1G_0+P_1P_0 C_{in}$

$C_3 = G_2+P_2C_2 = G_2+P_2(G_1+P_1C_1) = G_2+P_2G_1+P_2P_1G_0+P_2P_1P_0 C_{in}$

$C_4 = G_3+P_3C_3 = G_3+P_3(G_2+P_2C_2) = G_3+P_3G_2+P_3P_2G_1+P_3P_2P_1G_0+P_3P_2P_1P_0 C_{in}$

$C_{out} = C_4$

超前进位 C_4 产生的原理从图 10.3 可以更清楚地看到，无论加法器的位数有多宽，计算进位 C_i 的延时固定为 3 级门延时，各个进位彼此独立产生，去掉了进位级联传播，因此，减小了进位产生的延迟时间。

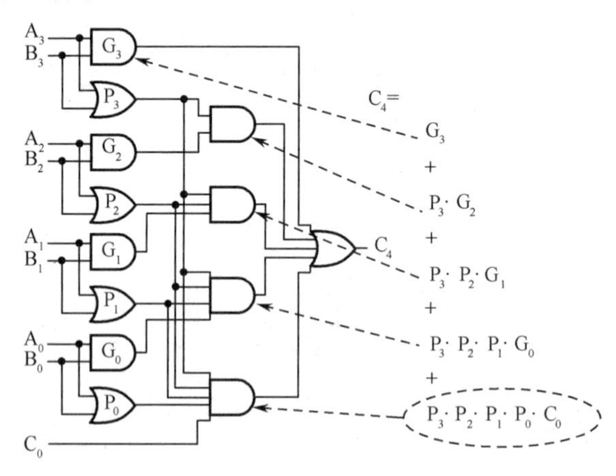

图 10.3　超前进位 C_4 产生原理图

同样可推出下面的式子：

$sum = A \oplus B \oplus C_{in} = (AB) \oplus (A+B) \oplus C_{in} = G \oplus P \oplus C_{in}$

例 10.3 是超前进位 8 位加法器的 Verilog HDL 描述。

【例 10.3】　8 位超前进位加法器。

```
module add8_ahead(
          input[7:0] a,b,  input cin,
          output[7:0] sum,  output cout);
wire[7:0] G, P, C;
assign G[0]=a[0]&b[0];                  //产生第 0 位本位值和进位值
assign P[0]=a[0]|b[0];
assign C[0]=cin;
assign sum[0]=G[0]^P[0]^C[0];
assign G[1]=a[1]&b[1];                  //产生第 1 位本位值和进位值
assign P[1]=a[1]|b[1];
assign C[1]=G[0]|(P[0]&C[0]);
assign sum[1]=G[1]^P[1]^C[1];
assign G[2]=a[2]&b[2];                  //产生第 2 位本位值和进位值
assign P[2]=a[2]|b[2];
assign C[2]=G[1]|(P[1]&C[1]);
```

```
assign sum[2]=G[2]^P[2]^C[2];
assign G[3]=a[3]&b[3];                    //产生第 3 位本位值和进位值
assign P[3]=a[3]|b[3];
assign C[3]=G[2]|(P[2]&C[2]);
assign sum[3]=G[3]^P[3]^C[3];
assign G[4]=a[4]&b[4];                    //产生第 4 位本位值和进位值
assign P[4]=a[4]|b[4];
assign C[4]=G[3]|(P[3]&C[3]);
assign sum[4]=G[4]^P[4]^C[4];
assign G[5]=a[5]&b[5];                    //产生第 5 位本位值和进位值
assign P[5]=a[5]|b[5];
assign C[5]=G[4]|(P[4]&C[4]);
assign sum[5]=G[5]^P[5]^C[5];
assign G[6]=a[6]&b[6];                    //产生第 6 位本位值和进位值
assign P[6]=a[6]|b[6];
assign C[6]=G[5]|(P[5]&C[5]);
assign sum[6]=G[6]^P[6]^C[6];
assign G[7]=a[7]&b[7];                    //产生第 7 位本位值和进位值
assign P[7]=a[7]|b[7];
assign C[7]=G[6]|(P[6]&C[6]);
assign sum[7]=G[7]^P[7]^C[7];
assign cout=C[7];                         //产生最高位进位输出
endmodule
```

同样可以采用 generate 语句与 for 循环的结合简化上面的程序，如例 10.4 所示，在 generate 语句中，用一个 for 循环产生第 *i* 位本位值，用另一个 for 循环产生第 *i* 位进位值。需要注意的是，每个 for 循环的 begin end 块语句都需要命名。

【例 10.4】　采用 generate for 循环描述的 8 位超前进位加法器。

```
module add_ahead_gen #(parameter SIZE=8)
         (input[SIZE-1:0] a,b,
          input cin,
          output[SIZE-1:0] sum,
          output cout);
wire[SIZE-1:0] G,P,C;
assign C[0]=cin;
assign cout=C[SIZE-1];

generate
genvar i;
   for(i=0;i<SIZE;i=i+1)
   begin : adder_sum                      //begin end 块命名
   assign G[i]=a[i]& b[i];
   assign P[i]=a[i]|b[i];
   assign sum[i]=G[i]^P[i]^C[i];          //产生第 i 位本位值
```

```
    end
    for(i=1;i<SIZE;i=i+1)
    begin : adder_carry
    assign C[i]=G[i-1]|(P[i-1]&C[i-1]); //产生第 i 位进位值
    end
endgenerate
endmodule
```

例 10.4 的 RTL 综合原理图如图 10.4 所示。

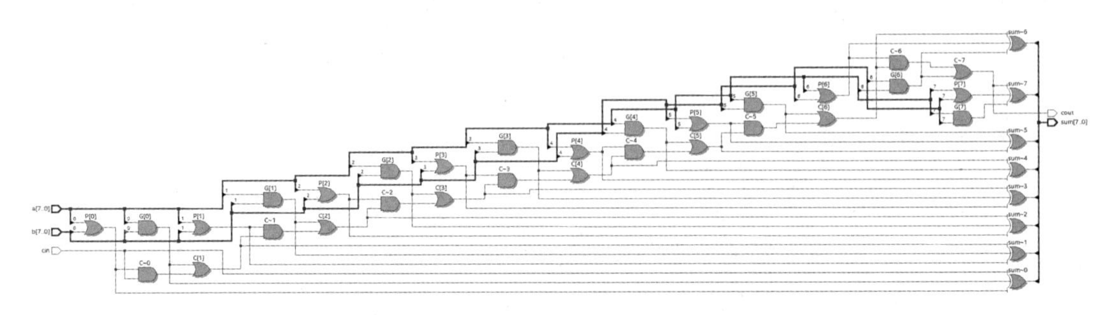

图 10.4　8 位超前进位加法器 RTL 综合原理图

为测试 8 位超前进位加法器，编写测试脚本如例 10.5 所示。

【例 10.5】　8 位超前进位加法器的测试代码。

```
`timescale 1ns/1ps
module add_ahead_gen_vt();
parameter DELY=80;
reg [7:0] a;
reg [7:0] b;
reg cin;
wire cout;
wire [7:0]  sum;
add_ahead_gen i1(.a(a),.b(b),.cin(cin),.cout(cout),.sum(sum));
initial
begin
a=8'd10;  b=8'd9;  cin=1'b0;
#DELY   cin=1'b1;
#DELY   b=8'd19;
#DELY   a=8'd200;
#DELY   b=8'd60;
#DELY   cin=1'b0;
#DELY   b=8'd45;
#DELY   a=8'd30;
#DELY   $stop;
$display("Running testbench");
end
endmodule
```

上例的门级仿真波形如图 10.5 所示，可以看到，大致延时 7～8ns 得到计算结果。

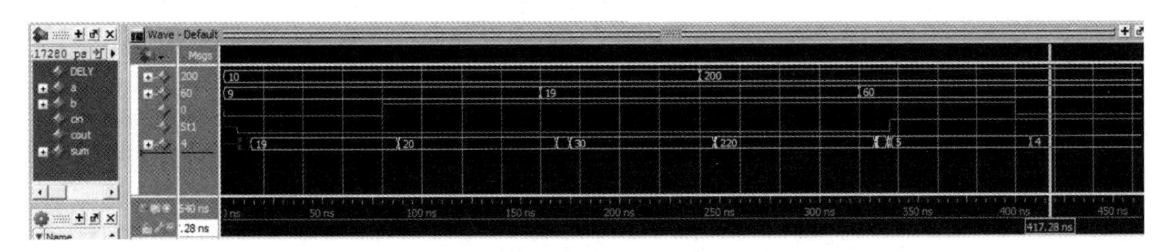

图 10.5　8 位超前进位加法器的门级仿真波形图

10.3　乘法器设计

乘法器频繁应用在数字信号处理和数字通信的各种算法中，往往影响着整个系统的运行速度。本节讨论用如下方法实现乘法运算：用乘法操作符实现、移位累加实现和查找表实现。

10.3.1　用乘法操作符实现

借助于 Verilog HDL 的乘法操作符，很容易实现乘法器，例 10.6 是一个有符号 8 位乘法器的例子，此乘法操作可由 EDA 综合软件自动转化为电路网表结构实现。

【例 10.6】　有符号 8 位乘法器。

```
module signed_mult #(parameter MSB=8)
    (input clk,
    input signed[MSB-1:0] a,b,
     output reg signed[2*MSB-1:0] out   /*synthesis multstyle="logic" */
     );                              //用属性语句定义乘法器物理实现方式
reg signed[MSB-1:0] a_reg,b_reg;
wire signed[2*MSB-1:0] mult_out;
assign mult_out = a_reg * b_reg;    //乘法运算符
always @ (posedge clk)
begin
   a_reg <= a; b_reg <= b;
   out <= mult_out;
end
endmodule
```

上例中乘积结果 out 采用属性语句定义其物理实现方式为“logic”，即采用逻辑单元(LE)来实现；需要注意的是，现在的 FPGA 器件一般都集成有嵌入式硬件乘法器(Embedded Multiplier)，用其实现乘法器又快又好，如果要用属性语句定义采用嵌入式硬件乘法器实现乘法操作的话，可用下面的语句：

```
/* synthesis multstyle="dsp" */
```

例 10.6 分别采用“logic”方式和“dsp”方式实现此乘法操作，可发现其编译结果如图 10.6 所示，用“logic”方式实现耗用 96 个 LE；用“dsp”方式实现耗用 1 个嵌入式 9 位硬件乘法器（Embedded Multiplier 9-bit element），而耗用的 LE 为 0。

如果所用的 FPGA 芯片集成有硬件乘法器，建议采用其实现乘法操作，性能更优。

Flow Summary	
<<Filter>>	
Flow Status	Successful - Sat Oct 03 23:13:43 2020
Quartus Prime Version	18.1.0 Build 625 09/12/2018 SJ Standard Edition
Revision Name	chap10
Top-level Entity Name	signed_mult
Family	Cyclone IV E
Device	EP4CE115F29C7
Timing Models	Final
Total logic elements	96 / 114,480 (< 1 %)
Total registers	32
Total pins	33 / 529 (6 %)
Total virtual pins	0
Total memory bits	0 / 3,981,312 (0 %)
Embedded Multiplier 9-bit elements	0 / 532 (0 %)
Total PLLs	0 / 4 (0 %)

Flow Summary	
<<Filter>>	
Flow Status	Successful - Sat Oct 03 23:16:54 2020
Quartus Prime Version	18.1.0 Build 625 09/12/2018 SJ Standard Edition
Revision Name	chap10
Top-level Entity Name	signed_mult
Family	Cyclone IV E
Device	EP4CE115F29C7
Timing Models	Final
Total logic elements	0 / 114,480 (0 %)
Total registers	0
Total pins	33 / 529 (6 %)
Total virtual pins	0
Total memory bits	0 / 3,981,312 (0 %)
Embedded Multiplier 9-bit elements	1 / 532 (< 1 %)
Total PLLs	0 / 4 (0 %)

图 10.6　分别采用“logic”和“dsp”方式实现乘法操作的资源耗用比较

注：用 Attribute 属性来指定乘法器实现的方式，其优先级要高于综合软件设置的乘法器实现方式。

10.3.2　布斯乘法器

移位相加乘法器可以直接处理无符号数相乘，但运算速度较慢且对于有符号数相乘运算需要附加两次原码补码转换运算。布斯算法是一种较好的解决方法，它不仅提高了运算效率，而且对于无符号数和有符号数可以统一运算。

设乘数补码表述为 $A=-a_{n-1}2^{n-1}+a_{n-2}2^{n-2}+\cdots+a_1 2^1+a_0 2^0$，可以进行分解得到：

$$\begin{aligned}A&=-a_{n-1}2^{n-1}+a_{n-2}2^{n-2}+\cdots+a_1 2^1+a_0 2^0\\&=-a_{n-1}2^{n-1}+(2a_{n-2}-a_{n-2})2^{n-2}+(2a_{n-3}-a_{n-3})2^{n-3}+\cdots+(2a_1-a_1)2^1+(2a_0-a_0)2^0\\&=(-a_{n-1}+a_{n-2})2^{n-2}+(-a_{n-2}+a_{n-3})2^{n-3}+\cdots+(-a_1+a_0)2^1+(-a_0+0)2^0\\&=\sum_{m=0}^{n-1}e_m 2^m\end{aligned}$$

$$e_m=-a_m+a_{m-1}\qquad (0\leqslant m\leqslant n-1, a_{-1}=0)$$

e_m 的取值如表 10.4 所示。

表 10.4　布斯算法差值取值表

a_m	a_{m-1}	e_m
0	0	0
0	1	1
1	0	–1
1	1	0

设被乘数为 B，则乘积为

$$F=A\times B=\left(\sum_{m=0}^{n-1}e_m 2^m\right)\times B=\left(\sum_{m=0}^{n-1}e_m B\right)\times 2^m$$

将布斯算法的推导归纳为如下的算法。

（1）乘数的最低位补 0。

（2）从乘数最低两位开始循环判断，如果是 00 或 11，则不进行加减运算，但需要移位运算；如果是 01，则与被乘数进行加法运算；如果是 10，则与被乘数进行减法运算。

（3）如此循环，一直运算到乘数最高两位，得到乘积。

下面通过 2×(−3) 及 2×5 两个运算来理解布斯算法。

```
被乘数                    0  0  1  0
乘数      ×               1  1  0  1（补0）
------------------------------------
                          0  0  0  0
          −               0  0  1  0      10进行减法
------------------------------------
                          1  1  1  0
          +            0  0  0  0         01进行加法
------------------------------------
                       0  0  0  1  0
          −         0  0  1  0            10进行减法
------------------------------------
                    1  1  1  0  1  0      11进行移位，补齐
------------------------------------
积            1  1  1  1  1  0  1  0      积为补码，表示-6
```

以上为乘数是负数时的计算实例，下面是只改变符号位、乘数是正数时的计算实例。

```
被乘数                       0  0  1  0
乘数      ×                  0  1  0  1（补0）
---------------------------------------
                             0  0  0  0
          −                  0  0  1  0   10进行减法
---------------------------------------
                             1  1  1  0
          +               0  0  1  0      01进行加法
---------------------------------------
                       0  0  0  1  0
          −         0  0  1  0            10进行减法
---------------------------------------
                    1  1  1  0  1  0      01进行加法
       +         0  0  1  0
---------------------------------------
积            0  0  0  1  1  0  1  0      积为补码，表示10
```

根据布斯乘法的基本原理，现在分析如何用 Verilog HDL 实现。以 4 位乘法器为例，设置 3 个寄存器 MA、MB 和 MR，分别存储被乘数、乘数和乘积，对 MB 低位补零后循环判断，根据判断值进行加、减和移位运算。需要注意的是，两个 n 位数相乘，乘积应该为 $2n$ 位数。高 n 位存储在 MR 中，低 n 位通过移位移入 MB。另外，进行加减运算时需要进行相应的符号位扩展。整个算法可以用图 10.7 所示的流程图表示。

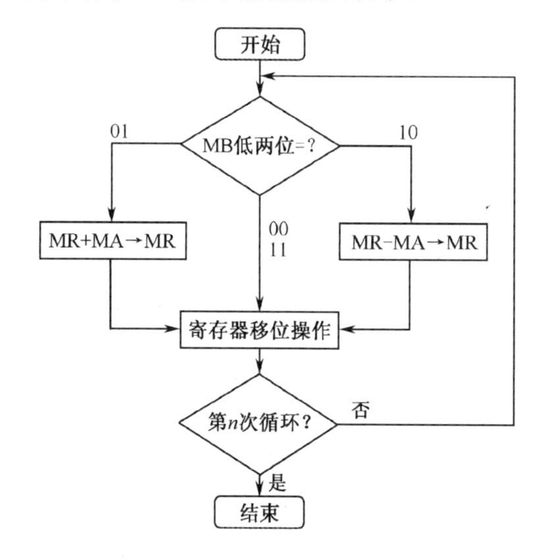

图 10.7　布斯算法流程图

布斯乘法器的 Verilog HDL 描述见例 10.7，其 Test Bench 测试代码见例 10.8。

【例 10.7】 布斯乘法器。

```
`timescale 1ns/1ns
module booth_mult
# (parameter WIDTH = 8)
      (input   rstn, clk, en,
       input[WIDTH-1:0] opa,opb,
       output reg[2*WIDTH-1:0] result,
       output reg    done);
parameter  IDLE   = 2'b00,
           ADD    = 2'b01,
           SHIFT  = 2'b11,
           OUTPUT = 2'b10;
reg[1:0]  current_state, next_state;          //状态寄存器
reg[2*WIDTH+1:0]  a_reg,s_reg,p_reg,sum_reg;
reg[WIDTH-1:0]  mul_cnt;                       //迭代计数
wire [WIDTH:0]  opb_neg;                       //opb 的负值
always @(posedge clk, negedge rstn)
  if (!rstn) current_state = IDLE;
  else current_state <= next_state;
always @(*) begin                              //状态机
  next_state = 2'bx;
  case (current_state)
    IDLE  : if(en) next_state = ADD;
            else  next_state = IDLE;
    ADD   : next_state = SHIFT;
    SHIFT : if(mul_cnt==WIDTH) next_state = OUTPUT;
            else  next_state = ADD;
    OUTPUT: next_state = IDLE;
  endcase
end
assign opb_neg = -{opb[WIDTH-1],opb};          //opb 的负值
always @(posedge clk, negedge rstn)
begin
  if (!rstn) begin
    {a_reg,s_reg,p_reg,mul_cnt,done,sum_reg,result} <= 0; end
  else begin
  case(current_state)
    IDLE : begin
      a_reg <= {opb[WIDTH-1],opb,{(WIDTH+1){1'b0}}};
      s_reg <= {opb_neg,{(WIDTH+1){1'b0}}};
      p_reg <= {{(WIDTH+1){1'b0}}, opa,1'b0};
      mul_cnt <= 0;
      done <= 1'b0;
    end
    ADD : begin
```

```
      case(p_reg[1:0])
        2'b01 : sum_reg <= p_reg+a_reg;        // + opb
        2'b10 : sum_reg <= p_reg+s_reg;        // - opb
        2'b00,2'b11 : sum_reg <= p_reg;
      endcase
      mul_cnt <= mul_cnt + 1;
    end
    SHIFT : begin                                   //右移
    p_reg <= {sum_reg[2*WIDTH+1],sum_reg[2*WIDTH+1:1]};
    end
    OUTPUT : begin
        result <= p_reg[2*WIDTH:1];
        done <= 1'b1;
    end
  endcase
end  end
endmodule
```

【例 10.8】　布斯乘法器的 Test Bench 测试代码。

```
`timescale 1ns/1ns
module booth_mult_tb;
reg clk;
reg rstn, en;
parameter WIDTH = 8;
reg [WIDTH-1:0] opa, opb;
wire  done;
wire signed[2*WIDTH-1:0] result;
wire signed [WIDTH-1:0]  op1;
wire signed [WIDTH-1:0]  op2;
reg  signed [2*WIDTH-1:0] res_ref;
reg[2*WIDTH-1:0]  res_ref_un;
assign op1 = opb[WIDTH-1:0];
assign op2 = opa[WIDTH-1:0];

booth_mult #(.WIDTH(WIDTH))
    i1 (.clk(clk), .rstn(rstn), .en(en), .opb(opb),
         .opa(opa), .done(done), .result(result));

always #10 clk = ~clk;
integer num_good;
integer i;
initial begin
     clk = 1;  en = 0;  rstn = 1;
  #20 rstn = 0;
  #20 rstn = 1;
     num_good = 0;  opb=0;  opa=0;
```

```
    #20;
    for(i=0; i<4; i=i+1) begin
      en = 1;
      opb=$random % 125;          //每次产生一个-124～124之间的随机数
      opa=$random % 9;            //每次产生一个-8～8之间的随机数
      wait(done == 0);
      wait(done == 1);
      res_ref=op1*op2;
      res_ref_un=op1*op2;
      if(res_ref !== result)
     $display("opb = %d opa = %d proudct =%d",op1,op2,result);
          @(posedge clk);
    end
    $display("sim done. num good = %d",num_good);
  end
  initial begin
      $fsdbDumpvars();
      $fsdbDumpMDA();
      $dumpvars();
      #2000 $stop;
  end
  endmodule
```

本例的仿真波形如图 10.8 所示。

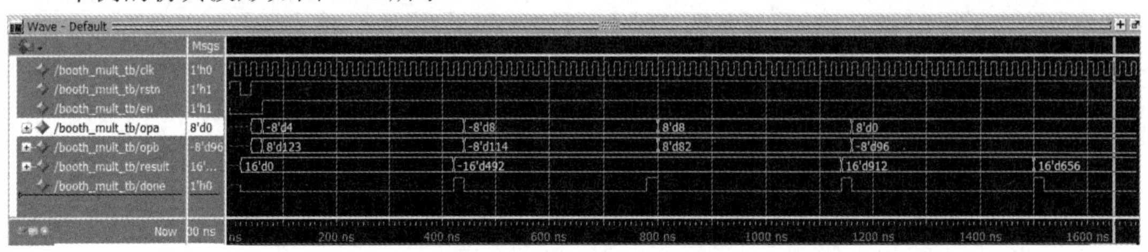

图 10.8　布斯乘法器的仿真波形图

10.3.3　查找表乘法器

查找表乘法器将乘积结果直接存放在存储器中，将操作数（乘数和被乘数）作为地址访问存储器，得到的数值就是乘法运算的结果。查找表乘法器的运算速度只局限于所用存储器的存取速度。但查找表的规模随着操作数位数的增加而迅速增大，如要实现 4×4 乘法运算，要求存储器的地址位宽为 8 位，字长为 8 位；要实现 8×8 乘法运算，就要求存储器的地址位宽为 16 位，字长为 16 位，即存储器大小为 1Mbit。

1. *用常数数组存储乘法结果*

例 10.9 采用查找表实现 4×4 乘法运算。本例中定义了尺寸为 8×256 的数组（存储器），将 4×4 二进制乘法的结果存在 mult_lut.txt 文件中，在系统初始化时用系统任务$readmemh 将其读入存储器 result_lut 中，然后用查表方式得到乘法操作的结果（乘数、被乘数作为存储器地址），并用两个数码管显示结果。

【例 10.9】　查找表乘法器。

```
`timescale 1ns/1ns
module mult_lut(
      input[3:0]     op_a,           //被乘数
      input[3:0]     op_b,           //乘数
      output[6:0]    hex1,           //用两个数码管显示结果
      output[6:0]    hex0);
wire [7:0]  result;                 //乘操作结果
reg[7:0] result_lut[0:255]  /*synthesis ramstyle ="M4K" */;
                                    //定义存储器
initial
  begin
       $readmemh("mult_lut.txt",result_lut);
       /* 将 mult_lut.txt 中的数据装载到存储器 result_lut 中,
         默认起始地址从 0 开始, 到存储器的结束地址结束  */
  end
assign result = result_lut[({op_b, op_a})];    //查表得到结果
//-----------数码管译码显示模块例化-------------
hex4_7 i1(.hex(result[7:4]),
          .g_to_a(hex1));          //数码管显示高位
hex4_7 i2(.hex(result[3:0]),
          .g_to_a(hex0));          //数码管显示低位
endmodule
```

乘法的结果采用两个数码管显示，图 10.9 是 7 段数码管（Seven-Segment Display，SSD）显示译码的示意图，输入为 0 到 F 共 16 个数字，通过数码管的 a 到 g 共 7 个发光二极管译码显示，DE10-Lite 目标板上的 7 段数码管属于共阳极连接，为 0 则该段点亮。

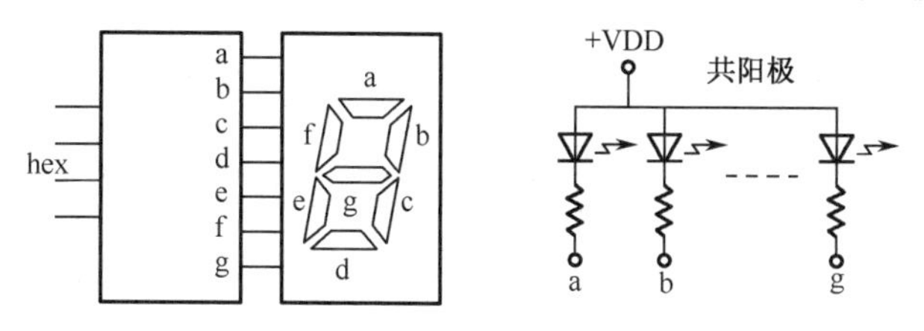

图 10.9　7 段数码管显示译码

例 10.10 是 7 段数码管显示译码电路源码，也可以将此程序封装为函数以供调用。

【例 10.10】　7 段数码管显示译码电路源码。

```
module hex4_7(
   input wire[3:0] hex,                //输入的十六进制数
   output reg[6:0] g_to_a);            //数码管 7 段
always@(*)
begin
     case(hex)
       4'd0:g_to_a <= 7'b100_0000;     //0
       4'd1:g_to_a <= 7'b111_1001;     //1
       4'd2:g_to_a <= 7'b010_0100;     //2
```

```
        4'd3:g_to_a <= 7'b011_0000;     //3
        4'd4:g_to_a <= 7'b001_1001;     //4
        4'd5:g_to_a <= 7'b001_0010;     //5
        4'd6:g_to_a <= 7'b000_0010;     //6
        4'd7:g_to_a <= 7'b111_1000;     //7
        4'd8:g_to_a <= 7'b000_0000;     //8
        4'd9:g_to_a <= 7'b001_0000;     //9
        4'ha:g_to_a <= 7'b000_1000;     //a
        4'hb:g_to_a <= 7'b000_0011;     //b
        4'hc:g_to_a <= 7'b100_0110;     //c
        4'hd:g_to_a <= 7'b010_0001;     //d
        4'he:g_to_a <= 7'b000_0110;     //e
        4'hf:g_to_a <= 7'b000_1110;     //f
        default:g_to_a <= 7'bx;
      endcase
  end
  endmodule
```

4×4 乘法的结果存在 mult_lut.txt 文件中，该文件的内容如图 10.10 所示，在系统初始化时用系统任务$readmemh 将该文件中内容读入存储器 result_lut 中，以便查表。

1	00	33	00	65	00	97	00	129	00	161	00	193	00	225	00
2	00	34	02	66	04	98	06	130	08	162	0A	194	0C	226	0E
3	00	35	04	67	08	99	0C	131	10	163	14	195	18	227	1C
4	00	36	06	68	0C	100	12	132	18	164	1E	196	24	228	2A
5	00	37	08	69	10	101	18	133	20	165	28	197	30	229	38
6	00	38	0A	70	14	102	1E	134	28	166	32	198	3C	230	46
7	00	39	0C	71	18	103	24	135	30	167	3C	199	48	231	54
8	00	40	0E	72	1C	104	2A	136	38	168	46	200	54	232	62
9	00	41	10	73	20	105	30	137	40	169	50	201	60	233	70
10	00	42	12	74	24	106	36	138	48	170	5A	202	6C	234	7E
11	00	43	14	75	28	107	3C	139	50	171	64	203	78	235	8C
12	00	44	16	76	2C	108	42	140	58	172	6E	204	84	236	9A
13	00	45	18	77	30	109	48	141	60	173	78	205	90	237	A8
14	00	46	1A	78	34	110	4E	142	68	174	82	206	9C	238	B6
15	00	47	1C	79	38	111	54	143	70	175	8C	207	A8	239	C4
16	00	48	1E	80	3C	112	5A	144	78	176	96	208	B4	240	D2
17	00	49	00	81	00	113	00	145	00	177	00	209	00	241	00
18	01	50	03	82	05	114	07	146	09	178	0B	210	0D	242	0F
19	02	51	06	83	0A	115	0E	147	12	179	16	211	1A	243	1E
20	03	52	09	84	0F	116	15	148	1B	180	21	212	27	244	2D
21	04	53	0C	85	14	117	1C	149	24	181	2C	213	34	245	3C
22	05	54	0F	86	19	118	23	150	2D	182	37	214	41	246	4B
23	06	55	12	87	1E	119	2A	151	36	183	42	215	4E	247	5A
24	07	56	15	88	23	120	31	152	3F	184	4D	216	5B	248	69
25	08	57	18	89	28	121	38	153	48	185	58	217	68	249	78
26	09	58	1B	90	2D	122	3F	154	51	186	63	218	75	250	87
27	0A	59	1E	91	32	123	46	155	5A	187	6E	219	82	251	96
28	0B	60	21	92	37	124	4D	156	63	188	79	220	8F	252	A5
29	0C	61	24	93	3C	125	54	157	6C	189	84	221	9C	253	B4
30	0D	62	27	94	41	126	5B	158	75	190	8F	222	A9	254	C3
31	0E	63	2A	95	46	127	62	159	7E	191	9A	223	B6	255	D2
32	0F	64	2D	96	4B	128	69	160	87	192	A5	224	C3	256	E1

图 10.10　4×4 乘法结果存在 mult_lut.txt 文件中

将本例在 DE10-Lite 目标板上下载验证，目标器件为 10M50DAF484C7G，引脚分配和锁定如下：

```
set_location_assignment PIN_C12 -to op_a[3]
set_location_assignment PIN_D12 -to op_a[2]
set_location_assignment PIN_C11 -to op_a[1]
set_location_assignment PIN_C10 -to op_a[0]
set_location_assignment PIN_A14 -to op_b[3]
```

```
set_location_assignment PIN_A13 -to op_b[2]
set_location_assignment PIN_B12 -to op_b[1]
set_location_assignment PIN_A12 -to op_b[0]
set_location_assignment PIN_C18 -to hex1[0]
set_location_assignment PIN_D18 -to hex1[1]
set_location_assignment PIN_E18 -to hex1[2]
set_location_assignment PIN_B16 -to hex1[3]
set_location_assignment PIN_A17 -to hex1[4]
set_location_assignment PIN_A18 -to hex1[5]
set_location_assignment PIN_B17 -to hex1[6]
set_location_assignment PIN_C14 -to hex0[0]
set_location_assignment PIN_E15 -to hex0[1]
set_location_assignment PIN_C15 -to hex0[2]
set_location_assignment PIN_C16 -to hex0[3]
set_location_assignment PIN_E16 -to hex0[4]
set_location_assignment PIN_D17 -to hex0[5]
set_location_assignment PIN_C17 -to hex0[6]
```

编译成功后，生成配置文件.sof，连接目标板电源线和 JTAG 线，下载配置文件.sof 至 FPGA 目标板，从 SW7～SW0 拨动开关输入乘数、被乘数，结果用 2 个数码管显示（十六进制显示），查看实际显示效果。

2. 用.mif 文件存储乘法结果

还可以把乘法结果以.mif 初始化文件的形式存储。

例 10.11 中自定义了 8×256 大小的数组，等同为存储器，乘数、被乘数构成的二进制数作为存储器地址，采用查表实现乘法操作。

本例中 4×4 乘法运算结果用初始化文件.mif 来存储，并采用属性语句来将.mif 文件指定给存储器。

【例 10.11】　4×4 乘法运算结果用.mif 文件存储，并指定给存储器。

```
module mult_rom(
        input   clk,
        input [3:0]  op_a,      //被乘数
        input [3:0]  op_b,      //乘数
        output [6:0] hex1,     //用两个数码管显示结果
        output [6:0] hex0);
reg[7:0]  result;                //乘操作结果
reg[7:0] result_rom[0:255] /*synthesis ram_init_file="mult_rom.mif"*/;
    //定义 rom 数组，并指定.mif 文件
always @(posedge clk)
   result <= result_rom[({op_b, op_a})];         //查表得到乘法结果
hex4_7 i1(.hex(result[7:4]),
        .g_to_a(hex1));          //数码管显示
hex4_7 i2(.hex(result[3:0]),
        .g_to_a(hex0));          //数码管显示
endmodule
```

本例的 RTL 综合视图如图 10.11 所示。

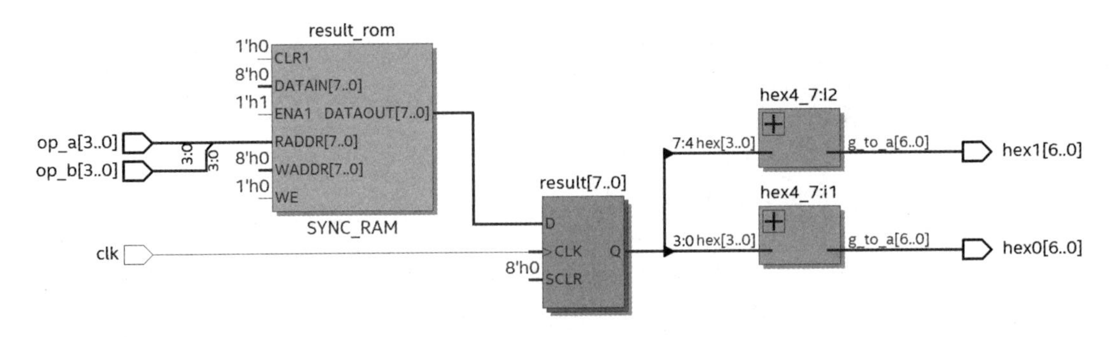

图 10.11　RTL 综合视图

mult_rom.mif 文件的生成采用编写 MATLAB 程序的方式实现，可用例 10.12 给出的 MATLAB 程序生成本例的 mult_rom.mif 文件。

【例 10.12】　生成 mult_rom.mif 文件的 MATLAB 程序。

```
fid=fopen('D:\mult_rom.mif','w');
fprintf(fid,'WIDTH=8;\n');
fprintf(fid,'DEPTH=256;\n\n');
fprintf(fid,'ADDRESS_RADIX=UNS;\n');
fprintf(fid,'DATA_RADIX=UNS;\n\n');
fprintf(fid,'CONTENT BEGIN\n');
for i=0:15  for j=0:15
fprintf(fid,'%d : %d;\n',i*16+j,i*j);
end
end
fprintf(fid,'END;\n');
fclose(fid);
```

在 MATLAB 环境下运行上面的程序，即在 D 盘根目录下生成 mult_rom.mif 文件。

用纯文本编辑软件（如 Notepad++）打开生成的 mult_rom.mif 文件，可看到该文件的内容如下：

```
WIDTH=8;
DEPTH=256;
ADDRESS_RADIX=UNS;
DATA_RADIX=UNS;
CONTENT BEGIN
[0..16]: 0;
17 : 1;
18 : 2;
19 : 3;
20 : 4;
...
250 : 150;
251 : 165;
252 : 180;
```

```
253 : 195;
254 : 210;
255 : 225;
END;
```

将本例完成指定目标器件、引脚分配和锁定，并在 DE10-Lite 目标板上下载验证。

10.4　有符号数的运算

本节对有符号数、无符号数之间的运算（包括加法、乘法、移位、绝对值、数值转换等）进行进一步的讨论。

1. 有符号数的加法运算

两个操作数在进行算术运算时，只有两个操作数都定义为有符号数，结果才是有符号数。如下几种情况，均按照无符号数处理，其结果也是无符号数：

- 操作数均为无符号数，或者操作数中有无符号数；
- 操作数（包括有符号数和无符号数）使用了位选和段选；
- 操作数使用了并置操作符。

要实现有符号数运算，要么在定义 wire 型或 reg 型变量时加上 signed 关键字，将其定义为有符号数；要么使用$signed 系统函数将无符号数转换为有符号数再进行运算。

例 10.13 是一个 4 位有符号数与 4 位无符号数加法运算的例子。

【例 10.13】　有符号数与无符号数加法运算。

```
module add_sign_unsign(
       input signed[3:0] a,      //有符号数
       input[3:0] b,             //无符号数
       output signed[4:0] sum);
wire signed[4:0] signed_b;
assign signed_b = b;             //无符号数 b 转换为有符号数
assign sum = a + signed_b;       //结果为有符号数
endmodule
```

signed_b 要比 b 位宽多一位，用来扩展符号位 0，将无符号数转换为有符号数。

也可以采用下面这样的方法，用$signed({1'b0,b})将无符号数 b 转换为有符号数。

【例 10.14】　有符号数与无符号数加法运算。

```
module add_sign_unsign(
       input signed[3:0] a,     //有符号数
       input[3:0] b,            //无符号数
       output signed[4:0] sum);
assign sum = a + $signed({1'b0,b});  //无符号数转换为有符号数
endmodule
```

编写测试代码对上面两例进行仿真。

【例 10.15】　有符号数与无符号数加法运算的测试代码。

```
`timescale 1ns/1ps
module add_sign_unsign_tb();
```

```
parameter DELY=20;
reg signed[3:0] a;
reg[3:0] b;
wire[4:0] sum;
add_sign_unsign i1(.a(a), .b(b), .sum(sum));
initial
   begin
   a=-4'sd5; b=4'd5;
   #DELY   a=4'sd7;
   #DELY   b=4'd1;
   #DELY   a=4'sd12;
   #DELY   a=-4'sd12;
   #DELY   a=4'sd9;
   #DELY   $stop;
   $display("Running testbench");
   end
endmodule
```

例 10.13 和例 10.14 的仿真波形均如图 10.12 所示。

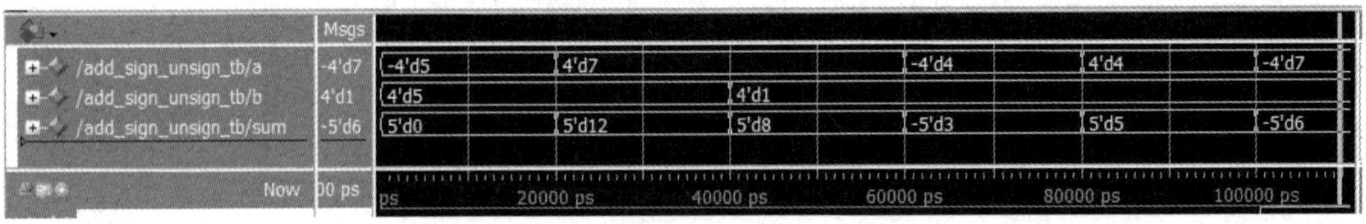

图 10.12　4 位有符号数与 4 位无符号数加法运算的仿真波形图

如果将例 10.14 中的“assign sum = a + $signed({1'b0,b});”语句写为下面的形式，会在某些情况下出错。

```
assign sum=a+$signed(b);
    //如果 b 只有 1 位，当 b=1 时，将其拓展为 4'b1111，本来是+1，却变成了-1
```

如果将例 10.14 中的“assign sum = a + $signed({1'b0,b});”语句写为“sum=a+b;”，也会出错。

```
assign sum=a+b;                    //会转换成无符号数计算，sum 也是无符号数
```

2. 有符号数的乘法运算

同样，在乘法运算中，如果操作数中既有有符号数，也有无符号数，那么可以将无符号数转换为有符号数再进行运算。

例 10.16 给出的就是一个 3 位有符号数与 3 位无符号数乘法运算的例子。

【例 10.16】　3 位有符号数与 3 位无符号数乘法运算。

```
module mult_signed_unsigned(
      input signed[2:0] a,        //有符号数
      input[2:0] b,               //无符号数
      output signed[5:0] result);
assign result = a*$signed({1'b0,b});
endmodule
```

【例 10.17】　3 位有符号数与 3 位无符号数乘法运算的测试代码。

```
`timescale 1ns/1ps
module mult_signed_unsigned_tb();
parameter DELY=20;
reg signed[2:0] a;
reg[2:0] b;
wire[5:0]  result;
mult_signed_unsigned i1(.a(a),.b(b),.result(result));
initial
    begin
    a=3'sb101; b=3'b010;
    #DELY    b=3'b110;
    #DELY    a=3'sb011;
    #DELY    a=3'sb111;
    #DELY    b=3'b111;
    #DELY    $stop;
    end
endmodule
```

本例的仿真波形如图 10.13 所示。

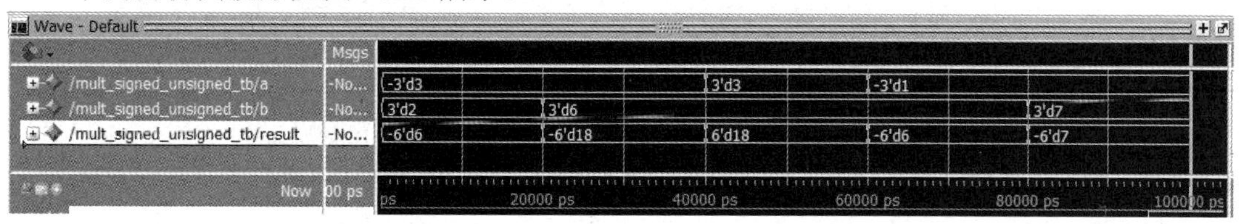

图 10.13　3 位有符号数与 3 位无符号数乘法运算的仿真波形图

例子中的“assign result = a*$signed({1'b0,b});”也不能写为下面的形式，否则会出错。

```
result = a*b;                    //整个变成无符号数乘法运算
result = a*$signed(b);           //当 b 的最高位为 1 时结果会出错
```

3. 绝对值运算

例 10.18 和例 10.19 是一个有符号数的绝对值运算的例子，dbin 是宽度为 W 的二进制补码格式的有符号数，正数的绝对值与其补码相同，负数的绝对值为其补码取反加 1。

【例 10.18】　求有符号数的绝对值运算。

```
module abs_signed
        #(parameter W=8)                  //参数定义，注意前面有"#"
        (input signed[W-1:0]  dbin,       //有符号数
         output [W-1:0] dbin_abs);
assign dbin_abs = dbin[W-1] ? (~dbin+ 1'b1) : dbin;
endmodule
```

【例 10.19】　有符号数的绝对值运算的测试代码。

```
`timescale 1ns/1ps
module abs_signed_tb();
parameter W=8;
```

```
    parameter DELY=20;
    reg signed[W-1:0] dbin;
    reg[2:0] b;
    wire[W-1:0] dbin_abs;
    abs_signed #(.W(8)) i1(.dbin(dbin),.dbin_abs(dbin_abs));
    initial
       begin
       dbin=8'sb11111010;
       #DELY   dbin=8'sb00000010;
       #DELY   dbin=8'sb10100110;
       #DELY   dbin=8'sb11111111;
       #DELY   dbin=8'sb00000000;
       #DELY   $stop;
       end
    initial $monitor($time,,,"dbin=%b dbin_abs=%b",dbin,dbin_abs);
    endmodule
```

本例用 ModelSim 运行，其 TCL 窗口输出如下：

```
0   dbin=11111010  dbin_abs=00000110
20  dbin=00000010  dbin_abs=00000010
40  dbin=10100110  dbin_abs=01011010
60  dbin=11111111  dbin_abs=00000001
80  dbin=00000000  dbin_abs=00000000
```

比如，-6 的 8 位补码为 8'sb11111010，取反加 1 后的值为 8'b00000110，即-6 的绝对值是 6，可见输出结果正确。

10.5 ROM 存储器

存储器是数字设计中的常用部件。典型的存储器是 ROM（Read-Only Memory）和 RAM（Random Access Memory）。

ROM 有多种类型，图 10.14 所示为其中常用的两种。

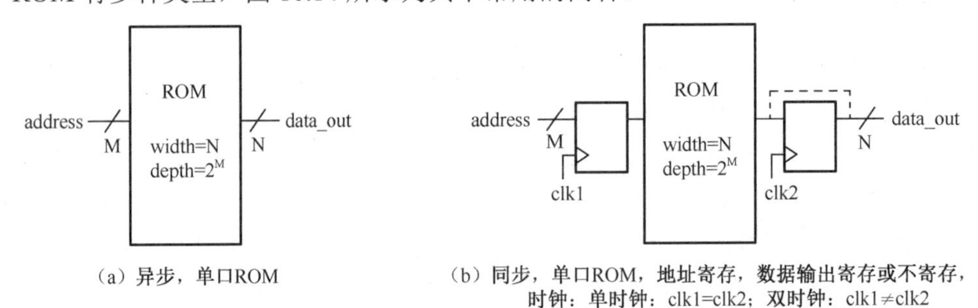

图 10.14　ROM 常用的两种类型

10.5.1 用数组例化存储器

例 10.20 中定义了尺寸为 10×20 的数组，并将数据以常数的形式存储在数组中，以此方式实现 ROM 模块；从 ROM 中读出数据时，数据未寄存，地址寄存，故实现的是图 10.14（b）所示类型的 ROM。

为便于下载验证，ROM 中读出的数据用 LED 灯显示，故产生 10Hz 时钟信号，用于控制数据读取的速度，以适应 LED 灯显示。

【例 10.20】 用常数数组实现数据存储，读出的数据用 LED 灯显示。

```
module lut_led
       (input  clk50m,
        output[9:0]  data);
reg [4:0]  address;
reg[9:0] myrom[19:0]  /* synthesis romstyle = "M4K" */;
  initial begin
    myrom[0]= 10'b0000000001;
    myrom[1]=10'b0000000011;
    myrom[2]=10'b0000000111;
    myrom[3]=10'b0000001111;
    myrom[4]=10'b0000011111;
    myrom[5]=10'b0000111111;
    myrom[6]=10'b0001111111;
    myrom[7]=10'b0011111111;
    myrom[8]=10'b0111111111;
    myrom[9]=10'b1111111111;
    myrom[10]=10'b0111111111;
    myrom[11]=10'b0011111111;
    myrom[12]=10'b0001111111;
    myrom[13]=10'b0000111111;
    myrom[14]=10'b0000011111;
    myrom[15]=10'b0000001111;
    myrom[16]=10'b0000000111;
    myrom[17]=10'b0000000011;
    myrom[18]=10'b0000000001;
    myrom[19]=10'b0000000000;
  end
assign data = myrom[address];    //从 ROM 中读出数据，未寄存
always @(posedge clk10hz)        //地址寄存
    begin
      if(address == 19)  address <= 0;
      else  address <= address + 1;
    end
wire  clk10hz;
clk_div #(10) i1(                //clk_div 元件例化，产生 10Hz 时钟信号
            .clk(clk50m),
            .clr(1'b1),
            .clk_out(clk10hz));
endmodule
```

注： 语句/* synthesis ramstyle = "M4K" */是属性语句，用于控制 ROM 和 RAM 存储器的物理实现方式，在 Quartus Prime 软件中用关键词 romstyle 和 ramstyle 定义，在 Vivado

软件中用 rom_style 和 ram_style 定义；如果指定为"block"实现方法，则综合器使用 FPGA 中的存储器块物理实现 ROM 和 RAM；如果指定为"distributed"实现方法，则是让综合器使用 FPGA 逻辑单元（LE）中的 LUT 查找表物理实现 ROM 和 RAM。

语句/* synthesis romstyle = "M4K" */也可以写为下面的形式：

```
(* romstyle = "M4K" *)
```

例 10.20 中的 clk_div 分频子模块代码如下所示，此分频模块将需要产生的频率用参数 parameter 进行定义，并可在例化模块时修改此参数，而产生此频率所需要的分频比由参数 NUM（默认由 50MHz 系统时钟分频得到）得出，NUM 参数不需要跨模块传递，故用 localparam 语句进行定义。

【例 10.21】 clk_div 分频模块源码。

```
module clk_div(
        input clk,
        input clr,
        output  reg clk_out);
parameter FREQ=1000;                          //所需频率
localparam NUM='d50_000_000/(2*FREQ);   //得出分频比
reg[29:0] count;
always @(posedge clk,negedge clr)
begin
   if(~clr)  begin clk_out <= 0;count<=0; end
   else if(count==NUM-1)
     begin count <= 0;clk_out <= ~clk_out;end
   else begin count<=count+1;end
end
endmodule
```

将本例完成指定目标器件、引脚分配和锁定，并在 DE10-Lite 目标板上下载验证，目标器件为 10M50DAF484C7G，引脚分配和锁定如下：

```
set_location_assignment PIN_P11 -to clk50m
set_location_assignment PIN_B11 -to data[9]
set_location_assignment PIN_A11 -to data[8]
set_location_assignment PIN_D14 -to data[7]
set_location_assignment PIN_E14 -to data[6]
set_location_assignment PIN_C13 -to data[5]
set_location_assignment PIN_D13 -to data[4]
set_location_assignment PIN_B10 -to data[3]
set_location_assignment PIN_A10 -to data[2]
set_location_assignment PIN_A9  -to data[1]
set_location_assignment PIN_A8  -to data[0]
```

下载配置文件.sof 至 FPGA 目标板，观察 10 个 LED 灯的显示效果，以验证 ROM 数据读取是否正确。

10.5.2　例化 lpm_rom 实现存储器

实现存储器更一般的方法是用 Quartus Prime 软件自带的 IP 核 LPM_ROM 来实现，在例 10.22 中通过例化 lpm_rom 模块，同样实现了尺寸为 10×20 的 ROM 存储器，数据以.mif 文件的形式指定给 ROM；在从 ROM 中读出数据时，数据未寄存，地址寄存，故实现的也是图 10.14（b）中所示类型的 ROM。

为便于下载验证，ROM 中读出的数据也用 LED 灯显示，故产生 10Hz 时钟信号，用于控制数据读取的速度，以适应 LED 灯显示。

【例 10.22】 例化 lpm_rom 模块实现存储器，读出数据用 LED 灯显示。

```
module rom_led(
        input  clk50m,
        output[9:0] data);
reg[4:0]  address;
//----------------例化 lpm_rom 模块-----------------------
lpm_rom #(.lpm_widthad(5),                          //设地址宽度为 5 位
        .lpm_width(10),                             //设数据宽度为 10 位
        .lpm_outdata("UNREGISTERED"),               //输出数据未寄存
        .lpm_address_control("REGISTERED"),         //地址寄存
        .lpm_file("rom_led.mif"))                   //指定.mif 文件
    u1 (.inclock(clk10hz),
        .address(address),
        .q(data));
wire  clk10hz;
clk_div #(10)                                       //产生 10Hz 时钟信号
    u2(.clk(clk50m),
      .clr(1'b1),
      .clk_out(clk10hz));
always @(posedge clk10hz)                           //依次循环读取 lpm_rom 中数据
begin
    if(address == 5'b10011)  address <= {5{1'b0}};
    else  address <= address + 1'b1;
end
endmodule
```

上面代码中的 rom_led.mif 文件内容如例 10.23 所示。

【例 10.23】 rom_led.mif 文件内容。

```
WIDTH=10;
DEPTH=20;
ADDRESS_RADIX=DEC;
DATA_RADIX=BIN;

CONTENT BEGIN
0 :  0000000001;
1 :  0000000011;
2 :  0000000111;
3 :  0000001111;
4 :  0000011111;
5 :  0000111111;
6 :  0001111111;
```

```
7 :  0011111111;
8 :  0111111111;
9 :  1111111111;
10 : 0111111111;
11 : 0011111111;
12 : 0001111111;
13 : 0000111111;
14 : 0000011111;
15 : 0000001111;
16 : 0000000111;
17 : 0000000011;
18 : 0000000001;
19 : 0000000000;
END;
```

将本例在 DE10-Lite 目标板上下载验证，观察 10 个 LED 灯的显示效果，以验证 ROM 数据读取是否正确。本例的显示效果与例 10.19 应完全一致。

10.6　RAM 存储器

RAM（Random Access Memory）可分为单口 RAM（Single-Port RAM）和双口 RAM（Dual-Port RAM），两者的区别在于：

- 单口 RAM 只有一组数据线和地址线，读/写不能同时进行。
- 双口 RAM 有两组地址线和数据线，读/写操作可同时进行。

双口 RAM 又可分为简单双口 RAM 和真双口 RAM：

- 简单双口 RAM（Simple Dual-Port RAM），有两组地址线和数据线，一组只能读取，一组只能写入，写入和读取的时钟可以不同。
- 真双口 RAM（True Dual-Port RAM），有两组地址线和数据线，两组都可以进行读/写，彼此互不干扰。

FIFO 也属于双口 RAM，但 FIFO 不需对地址进行控制，是最方便的。图 10.15 中展示了单口 RAM 和简单双口 RAM 的区别。

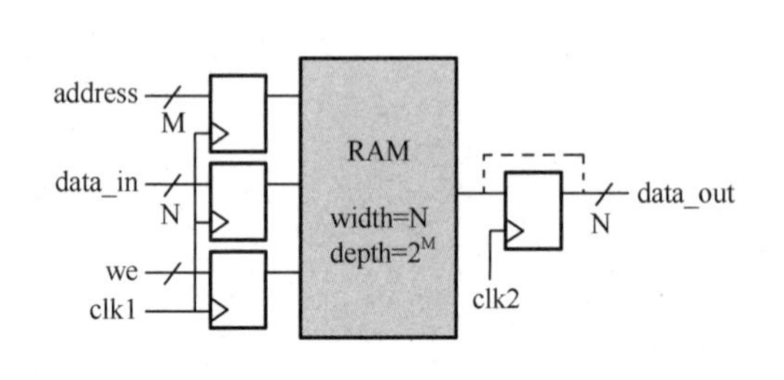

（a）同步，单口ROM
输入数据寄存，输出数据可寄存或不寄存
时钟：单时钟，clk1=clk2；双时钟：clk1≠clk2

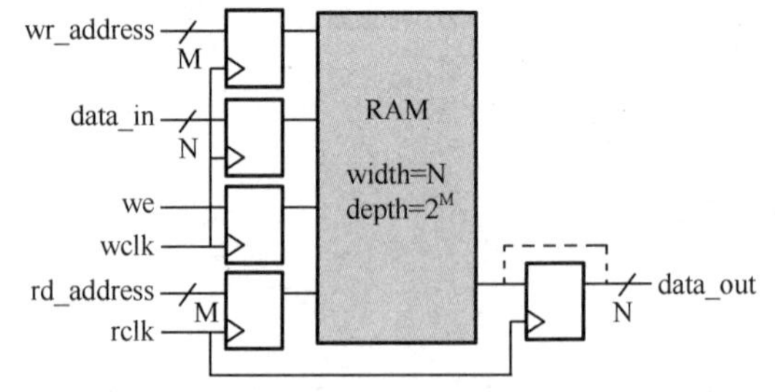

（b）同步，简单双口RAM
输入数据寄存，输出数据可寄存或不寄存
时钟：单时钟，wclk=rclk；双时钟：wclk≠rclk

图 10.15　单口 RAM 和简单双口 RAM

10.6.1　单口 RAM

用 Verilog HDL 实现一个深度为 16、位宽为 8bit 的单口 RAM，见例 10.24。

【例 10.24】 单端口 RAM 存储器模块。

```
module spram
    #(parameter  ADDR_WIDTH  = 4,
      parameter  DATA_WIDTH  = 8,
      parameter  DEPTH = 16)
     (input  clk,
      input  wr_en,                    //写使能
      input  rd_en,                    //读使能
      input  [ADDR_WIDTH-1:0] addr,
      input  [DATA_WIDTH-1:0] din,
      output reg[DATA_WIDTH-1:0] dout);
reg[DATA_WIDTH-1:0] mem [DEPTH-1:0];
   integer i;
initial begin
      for(i=0; i< DEPTH;i=i+1)
      begin  mem[i] = 8'h00; end
end
always@(posedge clk)
begin
   if(rd_en)  begin
       dout <= mem[addr]; end
   else  begin
       if(wr_en)
       begin  mem[addr] <= din; end
end  end
endmodule
```

编写单口 RAM 的 Test Bench 仿真代码，对单端口 RAM 模块实现初始化，写入、读取等操作，见例 10.25。其仿真输出波形如图 10.16 所示。

【例 10.25】 单端口 RAM 存储器的 Test Bench 仿真代码。

```
`timescale 1ns/1ns
module spram_tb( );
parameter  ADDR_WIDTH  = 4;
parameter  DATA_WIDTH  = 8;
parameter  DEPTH = 10;
parameter DELY = 10;                   //定义参数

reg [ADDR_WIDTH-1 : 0] addr;
reg [DATA_WIDTH-1 : 0] din;
reg clk;
reg wr_en, rd_en;
wire [DATA_WIDTH-1 : 0] dout;
initial begin clk = 0;
  forever  #DELY clk = ~clk; end     //产生时钟信号
```

```
integer i;
initial begin
    {wr_en, rd_en, addr, din} <= 0;
     # DELY  @(negedge clk)          //写 RAM
    {wr_en, rd_en} <= 2'b10;
     for (i = 0; i< DEPTH; i=i+1) begin
        @(negedge clk) begin
        addr = i;
        din = $random;
     end  end
     @(negedge clk)                   //读 RAM
    {wr_en, rd_en} <= 2'b01;
     for (i = 0; i < DEPTH; i=i+1) begin
        @(posedge clk)  addr = i;  end
     @(negedge clk)
        rd_en = 1'b0;
     #(DELY*20) $stop;
end
spram #(.ADDR_WIDTH(4),
       .DATA_WIDTH(8),
       .DEPTH(10))
u1    (.clk(clk),
      .rd_en(rd_en),
      .wr_en(wr_en),
      .addr(addr),
      .din(din),
      .dout(dout));
endmodule
```

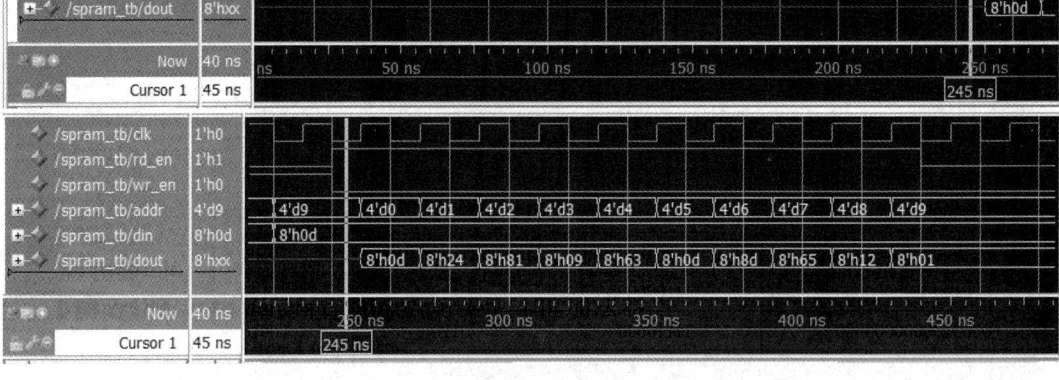

图 10.16　单端口 RAM 模块读/写仿真波形图

10.6.2　双口 RAM

双口 RAM 如图 10.17 所示，其存储体有两个独立的读/写端口，有两组独立的地址线、数据线和控制线，可独立进行读/写，彼此互不干扰。

双口 RAM 常用于跨时钟域处理，在跨时钟域处理中用于“乒乓”操作可提高读/写效率，写 RAM1 时，读取 RAM2 中的数据；写 RAM2 时，读取 RAM1 中的数据。

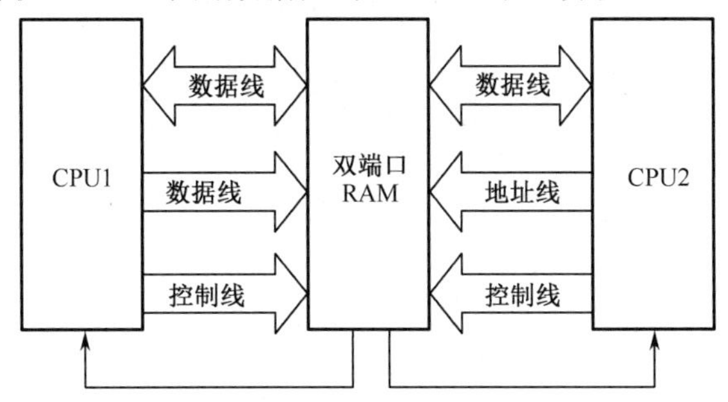

图 10.17　双口 RAM 示意图

这里用 IP 核实现一个双口 RAM 的设计，在 Quartus Prime 环境下，找到 IP 核“RAM: 2-PORT”然后用 MegaWizard Plug-in Manager 对其进行定制。

（1）如图 10.18 所示，设置双口 RAM 的深度为 64，位宽为 8。

（2）如图 10.19 所示，设置双口 RAM 为双时钟，即两个端口用不同的时钟。

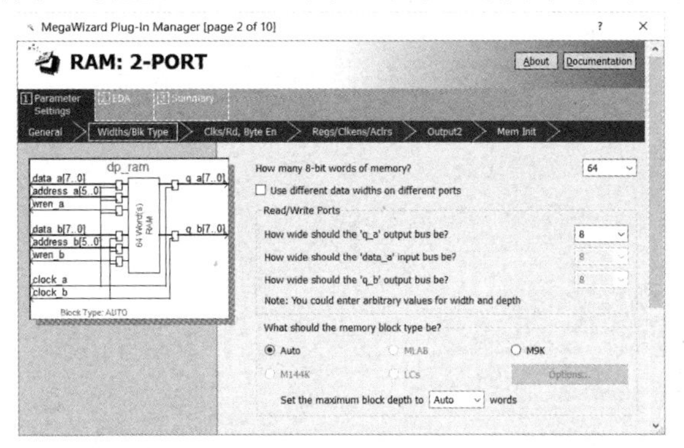

图 10.18　设置双口 RAM 的深度和位宽

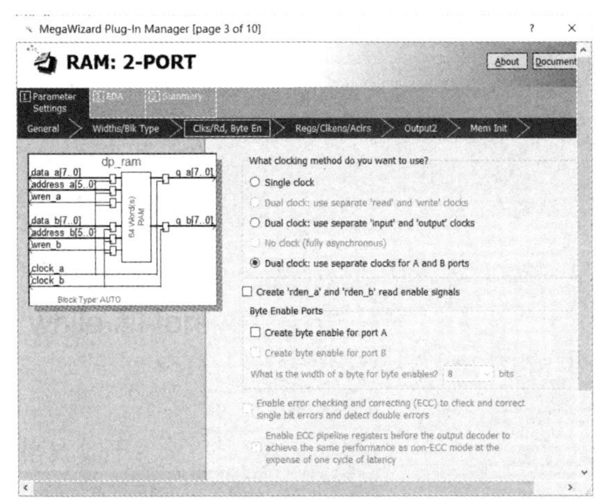

图 10.19　设置双口 RAM 为双时钟

（3）其他设置页面采用缺省设置，完成对双口 RAM 的定制。

在顶层模块中例化双口 RAM 模块，顶层代码如下所示，该例的综合视图如图 10.20 所示。双口 RAM 存储器顶层模块见例 10.26。

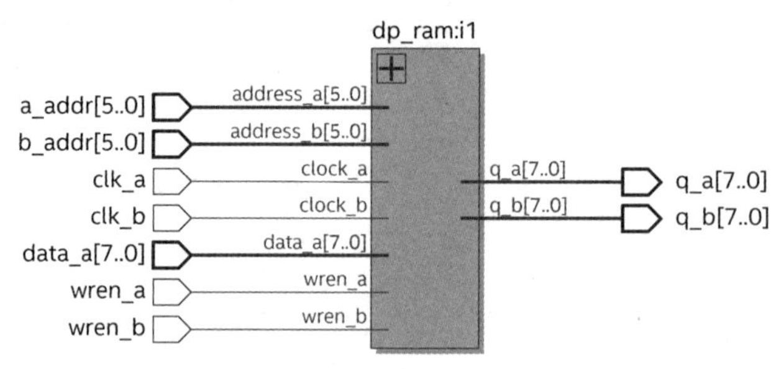

图 10.20　双口 RAM 顶层

【例 10.26】 双口 RAM 存储器顶层模块。

```
module dpram_top(
       input   clk_a,
       input   clk_b,
       input wire wren_a,
       input wire wren_b,
       input wire [5:0] a_addr,
       input wire [5:0] b_addr,
       output [7:0]  q_a,
       output [7:0]  q_b,
       input wire [7:0] data_a);

dp_ram  u1(
       .address_a(a_addr),
       .address_b(b_addr),
       .clock_a(clk_a),
       .clock_b(clk_b),
       .data_a(data_a),
       .data_b(),
       .wren_a(wren_a),
       .wren_b(wren_b),
       .q_a(q_a),
       .q_b(q_b));
endmodule
```

编写双口 RAM 的 Test Bench 仿真代码，对其测试，见例 10.27。图 10.21 是其输出的仿真波形。

【例 10.27】 双口 RAM 存储器仿真代码。

```
`timescale 1ns/1ns
module dpram_tb();
      reg clk_a;
      reg clk_b;
```

```
        wire[7:0] q_a;
        wire[7:0] q_b;
        reg  wren_a;
        reg  wren_b;
        reg[5:0] a_addr;
        reg[5:0] b_addr;
        reg[7:0] data_a;
parameter DELY = 10;                        //定义参数
dpram_top  i1(
        .a_addr(a_addr),
        .b_addr(b_addr),
        .clk_a(clk_a),
        .clk_b(clk_b),
        .data_a(data_a),
        .data_b(),
        .wren_a(wren_a),
        .wren_b(wren_b),
        .q_a(q_a),
        .q_b(q_b));
initial begin clk_a=0;
forever  #DELY clk_a=~clk_a; end            //产生 clk_a 时钟
initial begin clk_b=0;
forever  #(DELY*4) clk_b=~clk_b; end        //产生 clk_b 时钟

integer i;
initial
begin
    {wren_a, a_addr, data_a} <= 0;
     # DELY  @(posedge clk_a)               //写 RAM
        wren_a <= 1;
     for (i = 0; i< 64; i=i+1) begin
        @(negedge clk_a) begin
        a_addr = i;
        data_a = $random;
     end  end
     @(posedge clk_a)                       //读 RAM
        wren_a <= 0;
     for (i = 0; i< 64; i=i+1) begin
        @(negedge clk_a) begin
        a_addr = i;  end
     end
     #(DELY*200) $stop;
end
endmodule
```

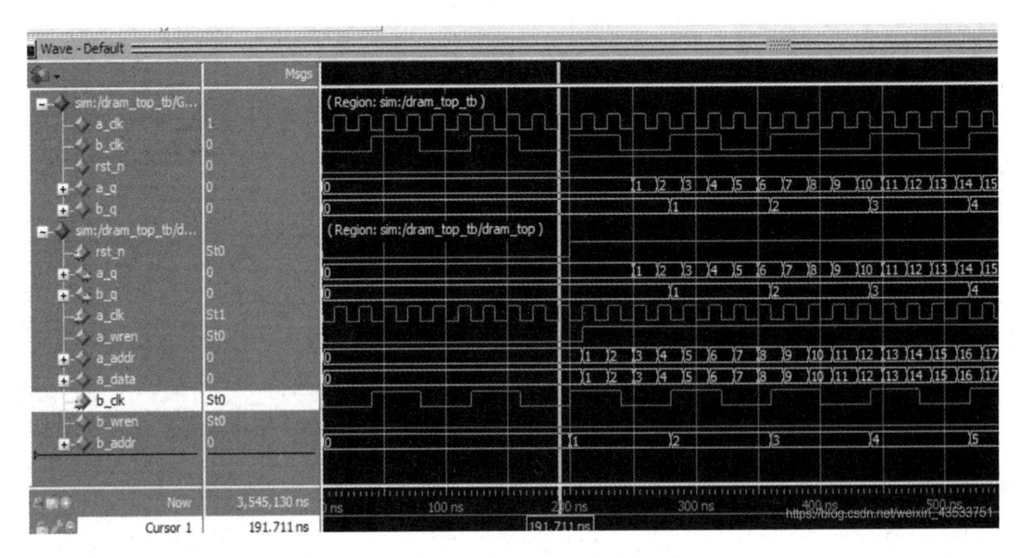

图 10.21　双口 RAM 仿真波形图

10.7　流水线设计

流水线（Pipeline）设计用于提高所设计系统的运行速度。为保障数据的快速传输，必须让系统运行在尽可能高的频率上。但是，如果某些复杂逻辑功能的完成需要较长的延时，就会使系统难以运行在高的频率上。在这种情况下，可使用流水线技术，即在长延时的逻辑功能块中插入触发器，使复杂的逻辑操作分步完成，减小每个部分的延时，从而使系统的运行频率得以提高。流水线设计的代价是增加了寄存器逻辑，增加了芯片资源的耗用。

流水线操作的概念可用图 10.22 来说明。在图中，假定某个复杂逻辑功能的实现需要较长的延时，我们可将其分解为几个步骤（如 3 个）来实现，每一步的延时变为原来的三分之一左右，在各步之间加入寄存器，以暂存中间结果，这样可使整个系统的最高工作频率得到成倍的提高。

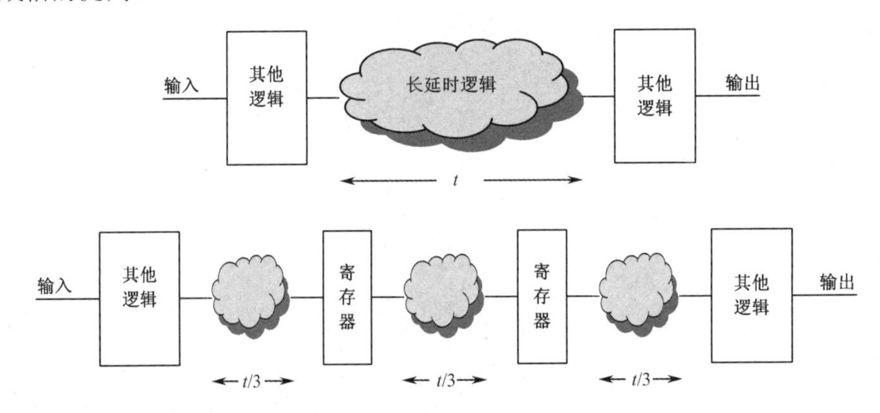

图 10.22　流水线操作示意图

采用流水线技术能有效提高系统的工作频率，尤其是对于 FPGA 器件，FPGA 的逻辑单元中有大量 4～5 变量的查找表（LUT）和触发器。因此，在 FPGA 设计中采用流水线技术可以有效提高系统的速度。

下面以 8 位全加器的设计为例，对比流水线设计和非流水线设计。

1. 非流水线实现方式

例 10.28 是非流水线方式实现的 8 位全加器，其输入/输出端都带有寄存器。

【例 10.28】 非流水线方式实现的 8 位全加器。

```
module adder8(
          input[7:0] ina,inb,  input cin,clk,
          output[7:0] sum, output cout);
reg[7:0] tempa,tempb,sum; reg cout,tempc;
always @(posedge clk)
begin   tempa=ina;tempb=inb;tempc=cin; end       //输入数据锁存
always @(posedge clk)
begin   {cout,sum}=tempa+tempb+tempc; end
endmodule
```

图 10.23 是例 10.28 综合后的 RTL 视图。可以看出，全加器的输入/输出端都带有寄存器。

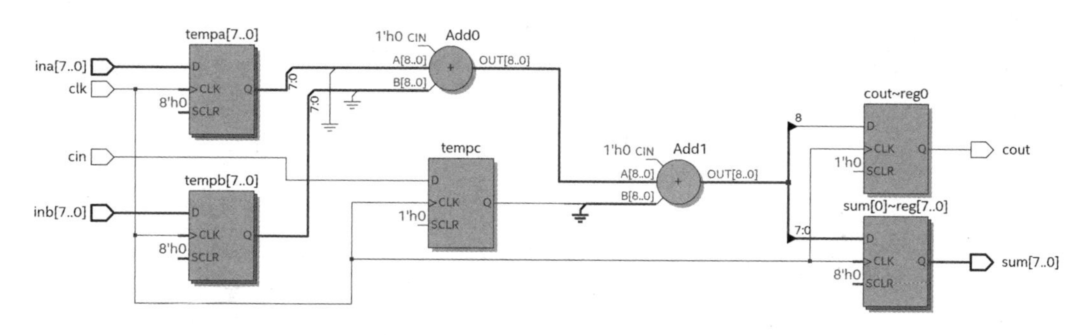

图 10.23　非流水线方式 8 位加法器的 RTL 综合视图

2. 采用两级流水线方式实现

图 10.24 是两级流水线加法器的实现框图。从图中可以看出，该加法器采用了 2 级寄存、2 级加法，每一个加法器实现 4 位数据和一个进位的相加。例 10.29 是该两级流水线 8 位加法器的 Verilog HDL 源码。

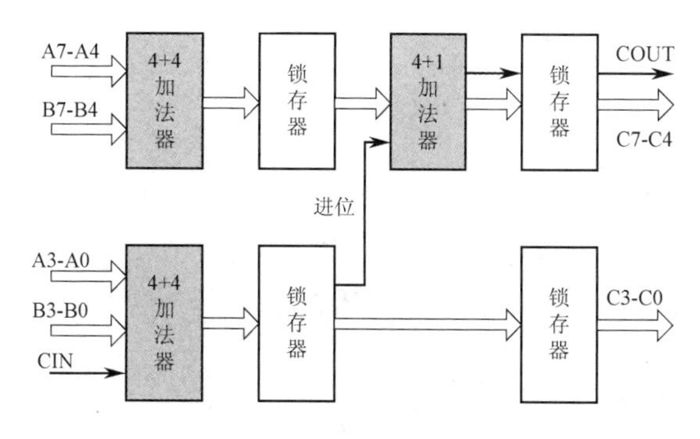

图 10.24　2 级流水线加法器实现框图

【例 10.29】　2 级流水线 8 位加法器。

```
module adder_pipe2(
          input[7:0] ina,inb, input cin,clk,
          output reg[7:0] sum,
          output reg cout);
reg[3:0] tempa,tempb,firsts; reg firstc;
always @(posedge clk)
begin  {firstc,firsts}=ina[3:0]+inb[3:0]+cin;
tempa=ina[7:4];  tempb=inb[7:4];
end
always @(posedge clk)
begin  {cout,sum[7:4]}=tempa+tempb+firstc;
sum[3:0]=firsts;
end
endmodule
```

3. 采用 4 级流水线方式实现

图 10.25 是用 4 级流水线实现的 8 位加法器的框图。从图中可以看出，该加法器采用 5 级寄存、4 级加法，每一个加法器实现 2 位数据和一个进位的相加，整个加法器只受 2 位全加器工作速度的限制，平均完成一个加法运算只需 1 个时钟周期的时间。例 10.30 是该 4 级流水 8 位全加器的 Verilog HDL 源码。

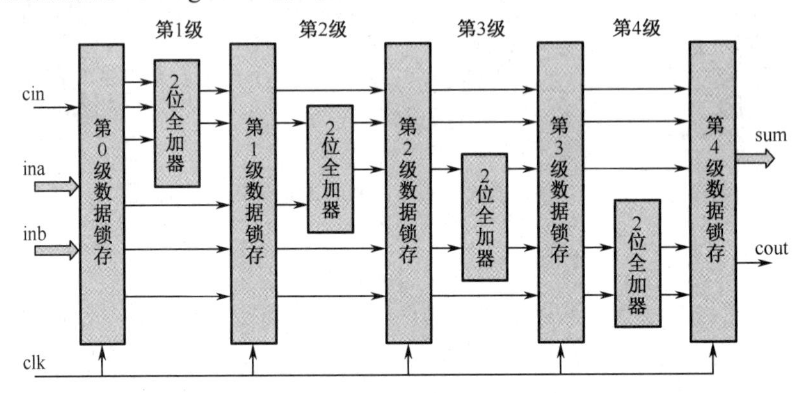

图 10.25　8 位加法器的 4 级流水线实现框图

【例 10.30】　4 级流水方式实现的 8 位全加器。

```
module adder_pipe4(
          input[7:0] ina,inb,  input cin,clk,
          output reg[7:0] sum,
          output reg cout);
reg[7:0] tempa,tempb;
reg tempci,firstco,secondco,thirdco;
reg[1:0] firsts,thirda,thirdb;
reg[3:0] seconda,secondb,seconds;
reg[5:0] firsta,firstb,thirds;

always @(posedge clk)
```

```
begin tempa=ina;tempb=inb;tempci=cin;  end      //输入数据缓存
always @(posedge clk)
begin
{firstco,firsts}=tempa[1:0]+tempb[1:0]+tempci;  //第 1 级加（低 2 位）
firsta=tempa[7:2];firstb=tempb[7:2];             //未参加计算的数据缓存
end
always @(posedge clk)
begin
{secondco,seconds}={firsta[1:0]+firstb[1:0]+firstco,firsts};
      //第 2 级加（第 2、3 位相加）
seconda=firsta[5:2];secondb=firstb[5:2];    //数据缓存
end
always @(posedge clk)
begin
{thirdco,thirds}={seconda[1:0]+secondb[1:0]+secondco,seconds};
      //第 3 级加（第 4、5 位相加）
thirda=seconda[3:2];thirdb=secondb[3:2];    //数据缓存
end
always @(posedge clk)
begin  {cout,sum}={thirda[1:0]+thirdb[1:0]+thirdco,thirds};
      //第 4 级加（高 2 位相加）
end
endmodule
```

将上述几个设计综合到 FPGA 器件（如 EP4CE115F29C7）中，比较其最大工作频率。具体步骤为：用 Quartus Prime 对源程序进行编译，编译通过后，选择菜单 Tools→Timing Analyzer，在出现的 Timing Analyzer 窗口左边的 Tasks 栏中找到 Report Fmax Summary 并双击，可以看到，非流水线设计（见例 10.28）允许的最大工作频率为 417.71MHz，而 4 级流水线设计（见例 10.30）允许的最大工作频率为 547.05MHz，如图 10.26 所示。显然，流水线设计允许的最大工作频率高于非流水线设计允许的最大工作频率，因此，流水线设计有效地提高了系统的最高运行频率。

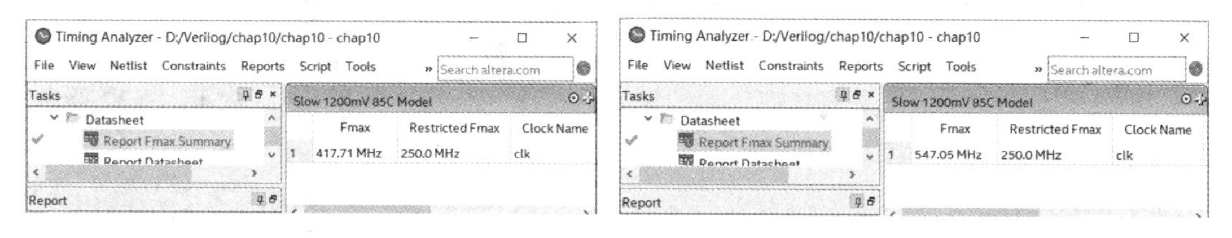

图 10.26　最大允许工作频率的比较

10.8　资源共享

尽量减少系统耗用的器件资源也是我们进行电路设计时追求的目标。在这方面，资源共享（Resource Sharing）是方法之一，尤其是将一些耗用资源较多的模块进行共享，能有效降低整个系统耗用的资源。

例 10.31 是一个比较资源耗用的例子。假如要实现这样的功能：当 sel=0 时，sum=a+b；当 sel=1 时，sum=c+d；a、b、c、d 的宽度可变，在本例中定义为 4 位，有两种实现方案。

【例 10.31】　比较资源的耗用。

```
//方案 1: 用两个加法器和 1 个 MUX 实现
module res1 #(parameter SIZE=4)
    (input sel,
    input[SIZE-1:0] a,b,c,d,
    output reg[SIZE:0] sum);
always @*
begin
 if(sel) sum=a+b;
else     sum=c+d;
end
endmodule
```

```
//方案 2: 用两个 MUX 和 1 个加法器实现
module res2 #(parameter SIZE=4)
    (input sel,
    input[SIZE-1:0] a,b,c,d,
    output reg[SIZE:0] sum);
reg[SIZE-1:0] atmp,btmp;
always @*
begin if(sel)
 begin atmp=a;btmp=b;end
else begin atmp=c;btmp=d;end
sum=atmp+btmp;  end
endmodule
```

方案 1 和方案 2 分别如图 10.27 和图 10.28 所示。

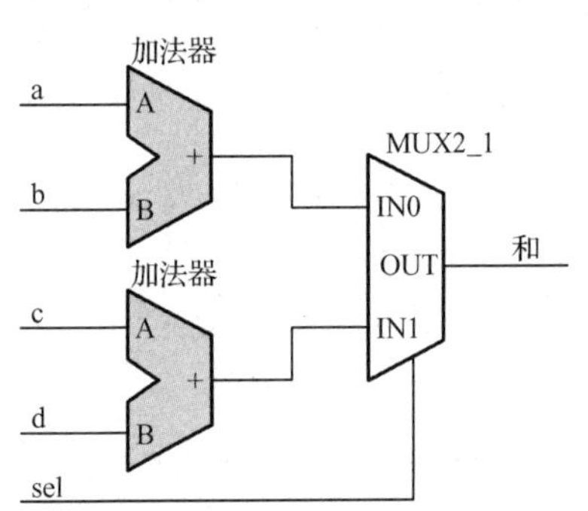

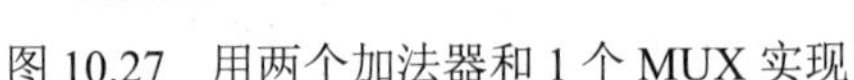
图 10.27　用两个加法器和 1 个 MUX 实现

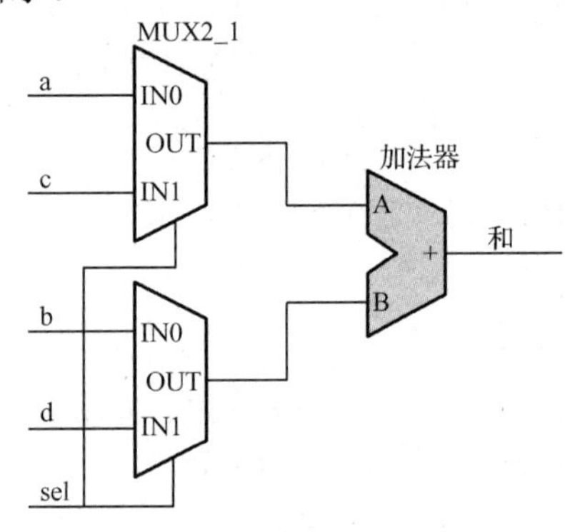

图 10.28　用两个 MUX 和 1 个加法器实现

将上面两个程序分别综合到 FPGA 器件中（综合时应关闭综合软件的 Auto Resource Sharing 选项）。编译后查看编译报告，比较器件资源的消耗情况可发现，方案 1 需要耗用更多的逻辑单元（LE），这是因为方案 1 需要两个加法器，方案 2 通过增加 1 个 MUX 共享了加法器，而加法器耗用的资源比 MUX 多，因此，方案 2 更节省资源。所以，在电路设计中，应尽量将硬件代价高的模块资源共享，以降低整个系统的成本。

可在表达式中加括号来控制综合的结果，以实现资源的共享和复用，如例 10.32 所示。

【例 10.32】　设计复用示例。

```
//加法器方案 1
module add1
(input[3:0] a,b,c,
  output reg[4:0] s1,s2);
always @*
begin
  s1=a+b; s2=c+a+b;
 end
endmodule
```

```
//加法器方案 2
module add2
  (input[3:0] a,b,c,
  output reg[4:0] s1,s2);
always @*
begin
s1=a+b; s2=c+(a+b); end
 //用括号控制复用
endmodule
```

上面两个程序实现的功能完全相同，但用综合器综合的结果却不同，耗用的资源也不同，方案 1 与方案 2 的 RTL 级综合结果如图 10.29 所示。可以看出，方案 1 用了 3 个 5

位加法器实现，而方案 2 只用了两个 5 位加法器实现，显然方案 2 更优，这是因为方案 2 中重用了已计算过的值 s1，因此节省了资源。在存在乘法器、除法器的场合，上述方法会更明显地节省资源。

图 10.29　方案 1 与方案 2 的 RTL 级综合结果

在节省资源的设计中应注意：

- 尽量共享复杂的运算单元。可以采用函数和任务来定义这些共享的数据处理模块。
- 可用加括号的方式控制综合的结果，以实现资源共享，重用已计算的结果。
- 设计模块的数据宽度应尽量小，以满足设计要求为准。

习　题　10

10.1　分别用结构描述和行为描述方式实现 JK 触发器，并进行综合。

10.2　描述图 10.30 所示的 8 位并行/串行转换电路。当 load 信号为 1 时，将并行输入的 8 位数据 d(7)～d(0)同步存储进入 8 位寄存器；当 load 信号变为 0 时，将 8 位寄存器的数据从 dout 端口同步串行（在 clk 的上升沿）输出，输出结束后，dout 端保持低电平直至下一次输出。

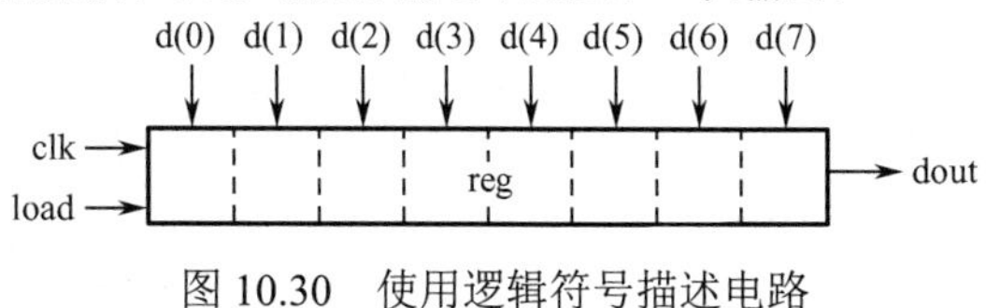

图 10.30　使用逻辑符号描述电路

10.3　设计一个 16 位移位相加乘法器。设计思路是：乘法通过逐项移位相加来实现，根据乘数的每一位是否为“1”进行计算，若为“1”则将被乘数移位相加。

10.4　编写除法器程序，实现两个 4 位无符号二进制数的除法操作。

10.5　编写一个 8 路彩灯控制程序，要求彩灯有以下 3 种演示花型。

① 8 路彩灯同时亮灭。

② 从左至右逐个亮（每次只有 1 路亮）。

③ 8 路彩灯每次 4 路灯亮，4 路灯灭，且亮灭相间，交替亮灭。

10.6　用 Verilog HDL 设计数字跑表，计时精度为 10ms（百分秒），最大计时为 59 分 59.99 秒，跑表具有复位、暂停、百分秒计时等功能；当启动/暂停键为低电平时开始计时，为高电平时暂停，变低电平后在原来的数值基础上继续计数。

10.7　流水线设计技术为什么能提高数字系统的工作频率？

10.8　设计一个加法器，实现 sum=a0+a1+a2+a3，a0、a1、a2、a3 宽度都是 8 位。如果用下面两种方法实现，说明哪种方法更好一些。

① sum=((a0+a1)+a2)+a3

② sum=(a0+a1)+(a2+a3)

10.9　用流水线技术对 10.8 题中的 sum=((a0+a1)+a2)+a3 的实现方式进行优化，对比最高工作频率。

第 11 章　有限状态机设计

有限状态机（Finite State Machine，FSM）是电路设计的经典方法，尤其是在需要串行控制和高速 A/D、D/A 器件的场合，状态机是解决问题的有效手段，具有速度快、结构简单、可靠性高等优点。

有限状态机非常适合用 FPGA 器件实现，用 Verilog HDL 的 case 语句能很好地描述基于状态机的设计，再通过 EDA 工具软件的综合，一般可以生成性能极优的状态机电路，从而使其在运行速度、可靠性和占用资源等方面优于 CPU 实现的方案。

11.1　有限状态机简介

有限状态机是按照设定好的顺序实现状态转移并产生相应输出的特定机制，是组合逻辑和寄存器逻辑的一种特殊组合：寄存器用于存储状态［包括现态（Current State，CS）和次态（Next State，NS）］，组合逻辑用于状态译码并产生输出逻辑（Output Logic，OL）。

根据输出信号产生方法的不同，状态机可分为两类：摩尔型（Moore）和米里型（Mealy）。摩尔型状态机的输出只与当前状态有关，如图 11.1 所示；米里型状态机的输出不仅与当前状态相关，还与当前输入直接相关，如图 11.2 所示。米里型状态机的输出是在输入变化后立即变化的，不依赖时钟信号的同步，摩尔型状态机的输入发生变化时还需要等待时钟的到来，状态发生变化时才导致输出的变化，因此比米里型状态机要多等待 1 个时钟周期。

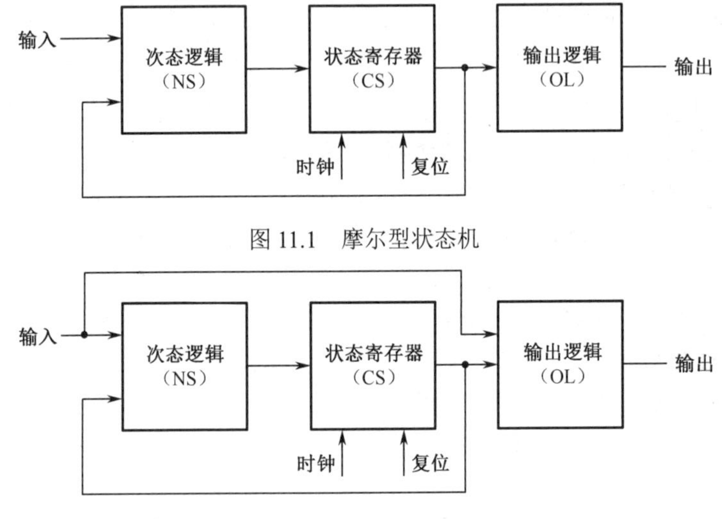

图 11.1　摩尔型状态机

图 11.2　米里型状态机

实用的状态机一般设计为同步时序方式，它在时钟信号的触发下完成各个状态之间的转移，并产生相应的输出。状态机有三种表示方法：状态图（State Diagram）、状态表（State Table）和流程图，这三种表示方法是等价的，相互之间可以转换。其中，状态图是最常用的表示方式。米里型状态机状态图的表示如图 11.3 所示，图中的每个圆圈分别表示一个状态，箭头表示状态之间的一次转移，引起转换的输入信号及产生的输出信号标注在箭头上。

状态机特别适用于需要复杂的控制时序的场合，以及需要单步执行的场合（如控制高速 A/D 和 D/A 芯片、控制液晶屏等），计数器也可以看作状态机，可视其为按照固定的状态转移顺序进行转换的状态机。例如，模 5 计数器的状态图可表示为如图 11.4 所示的形式，显然，此状态机属于摩尔型状态机，其 Verilog HDL 描述如例 11.1 所示。

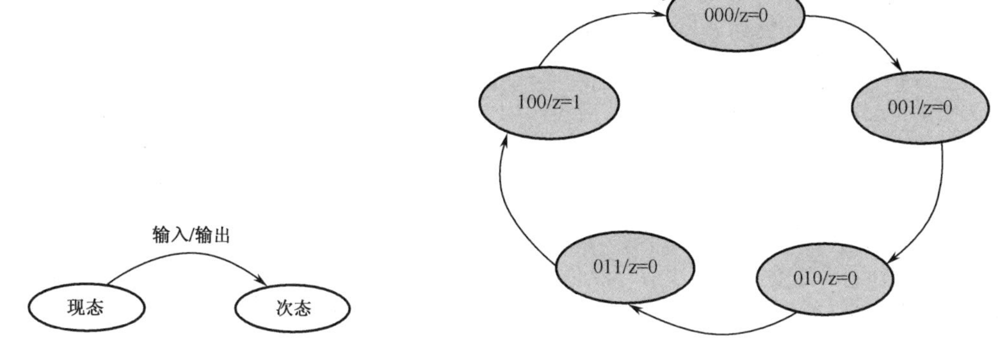

图 11.3　米里型状态机状态图的表示　　图 11.4　模 5 计数器的状态图（摩尔型状态机）

【例 11.1】　用状态机描述模 5 计数器。

```
module fsm(input clk,clr,
           output reg z,
           output reg[2:0] qout);
always @(posedge clk, posedge clr)        //此过程定义状态转换
begin if(clr) qout<=0;                    //异步复位
        else  case(qout)
        3'b000: qout<=3'b001;
        3'b001: qout<=3'b010;
        3'b010: qout<=3'b011;
        3'b011: qout<=3'b100;
        3'b100: qout<=3'b000;
        default: qout<=3'b000;            /*default 语句*/
        endcase  end
always @(qout)                            /*此过程产生输出逻辑*/
begin  case(qout)
        3'b100: z=1'b1;
        default:z=1'b0;
endcase  end
endmodule
```

11.2　有限状态机的 Verilog HDL 描述

状态机主要包含如下三要素：

- 当前状态，即现态（CS）。
- 下一个状态，即次态（NS）。

- 输出逻辑（OL）。

相应地，用 Verilog HDL 描述有限状态机时，有下面几种描述方式。

- 三段式描述：现态（CS）、次态（NS）、输出逻辑（OL）各用一个 always 过程描述。
- 两段式描述（CS+NS、OL）：用一个 always 过程描述现态和次态时序逻辑（CS+NS），另一个 always 过程描述输出逻辑（OL）。
- 单段式描述：将状态机的现态、次态和输出逻辑（CS+NS+OL）放在同一个 always 过程中描述。

对于两段式描述，相当于一个过程是由时钟信号触发的时序过程（一般用 case 语句检查状态机的当前状态，然后用 if 语句决定下一状态）；另一个过程是组合过程，在组合过程中根据当前状态给输出信号赋值。对于摩尔型状态机，其输出只与当前状态有关，因此只需用 case 语句描述即可；对于米里型状态机，其输出与当前状态和当前输入都有关，故可以用 case、if 语句组合进行描述。双过程的描述方式结构清晰，并且把时序逻辑和组合逻辑分开描述，便于修改。

在单过程描述方式中，将有限状态机的现态、次态和输出逻辑（CS+NS+OL）放在同一个过程中描述，这样做带来的好处是相当于用时钟信号来同步输出信号，可以解决输出逻辑信号出现毛刺的问题，适用于将输出信号作为控制逻辑的场合，有效避免了输出信号带有毛刺从而产生错误的控制逻辑的问题。

11.2.1　三段式状态机描述

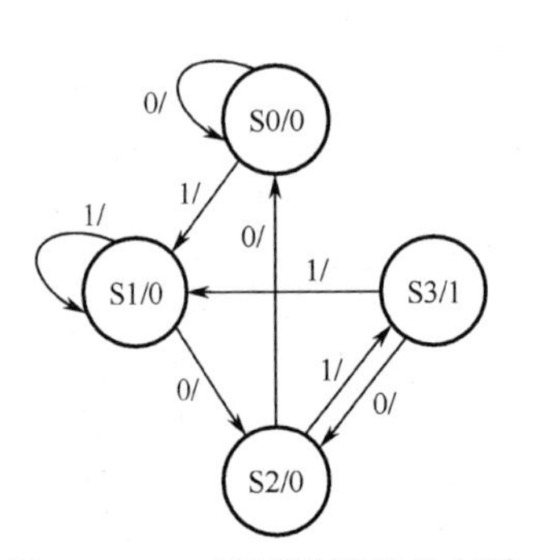

图 11.5　101 序列检测器状态图

三段式状态机描述：三个 always 块。

- 一个 always 描述状态转移，同步时序逻辑。
- 一个 always 块判断状态转移条件，描述状态转移规律，组合逻辑。
- 一个 always 块描述状态输出，同步时序逻辑。

下面以“101”序列检测器的设计为例，介绍状态图的几种描述方式。图 11.5 是“101”序列检测器的状态转换图，共有 4 个状态：S0、S1、S2 和 S3，例 11.2 采用三段式对其进行描述。

【例 11.2】　“101”序列检测器的三段式描述（CS、NS、OL 各用一个过程描述）。

```
module fsm1_seq101(
           input clk,clr,x,
           output reg z);
reg[1:0] state,next_state;
parameter   S0=2'b00,S1=2'b01,S2=2'b11,S3=2'b10;
    /*状态编码，采用格雷（Gray）编码方式*/
always @(posedge clk, posedge clr)  /*此过程定义当前状态*/
begin   if(clr) state<=S0;           //异步复位，S0 为起始状态
        else state<=next_state;  end
always @(state, x)                   /*此过程定义次态*/
begin
```

```
case (state)
        S0:begin if(x) next_state<=S1; else next_state<=S0; end
        S1:begin if(x) next_state<=S1; else next_state<=S2; end
        S2:begin if(x) next_state<=S3; else next_state<=S0; end
        S3:begin if(x) next_state<=S1; else next_state<=S2; end
        default: next_state<=S0;        /*default 语句*/
    endcase
end
always @*                                    //此过程产生输出逻辑
begin  case(state)
        S3: z=1'b1;
        default:z=1'b0;
endcase
end
endmodule
```

本例在用综合器综合后，可直观观察到状态图。本例的状态机视图如图 11.6 所示。

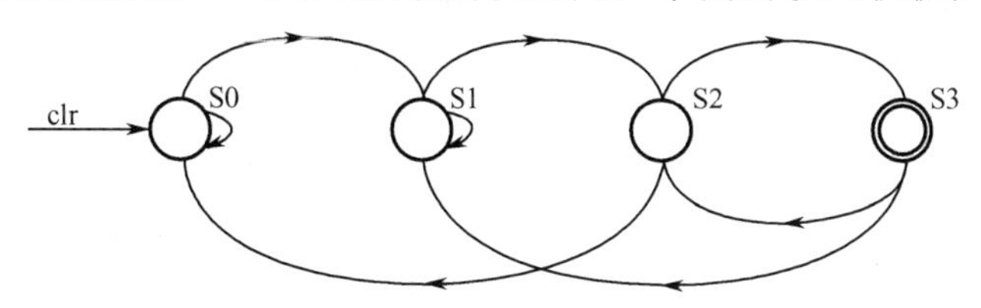

图 11.6　“101”序列检测器状态机视图

11.2.2　两段式状态机描述

例 11.3 采用两个过程对“101”序列检测器进行描述。

【例 11.3】　“101”序列检测器（CS+NS、OL 双过程描述）。

```
module fsm2_seq101(
              input clk,clr,x,
              output reg z);
reg[1:0] state;
parameter   S0=2'b00,S1=2'b01,S2=2'b11,S3=2'b10;
    /*状态编码，采用格雷码编码方式*/
always @(posedge clk, posedge clr)       /*此过程定义起始状态*/
begin  if(clr) state<=S0;                //异步复位，S0 为起始状态
        else case(state)
        S0:begin if(x) state<=S1; else state<=S0; end
        S1:begin if(x) state<=S1; else state<=S2; end
        S2:begin if(x) state<=S3; else state<=S0; end
        S3:begin if(x) state<=S1; else state<=S2; end
        default:state<=S0;
    endcase
end
always @(state)                          //产生输出逻辑（OL）
```

```
begin  case (state)
        S3: z=1'b1;
        default:z=1'b0;
endcase
end
endmodule
```

11.2.3　单段式描述

将有限状态机的现态、次态和输出逻辑（CS+NS+OL）放在一个过程中进行描述（单过程描述，单段式描述），如例 11.4 所示。

【例 11.4】　“101”序列检测器（CS+NS+OL 单过程描述）。

```
module fsm4_seq101(
              input clk,clr,x,
              output reg z);
reg[1:0] state;
parameter   S0=2'b00,S1=2'b01,S2=2'b11,S3=2'b10;
/*状态编码，采用格雷码编码方式*/
always @(posedge clk, posedge clr)
begin  if(clr) state<=S0;
        else case(state)
        S0:begin if(x) begin state<=S1; z=1'b0;end
               else begin state<=S0; z=1'b0;end  end
        S1:begin if(x) begin state<=S1; z=1'b0;end
               else begin state<=S2; z=1'b0;end  end
        S2:begin if(x) begin state<=S3; z=1'b0;end
               else begin state<=S0; z=1'b0;end  end
        S3:begin if(x) begin state<=S1; z=1'b1;end
               else begin state<=S2; z=1'b1;end  end
        default:begin state<=S0; z=1'b0;end    /*default语句*/
endcase  end
endmodule
```

本例的 RTL 综合视图如图 11.7 所示。可以看出，输出逻辑 z 也通过 D 触发器输出。这样做的好处是：相当于用时钟信号来同步输出信号，能克服输出逻辑出现毛刺的问题，适合在将输出信号作为控制逻辑的场合使用，有效避免产生错误控制动作的可能。

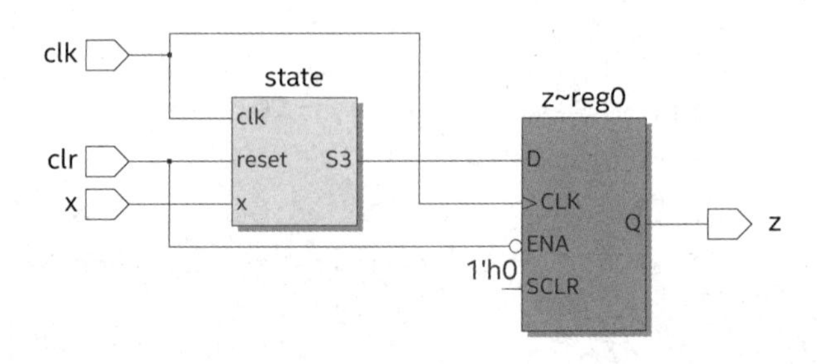

图 11.7　单过程描述的“101”序列检测器的 RTL 综合视图

例 11.5 是“101”序列检测器的 Test Bench 测试代码。

【例 11.5】　“101”序列检测器的 Test Bench 测试代码。

```
`timescale 1ns / 1ns
module seq_detec_tb;
parameter PERIOD = 20;
reg clk, clr, x;
wire z;
fsm4_seq101 i1(.clk(clk), .clr(clr), .x(x), .z(z));
    //待测模块 fsm4_seq101 源码见例 11.4

reg[7:0] buffer;
integer i;
task seq_gen(input[7:0] seq);         //将输入序列封装为 task 任务
  buffer = seq;
  for(i = 7; i >= 0; i = i-1) begin
    @(negedge clk)
      x = buffer[i];
  end
endtask

initial begin
  clk = 0;  clr = 0;
  @(negedge clk)
  clr = 1;
  seq_gen(8'b10101101);                //task 任务例化
  seq_gen(8'b01011101);                //task 任务例化
end

always begin                           //生成时钟信号
  #(PERIOD/2) clk = ~clk;
end
endmodule
```

将上面的代码在 ModelSim 中运行，得到图 11.8 所示的信号波形，验证功能正确。

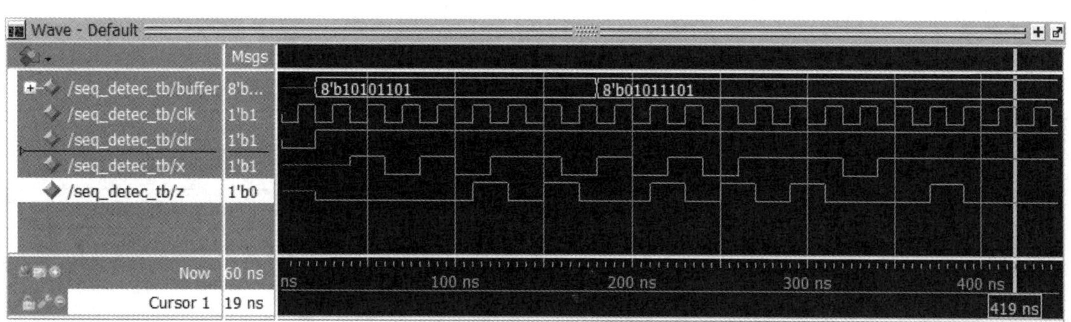

图 11.8　“101”序列检测器仿真波形图

11.3　状态的编码

11.3.1　常用的编码方式

在状态机设计中，有一个重要的问题是状态的编码，常用的编码方式有顺序编码、格雷编码、Johnson 编码和一位热码编码等。

1. 顺序编码

顺序编码采用顺序的二进制数编码的每个状态。例如，如果有 4 个状态分别为 state0、state1、state2 和 state3，其二进制编码各状态所对应的码字分别为 00、01、10 和 11。顺序编码的缺点是在从一个状态转换到相邻状态时，可能有多个比特位同时发生变化，瞬变次数多，容易产生毛刺，从而引发逻辑错误。

2. 格雷编码

如果将 state0、state1、state2 和 state3 这 4 个状态编码分别为 00、01、11 和 10，即为格雷（Gray）编码方式。格雷编码节省逻辑单元，而且在状态的顺序转换中（state0→state1→state2→state3→state0→…），相邻状态每次只有一个比特位产生变化，这样既减少了瞬变的次数，也减少了产生毛刺、产生一些暂态的可能性。

3. Johnson 编码

在 Johnson 计数器的基础上引出 Johnson 编码。Johnson 计数器是一种移位计数器，采用的是把输出的最高位取反，反馈送到最低位触发器的输入端。Johnson 编码每相邻两个码字间也是只有 1 个比特位是不同的。如果有 6 个状态 state0～state5，用 Johnson 编码则分别为 000、001、011、111、110 和 100。

4. 一位热码编码

一位热码（one-hot）采用 *n* 位（或 *n* 个触发器）来编码具有 *n* 个状态的状态机。例如，对于 state0、state1、state2 和 state3 这 4 个状态，可用码字 1000、0100、0010 和 0001 来代表。如果有 A、B、C、D、E 和 F 共 6 个状态需要编码，用顺序编码只需 3 位即可，但用一位热码编码则需 6 位，分别为 000001、000010、000100、001000、010000 和 100000。

表 11.1 是对 16 个状态分别用上述 4 种编码方式编码的对比。可以看出，为 16 个状态编码，顺序编码和格雷编码均需要 4 位，Johnson 编码需要 8 位，一位热码编码则需要 16 位。

表 11.1　4 种编码方式的对比

状　态	顺 序 编 码	格 雷 编 码	Johnson 编码	一位热码编码
state0	0000	0000	00000000	0000000000000001
state1	0001	0001	00000001	0000000000000010
state2	0010	0011	00000011	0000000000000100
state3	0011	0010	00000111	0000000000001000
state4	0100	0110	00001111	0000000000010000
state5	0101	0111	00011111	0000000000100000
state6	0110	0101	00111111	0000000001000000

续表

状　态	顺序编码	格雷编码	Johnson 编码	一位热码编码
state7	0111	0100	01111111	0000000010000000
state8	1000	1100	11111111	0000000100000000
state9	1001	1101	11111110	0000001000000000
state10	1010	1111	11111100	0000010000000000
state11	1011	1110	11111000	0000100000000000
State12	1100	1010	11110000	0001000000000000
state13	1101	1011	11100000	0010000000000000
state14	1110	1001	11000000	0100000000000000
state15	1111	1000	10000000	1000000000000000

采用一位热码编码，虽然多使用了触发器，但可以有效节省和简化译码电路。对于 FPGA 器件来说，采用一位热码编码可有效提高电路的速度和可靠性，也有利于提高器件资源的利用率。因此，对于 FPGA 器件，建议采用该编码方式。

11.3.2　状态编码的定义

在 Verilog HDL 中，可用来定义状态编码的语句有 parameter、`define 和 localparam。

例如，要为 ST1、ST2、ST3 和 ST4 这 4 个状态分别分配码字 00、01、11 和 10，可采用下面的几种方式。

（1）用 parameter 参数定义。

```
parameter ST1=2'b00,ST2=2'b01,
          ST3=2'b11,ST4=2'b10;
   …
case(state)
   ST1:    …;              //调用
   ST2:    …;
   …
```

（2）用`define 语句定义。

```
`define ST1  2'b00         //不要加分号“;”
`define ST2  2'b01
`define ST3  2'b11
`define ST4  2'b10
   …
   case(state)
   `ST1:   …;              //调用，不要漏掉符号“`”
   `ST2:   …;
   …
```

（3）用 localparam 定义

localparam 用于定义局部参数，localparam 定义的参数作用的范围仅限于本模块内，不可用于参数传递。由于状态编码一般只作用于本模块，不需要被上层模块重新定义，因此

localparam 语句很适合状态机参数的定义。用 localparam 语句定义参数的格式如下：

```
localparam  ST1=2'b00,ST2=2'b01,
            ST3=2'b11,ST4=2'b10;
    …
case(state)
    ST1:    …;          //调用
    ST2:    …;
    …
```

注：关键字`define，parameter 和 localparam 都可以用于定义参数和常量，三者用法及作用范围的区别如下。

① `define：其作用的范围可以是整个工程，能够跨模块，直到遇到`undef 时失效，所以用`define 定义常量和参数时，一般习惯将定义语句放在模块外。

② parameter：作用于本模块内，可通过参数传递改变下层模块的参数值。

③ localparam：局部参数，不能用于参数传递，常用于状态机参数的定义。

一般使用 case、casez 和 casex 语句来描述状态之间的转换，用 case 语句表述比用 if-else 语句更清晰明了。例 11.6 采用一位热码编码方式对例 11.2 的“101”序列检测器进行改写，对 s0～s3 这 4 个状态进行一位热码编码，并采用`define 语句进行定义。

【例 11.6】　“101”序列检测器（一位热码编码）。

```
`define S0  4'b0001      //一般把`define 定义语句放在模块外
`define S1  4'b0010      //一位热码编码
`define S2  4'b0100
`define S3  4'b1000
module fsm_seq101_onehot(
              input clk,clr,x,
              output reg z);
reg[3:0] state,next_state;
always @(posedge clk or posedge clr)
begin   if(clr) state<=`S0;           //异步复位，S0 为起始状态
        else state<=next_state;
end
always @*
begin
case (state)
        `S0:begin if(x) next_state<=`S1; else next_state<=`S0; end
        `S1:begin if(x) next_state<=`S1; else next_state<=`S2; end
        `S2:begin if(x) next_state<=`S3; else next_state<=`S0; end
        `S3:begin if(x) next_state<=`S1; else next_state<=`S2; end
        default: next_state<=`S0;
endcase  end
always @*
begin  case(state)
        `S3:        z=1'b1;
```

```
        default:    z=1'b0;
endcase end
endmodule
```

例 11.7 是一个“1111”序列检测器（输入序列中有 4 个或 4 个以上连续的 1 出现，输出为 1，否则输出为 0）的例子，采用 localparam 语句进行状态定义，并用单段式描述方式。图 11.9 是该序列检测器的状态机图。

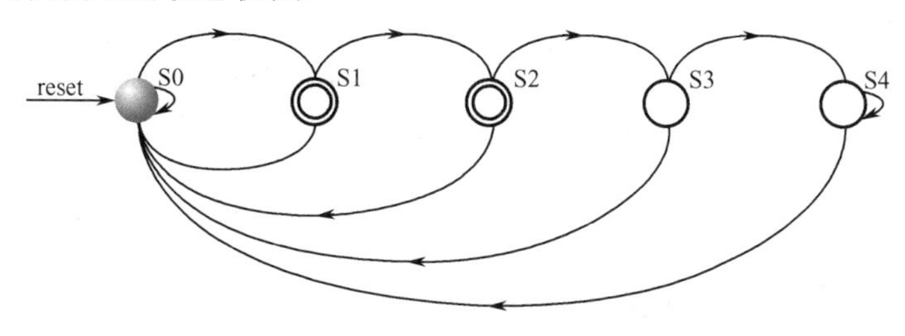

图 11.9　“1111”序列检测器状态机

【例 11.7】　“1111”序列检测器（单段式描述 CS+NS+OL）。

```
module seq_detect(
             input x,clk,reset,
             output reg z);
localparam S0='d0,S1='d1,S2='d2,S3='d3,S4='d4;
        //用 localparam 语句进行状态定义
reg[4:0] state;
always @(posedge clk)
begin if(!reset) begin  state<=S0;z<=0;  end
          else casex(state)
          S0:begin if(x==0)  begin state<=S0; z<=0; end
             else begin  state<=S1; z<=0;  end end
          S1:begin if(x==0)  begin state<=S0; z<=0; end
             else begin  state<=S2; z<=0; end end
          S2:begin if(x==0)  begin state<=S0; z<=0; end
             else begin  state<=S3; z<=0; end end
          S3:begin if(x==0)  begin  state<=S0; z<=0; end
             else begin  state<=S4; z<=1; end end
          S4:begin if(x==0)  begin state<=S0; z<=0; end
             else begin  state<=S4; z<=1; end end
          default: state<=S0;       //默认状态
      endcase
  end
endmodule
```

本例的 RTL 综合视图如图 11.10 所示，可以看到，输出逻辑 z 也由寄存逻辑输出。

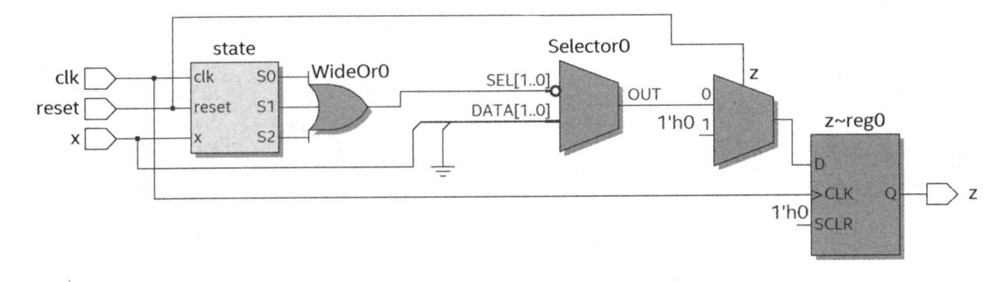

图 11.10　“1111”检测器 RTL 综合视图

编写“1111”序列检测器 Test Bench 测试代码如下。

【例 11.8】　“1111”序列检测器的 Test Bench 测试代码。

```
`timescale 1ns / 100ps
module seq_1111_tb;
parameter PERIOD = 20;
reg clk, clr, din=0;
wire z;
seq_detect i1(.clk(clk), .reset(clr), .x(din), .z(z));

reg[19:0] buffer;
integer i;

initial buffer = 20'b1110_1111_1011_1110_1101;
   //将测试数据进行初始化
always@(posedge clk)
  begin {din,buffer}={buffer,din}; end
   //输入信号 din
initial begin
  clk = 0;  clr = 0;
  @(posedge clk);
  @(posedge clk)  clr = 1;
end
always begin
  #(PERIOD/2) clk = ~clk;
end
endmodule
```

本例在 ModelSim 中用 run 500ns 命令进行仿真，得到图 11.11 所示的信号波形。

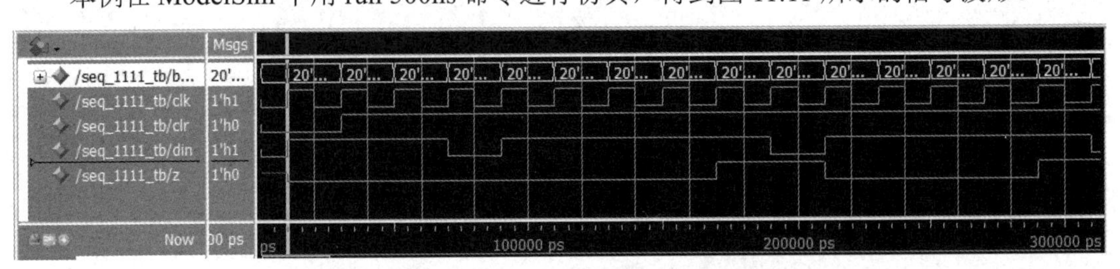

图 11.11　“1111”序列检测器仿真波形

11.3.3 用属性指定状态编码方式

可采用属性来指定状态编码方式。属性的格式没有统一的标准，在各个综合工具中是不同的。例如，在 Quartus Prime 中采用下面的写法：

```
(* fsm_encoding = "one-hot" *)  reg[3:0] state,next_state;
//以 one-hot 方式进行状态编码，state,next_state 是状态寄存器
```

在 Quartus Prime 中采用属性语句可指定的编码方式。

- "default"　　——默认方式，在该方式下根据状态的数量选择编码方式，状态数少于 5 个选择顺序编码；状态数为 5～50 个时，选择一位热码编码方式；状态数超过 50 个，选择格雷编码方式。
- "one-hot"　　——一位热码方式。
- "sequential"　——顺序编码方式。
- "gray"　　——格雷编码方式。
- "johnson"　　——Johnson 编码方式。
- "compact"　　——最少比特编码方式。
- "user"　　——用户自定义方式，用户可采用常数定义状态编码。

还可以采用属性语句将编码方式指定为安全（"safe"）编码方式，存在多余或无效状态的编码方式都是非安全的，有跑飞和进入无效死循环的可能，尤其是一位热码编码方式，有大量的无效状态。采用 Attribute 语句将编码方式指定为安全（"safe"）方式后，综合器会增加额外的处理电路，防止状态机进入无效死循环，或者因进入无效死循环而自动退出。

比如，例 11.7 的“1111”序列检测器，如果用属性语句指定编码方式为一位热码方式，其模块定义部分可以采用下面的写法：

```
module seq_detect(
            input x,clk,reset,
            output reg z);
localparam S0='d0,S1='d1,S2='d2,S3='d3,S4='d4;
        //用 localparam 语句进行状态定义
(* syn_encoding = "safe,one-hot" *) reg[4:0] state;
      //以 safe,one-hot 方式进行状态编码
```

11.3.4 多余状态的处理

在状态机设计中，通常会出现多余状态，尤其是一位热码编码，会有很多多余状态的出现，或称为无效状态、非法状态等。

有如下两种处理多余状态的方法。

- 在 case 语句中，用 default 分支决定一旦进入无效状态所采取的措施。
- 编写必要的 Verilog HDL 源代码，以明确定义进入无效状态所采取的行为。

需要注意的是，并非所有综合软件都能按照 default 语句指示，综合出有效避免无效死循环的电路，所以这种方法的有效性视所用综合软件的性能而定。

11.4 用有限状态机设计除法器

Verilog HDL 中虽有除法操作符，但其可综合性受到诸多限制。本节采用状态机实现除

法器设计。

【例 11.9】　用有限状态机实现除法器。

```
module divider_fsm
     #(parameter WIDTH=8)
      (input  clk,
       input  rstn,
       input  en,                          //输入使能，为 1 时开始计算
       input[WIDTH-1:0] a,                 //被除数
       input[WIDTH-1:0] b,                 //除数
       output wire [WIDTH-1:0] qout,       //商
       output wire [WIDTH-1:0] rem,        //余数
       output wire  ready,
       output wire  done);                 //输出使能，为 1 时可取走结果
reg[WIDTH*2-1:0] a_tmp, b_tmp;
reg[WIDTH-1:0]  q_tmp, r_tmp;
reg[3:0] current_state, next_state;
reg[WIDTH-1:0] count;
parameter ST =4'b0001,    SUB  =4'b0010,
          SHIFT=4'b0100,  DO =4'b1000;
always@(posedge clk, negedge rstn)      //定义状态转换
begin
  if(!rstn) current_state <= ST;
  else current_state <= next_state;
end
always @(*) begin
  next_state <= 2'bx;
  case(current_state)
    ST: if(en)  next_state <= SUB;
          else  next_state <= ST;
    SUB:  next_state <= SHIFT;
    SHIFT:if(count<WIDTH) next_state <= SUB;
          else next_state <= DO;
    DO: next_state  <= ST;
  endcase
end
always@(posedge clk, negedge rstn)
begin
   if(!rstn) begin
     {a_tmp, b_tmp, q_tmp, r_tmp} <= 0;
      count <= 0; end
   else begin
   case(current_state)
     ST: begin
```

```
        a_tmp <= {{WIDTH{1'b0}},a};
        b_tmp  <= {b,{WIDTH{1'b0}}};  end
    SUB: begin
        if(a_tmp>=b_tmp) begin
          q_tmp <= {q_tmp[WIDTH-2:0],1'b1};
          a_tmp <= a_tmp-b_tmp; end
        else begin
          q_tmp <= {q_tmp[WIDTH-2:0],1'b0};
          a_tmp <= a_tmp; end
         end
    SHIFT: begin
        if(count<WIDTH) begin
          a_tmp <= a_tmp<<1;
          count <= count+1; end
        else begin r_tmp <= a_tmp[WIDTH*2-1:WIDTH]; end
           end
    DO: begin count <= 0; end
  endcase
end end
assign qout  = q_tmp;
assign rem = r_tmp;
assign done=(current_state==DO)? 1'b1:1'b0;
assign ready=(current_state==ST)? 1'b1:1'b0;
endmodule
```

例 11.9 实现除法操作采用模拟手算除法的方法，其过程如下。

假如被除数 a、除数 b 均为位宽为 W 位的无符号整数，则其商和余数的位宽不会超过 W 位。

步骤 1：当输入使能信号(en)为 1 时，将被除数 a 高位补 W 个 0，位宽变为 2W(a_tmp)；除数 b 低位补 W 个 0，位宽也变为 2W（b_tmp）；初始化迭代次数 i=0，到步骤 2；

步骤 2：比较 a_tmp 与 b_tmp，如 a_tmp>b_tmp 成立，则 a_tmp=a_tmp−b_tmp+1，到步骤 3；如 a_tmp<b_tmp，则不做减法直接到步骤 3；

步骤 3：如迭代次数 i<W，将 a_tmp 左移一位（末尾补 0），回到步骤 2 继续迭代；否则，结束迭代运算，到步骤 4；

步骤 4：将输出使能信号（done）置 1，商为 a_tmp 的高 W 位，余数为 a_tmp 的低 W 位。

根据以上过程编写的有限状态机除法器源码，如例 11.10 所示。

【例 11.10】　有限状态机除法器的 Test Bench 测试代码。

```
`timescale 1ns/1ns
module divider_fsm_tb();
parameter WIDTH = 16;
reg  clk;
reg  rstn, en;
```

```
wire ready;
reg[WIDTH-1:0]  a, b;
wire[WIDTH-1:0] qout, rem;
wire  done;
always #10 clk = ~clk;
integer i;
initial begin
      rstn = 0; clk = 1; en = 0;
  #30 rstn = 1;
  repeat(2) @(posedge clk);
    en <= 1;
    a <= $urandom()% 2000;
    b  <= $urandom()% 200;
    wait(done == 1);
    en <= 0;
  repeat(3) @(posedge clk);
    en <= 1;
    a <= {$random()}% 1000;
    b  <= {$random()}% 100;
    wait(done == 1);
    en <= 0;
  repeat(3) @(posedge clk);
    a <= {$random()}% 500;
    b  <= {$random()}% 500;
    wait(done == 1);
    en <= 0;
end
divider_fsm #(.WIDTH(WIDTH))
     u1(.clk(clk), .rstn(rstn), .en(en), .ready(ready),
        .a(a), .b(b), .qout(qout), .rem(rem), .done(done));
initial begin
   $fsdbDumpvars();
   $fsdbDumpMDA();
   $dumpvars();
   #3200 $stop; end
endmodule
```

本例综合后的状态机视图如图 11.12 所示。图 11.13 是其仿真波形图，可见功能正确。

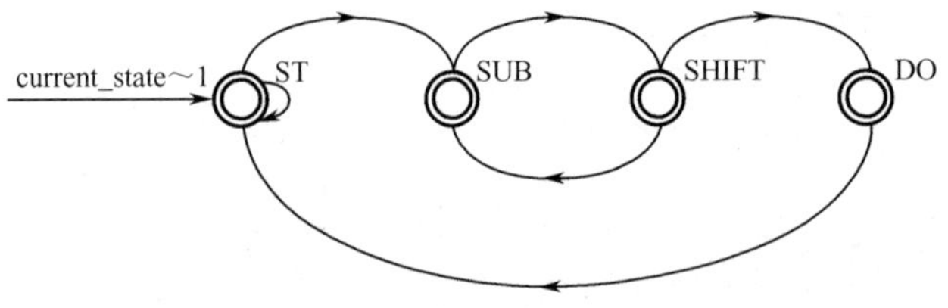

图 11.12　除法电路状态机视图

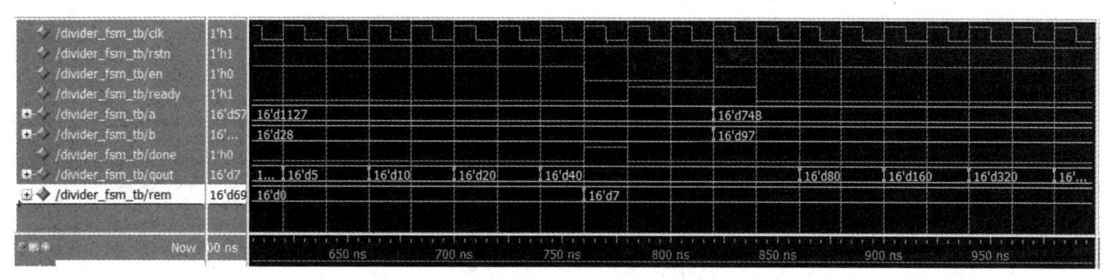

图 11.13　除法运算电路仿真波形图

11.5　用有限状态机控制流水灯

采用有限状态机设计流水灯控制器，控制 10 个 LED 灯实现如下演示花型。

① 从两边往中间逐个亮，全灭。

② 从中间往两边逐个亮，全灭。

③ 循环执行上述过程。

1. 流水灯控制器

采用有限状态机描述流水灯控制器，如例 11.11 所示，采用双段式描述：一个过程用于描述状态转移；另一个过程用于产生输出逻辑。

【例 11.11】　用状态机控制 10 路 LED 灯实现花型演示。

```
`timescale 1ns/1ps
module ripple_led(
          input clk50m,          //50MHz 时钟信号
          input clr,             //复位信号
          output reg[9:0] led);
reg[3:0] state;
wire clk10hz;
parameter S0='d0,S1='d1,S2='d2,S3='d3,S4='d4,S5='d5,S6='d6,
S7='d7,S8='d8,S9='d9,S10='d10,S11='d11;

clk_div  #(10) u1(                     //产生 10Hz 时钟信号
          .clk(clk50m),
          .clr(clr),
          .clk_out(clk10hz)
           );
always @(posedge clk10hz,negedge clr)  //状态转移
  begin if(!clr) state<=S0;
        else  case(state)
        S0: state<=S1;      S1: state<=S2;
        S2: state<=S3;      S3: state<=S4;
        S4: state<=S5;      S5: state<=S6;
        S6: state<=S7;      S7: state<=S8;
        S8: state<=S9;      S9: state<=S10;
```

```
        S10: state<=S11;    S11: state<=S0;
        default: state<=S0;
        endcase
  end
always @(state)                        //产生输出逻辑（OL）
  begin  case(state)
      S0:led<=10'b0000000000;          //全灭
      S1:led<=10'b1000000001;          //从两边往中间逐个亮
      S2:led<=10'b1100000011;
      S3:led<=10'b1110000111;
      S4:led<=10'b1111001111;
      S5:led<=10'b1111111111;          //全亮
      S6:led<=10'b0000000000;          //全灭
      S7:led<=10'b0000110000;          //从中间往两边逐个亮
      S8:led<=10'b0001111000;
      S9:led<=10'b0011111100;
      S10:led<=10'b0111111110;
      S11:led<=10'b1111111111;
      default:led<=10'b0000000000;
  endcase;
  end
endmodule
```

本例代码中的分频子模块 clk_div 见第 10 章的例 10.21。

2. 引脚分配与锁定

用 Quartus 自带的编辑器或者第三方文本编辑器（如 Notepad++）打开.qsf 文件，编辑该文件以进行引脚分配。打开本例的 led.qsf 文件，可看到文件中包含了器件信息、源文件、顶层实体、引脚约束等各种信息，可在其中添加和修改引脚锁定信息和引脚电压等。编辑完成的 led.qsf 文件中有关器件和引脚锁定的内容如下：

```
set_global_assignment -name FAMILY "MAX 10"
set_global_assignment -name DEVICE 10M50DAF484C7G
set_location_assignment PIN_P11 -to clk50m
set_location_assignment PIN_C10 -to clr
set_location_assignment PIN_B11 -to led[9]
set_location_assignment PIN_A11 -to led[8]
set_location_assignment PIN_D14 -to led[7]
set_location_assignment PIN_E14 -to led[6]
set_location_assignment PIN_C13 -to led[5]
set_location_assignment PIN_D13 -to led[4]
set_location_assignment PIN_B10 -to led[3]
set_location_assignment PIN_A10 -to led[2]
set_location_assignment PIN_A9 -to led[1]
set_location_assignment PIN_A8 -to led[0]
```

在引脚锁定后，用 Quartus Prime 软件重新编译工程，然后在 DE10-Lite 目标板上下载，观察 10 个 LED 灯（LEDR9～LEDR0）的实际演示效果。采用有限状态机控制流水灯，结构清晰，修改方便，可在本设计的基础上编程实现更多演示花型。

11.6　用状态机控制字符液晶

常用的字符液晶的是 LCD1602，它可以显示 16×2 个 5×7 大小的点阵字符。字符液晶属于慢设备，平时常用单片机对其进行控制和读/写。用 FPGA 驱动 LCD1602，最好的方法是采用状态机，通过同步状态机模拟单步执行驱动 LCD1602，可以很好地实现对 LCD1602 的读/写，也很好地体现了状态机逻辑控制的实质就是模拟单步执行。

1. 字符液晶 LCD1602 及其端口

市面上的 LCD1602 基本上是兼容的，区别仅在于是否带有背光，其驱动芯片都是 HD44780 及其兼容芯片，在驱动芯片的字符发生存储器（Character Generator ROM，CGROM）中固化了 192 个常用字符的字模。

LCD1602 的接口基本一致，为 16 引脚的单排插针外接端口，一般其排列如图 11.14 所示，其功能如表 11.2 所示。

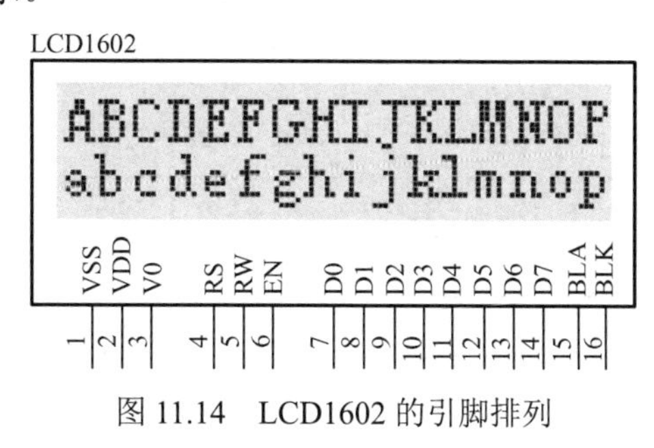

图 11.14　LCD1602 的引脚排列

表 11.2　LCD1602 的引脚功能

引　脚　号	引 脚 名 称	引 脚 功 能
1	VSS	接地
2	VDD	电源正极
3	V0	背光偏压，液晶对比度调整端
4	RS	数据/命令，0 为指令，1 为数据
5	RW	读/写选择，0 为写，1 为读
6	EN	使能信号
7～14	D[0]～D[7]	8 位数据
15	BLA	背光阳极
16	BLK	背光阴极

LCD1602 控制线主要分 4 类。

① RS：数据/指令选择端，当 RS=0 时，写指令；当 RS=1 时，写数据。

② RW：读/写选择端，当 RW=0 时，写指令/数据；当 RW=1 时，读状态/数据。

③ EN：使能端，下降沿使指令/数据生效。

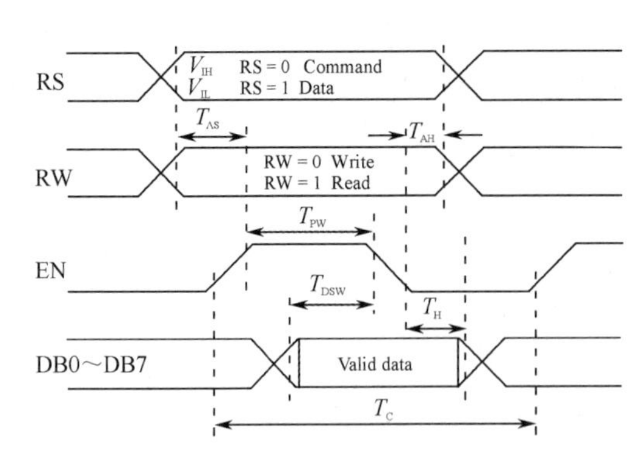

图 11.15　LCD1602 数据读/写时序

④ D[0]～D[7]：8 位双向数据线。

2. LCD1602 的数据读/写时序

LCD1602 的数据读/写时序如图 11.15 所示，其读/写操作时序由使能信号 EN 完成；对读/写操作的识别是判断 RW 信号上的电平状态，当 RW 为 0 时向显示数据存储器写数据，数据在使能信号 EN 的上升沿被写入，当 RW 为 1 时将液晶模块的数据读入；RS 信号用于识别数据总线 DB0～DB7 上的数据是指令代码还是显示数据。

3. LCD1602 的指令集

LCD1602 的读/写操作、屏幕和光标的设置都是通过指令来实现的，共支持 11 条控制指令，这些指令可查阅相关资料，需要注意的是，液晶模块属于慢显示设备，因此，在执行每条指令之前，一定要确认模块的忙标志为低电平（表示不忙），否则此指令失效。显示字符时要先输入显示字符地址，也就是告诉模块在哪里显示字符，表 11.3 是 LCD1602 的内部显示地址。

表 11.3　LCD1602 的内部显示地址

显示位置	1	2	3	4	5	6	7	8	9	10	11	12	13	14	15	16
第 1 行	80	81	82	83	84	85	86	87	88	89	8A	8B	8C	8D	8E	8F
第 2 行	C0	C1	C2	C3	C4	C5	C6	C7	C8	C9	CA	CB	CC	CD	CE	CF

4. LCD1602 的字符集

LCD1602 模块内部的字符发生存储器（CGROM）中固化了 192 个常用字符的字模，其中，常用的 128 个阿拉伯数字、大小写英文字母和常用符号等如表 11.4 所示（十六进制表示）。比如，大写的英文字母 A 的代码是 41H，把地址 41H 中的点阵字符图形显示出来，就能看到字母 A。

表 11.4　CGROM 中字符与代码的对应关系

低位	高位						
	0	**2**	**3**	**4**	**5**	**6**	**7**
0	CGRAM		0	@	P	\	p
1		!	1	A	Q	a	q
2		”	2	B	R	b	r
3		#	3	C	S	c	s
4		$	4	D	T	d	t
5		%	5	E	U	e	u
6		&	6	F	V	f	v

续表

低位	高位						
	0	2	3	4	5	6	7
7		'	7	G	W	g	w
8		(	8	H	X	h	x
9		)	9	I	Y	i	y
a		*	:	J	Z	j	z
b		+	;	K	[	k	{
c		,	<	L	¥	l	|
d		–	=	M	]	m	}
e		.	>	N	^	n	→
f		/	?	O	_	o	←

5. LCD1602 的初始化

LCD1602 开始显示前需要进行必要的初始化设置，包括设置显示模式、显示地址等，初始化指令及其功能如表 11.5 所示。

表 11.5　LCD1602 的初始化指令及其功能

初始化过程	初始化指令	功　　能
1	8 ' h38, 8 ' h30	设置显示模式：16×2 显示，5×7 点阵，8 位数据接口
2	8 ' h0c	开显示，光标不显示（如要显示光标可改为 8 ' h0e）
3	8 ' h06	光标设置：光标右移，字符不移
4	8 ' h01	清屏，将以前的显示内容清除
行地址	1 行：' h80 2 行：' hc0	第 1 行地址 第 2 行地址

6. 用状态机驱动 LCD1602 实现字符的显示

FPGA 驱动 LCD1602，其实就是通过同步状态机模拟单步执行驱动 LCD1602，其过程是先初始化 LCD1602，然后写地址，最后写入显示数据。

用状态机驱动 LCD1602 实现字符显示的代码见例 11.12，如下几点需特别注意。

① LCD1602 的初始化过程主要由以下 4 条指令配置。

- 工作方式设置 MODE_SET：8'h38 或 8'h30，两者的区别在于 2 行显示还是 1 行显示。
- 显示开/关及光标设置 CURSOR_SET：8'h0c。
- 显示模式设置 ENTRY_SET：8'h06。
- 清屏设置 CLEAR_SET：8'h01。

由于是写指令，所以 RS=0；写完指令后，EN 下降沿使能。

② 初始化完成后，需写入地址，第一行初始地址是 8'h80；第二行初始地址是 8'hc0。写入地址时 RS=0，写完地址后，EN 下降沿使能。

③ 写入地址后，开始写入显示数据。需注意地址指针每写入一个数据后会自动加 1。

写入数据时 RS=1，写完数据后，EN 下降沿使能。

④ 由于需要动态显示，所以数据要刷新。由于采用了同步状态机模拟 LCD1602 的控制时序，所以在显示完最后的数据后，状态要跳回写入地址状态，以便进行动态刷新。

此外，需要注意 LCD1602 是慢速器件，所以应将其工作时钟设置为合适的频率。本例采用的是计数延时使能驱动，代码中通过计数器定时得出 lcd_clk_en 信号驱动，不同厂家生产的 LCD1602 延时也不同。本例采用的是间隔 500ns 使能驱动，延时长一些会更可靠。

【例 11.12】 控制字符液晶 LCD1602，实现字符和数字的显示。

```
module lcd1602
   (input clk50m,              //50MHz 时钟
    input reset,               //系统复位
    output bla,                //背光阳极+
    output blk,                //背光阴极-
    output reg lcd_rs,
    output lcd_rw,
    output reg lcd_en,
    output reg [7:0] lcd_data);
parameter MODE_SET = 8'h30,     //用于液晶初始化的参数
   //工作方式设置:DB4=1,8 位数据接口,DB3=0,1 行显示,DB2=0,5x8 点阵显示
        CURSOR_SET = 8'h0c
   //显示开关设置:DB2=1,显示开,DB1=0,光标不显示,DB0=0,光标不闪烁
        ENTRY_SET = 8'h06
   //进入模式设置:DB1=1,写入新数据光标右移,DB0=0,显示不移动
        CLEAR_SET = 8'h01;     //清屏
//---------产生 1Hz 秒表时钟信号----------------
wire clk_1hz;
clk_div  #(1)  u1(            //产生 1Hz 秒表时钟信号
          .clk(clk50m),   //clk_div 源码见例 10.21
          .clr(1),
          .clk_out(clk_1hz));
//---------秒表计时，每 10 分钟重新循环----------------
reg[7:0] sec;
reg[3:0] min;
always @(posedge clk_1hz, negedge reset)
begin
   if(!reset)  begin sec<=0;min<=0;end
    else  begin
     if(min==9&&sec==8'h59)
     begin min<=0;sec<=0; end
     else if(sec==8'h59)
       begin min<=min+1; sec<=0;  end
     else if(sec[3:0]==9)
        begin sec[7:4]<=sec[7:4]+1;  sec[3:0]<=0; end
     else sec[3:0]<=sec[3:0]+1;
    end
```

```
end
//------------产生 lcd1602 使能驱动 sys_clk_en--------------
reg [31:0] cnt;
reg lcd_sys_clk_en;
always @(posedge clk50m, negedge reset)
  begin
      if(!reset)
      begin  cnt<=1'b0;  lcd_sys_clk_en<=1'b0;  end
      else if(cnt == 32'h24999)    //500us
      begin  cnt<=1'b0;  lcd_sys_clk_en<=1'b1;  end
      else
      begin  cnt<=cnt + 1'b1;  lcd_sys_clk_en<=1'b0;  end
  end
//----------------lcd1602 显示状态机----------------------
wire[7:0] sec0,sec1,min0;           //秒表的秒、分钟数据（ASCII 码）
wire[7:0] addr;                     //写地址
reg[4:0] state;
assign min0 = 8'h30 + min;
assign sec0 = 8'h30 + sec[3:0] ;
assign sec1 = 8'h30 + sec[7:4] ;
assign addr = 8'h80;               //赋初始地址
always@(posedge clk50m, negedge reset)
begin
       if(!reset)
       begin
              state <= 1'b0;      lcd_rs <= 1'b0;
              lcd_en <= 1'b0;     lcd_data <= 1'b0;
       end
       else if(lcd_sys_clk_en)
       begin
       case(state)                        //初始化
       5'd0: begin
              lcd_rs <= 1'b0;
              lcd_en <= 1'b1;
              lcd_data <= MODE_SET;    //显示格式设置: 8 位格式,2 行,5*7
              state <= state + 1'd1;
              end
       5'd1: begin  lcd_en<=1'b0;  state<=state+1'd1;  end
       5'd2: begin
              lcd_rs <= 1'b0;
              lcd_en <= 1'b1;
              lcd_data <= CURSOR_SET;
              state <= state + 1'd1;
              end
       5'd3: begin  lcd_en <= 1'b0;  state <= state + 1'd1;  end
```

```
        5'd4: begin
              lcd_rs <= 1'b0;  lcd_en <= 1'b1;
              lcd_data <= ENTRY_SET;
              state <= state + 1'd1;
              end
        5'd5: begin  lcd_en <= 1'b0; state <= state + 1'd1;  end
        5'd6: begin
              lcd_rs <= 1'b0;
              lcd_en <= 1'b1;
              lcd_data <= CLEAR_SET;
              state <= state + 1'd1;
              end
        5'd7: begin  lcd_en <= 1'b0;  state <= state + 1'd1;  end
        5'd8: begin                   //显示
              lcd_rs <= 1'b0;
              lcd_en <= 1'b1;
              lcd_data <= addr;        //写地址
              state <= state + 1'd1;
              end
        5'd9: begin  lcd_en <= 1'b0;  state<=state+1'd1;  end
        5'd10: begin
              lcd_rs <= 1'b1;
              lcd_en <= 1'b1;
              lcd_data <= min0 ;       //写数据
              state <= state + 1'd1;
              end
        5'd11: begin  lcd_en <= 1'b0;  state <= state+1'd1;  end
        5'd12: begin
              lcd_rs <= 1'b1;
              lcd_en <= 1'b1;
              lcd_data <= "m";         //写数据
              state <= state + 1'd1;
              end
        5'd13: begin  lcd_en <= 1'b0; state <= state+1'd1;  end
        5'd14: begin
              lcd_rs <= 1'b1;
              lcd_en <= 1'b1;
              lcd_data <= "i";        //写数据
              state <= state + 1'd1;
              end
        5'd15: begin  lcd_en <= 1'b0;  state <= state+1'd1;  end
        5'd16: begin
              lcd_rs <= 1'b1;
              lcd_en <= 1'b1;
              lcd_data <= "n";       //写数据
```

```
        state <= state + 1'd1;
        end
    5'd17: begin  lcd_en <= 1'b0;  state <= state+1'd1;  end
    5'd18: begin
        lcd_rs <= 1'b1;
        lcd_en <= 1'b1;
        lcd_data <=" ";         //显示空格
        state <= state + 1'd1;
        end
    5'd19: begin  lcd_en<=1'b0;  state<=state+1'd1;  end
    5'd20: begin
        lcd_rs <= 1'b1;
        lcd_en <= 1'b1;
        lcd_data <=sec1;      //显示秒数据，十位
        state <= state + 1'd1;
        end
    5'd21: begin  lcd_en<=1'b0;  state<=state+1'd1;  end
    5'd22: begin
        lcd_rs <= 1'b1;
        lcd_en <= 1'b1;
        lcd_data <=sec0;        //显示秒数据，个位
        state <= state + 1'd1;
        end
    5'd23: begin  lcd_en<=1'b0; state<=state+1'd1;  end
    5'd24: begin
        lcd_rs <= 1'b1;
        lcd_en <= 1'b1;
        lcd_data <= "s";      //写数据
        state <= state + 1'd1;
        end
     5'd25: begin  lcd_en <= 1'b0;  state<=state+1'd1;  end
     5'd26: begin
        lcd_rs <= 1'b1;
        lcd_en <= 1'b1;
        lcd_data <= "e";      //写数据
        state <= state + 1'd1;
        end
     5'd27: begin  lcd_en <= 1'b0;  state<=state+1'd1;  end
     5'd28: begin
        lcd_rs <= 1'b1;
        lcd_en <= 1'b1;
        lcd_data <= "c";     //写数据
        state <= state + 1'd1;
        end
     5'd29: begin  lcd_en <= 1'b0; state <= 5'd8;  end
```

```
            default: state <= 5'bxxxxx;
            endcase
        end
    end
    assign lcd_rw = 1'b0;          //只写
    assign blk = 1'b0;             //背光驱动-
    assign bla = 1'b1;             //背光驱动+
    endmodule
```

将 LCD1602 液晶连接至 DE10-Lite 目标板的扩展接口上，约束文件（.qsf）中有关引脚锁定的内容如下。

```
set_location_assignment PIN_P11 -to clk50m
set_location_assignment PIN_C10 -to reset
set_location_assignment PIN_W10 -to lcd_rs
set_location_assignment PIN_W9  -to lcd_rw
set_location_assignment PIN_W8  -to lcd_en
set_location_assignment PIN_W7    -to lcd_data[0]
set_location_assignment PIN_V5    -to lcd_data[1]
set_location_assignment PIN_AA15 -to lcd_data[2]
set_location_assignment PIN_W13  -to lcd_data[3]
set_location_assignment PIN_AB13 -to lcd_data[4]
set_location_assignment PIN_Y11  -to lcd_data[5]
set_location_assignment PIN_W11  -to lcd_data[6]
set_location_assignment PIN_AA10 -to lcd_data[7]
set_location_assignment PIN_Y8 -to bla
set_location_assignment PIN_Y7 -to blk
```

此外，液晶电源接 3.3V，背光偏压 V0 接地（V0 是液晶屏对比度调整端，接地时对比度达到最大，通过电位器将其调节到 0.3～0.4V 即可）。对本例进行综合，然后在目标板上下载，当复位键（SW0）为高时，可观察到液晶屏上的分秒计时显示效果如图 11.16 所示。

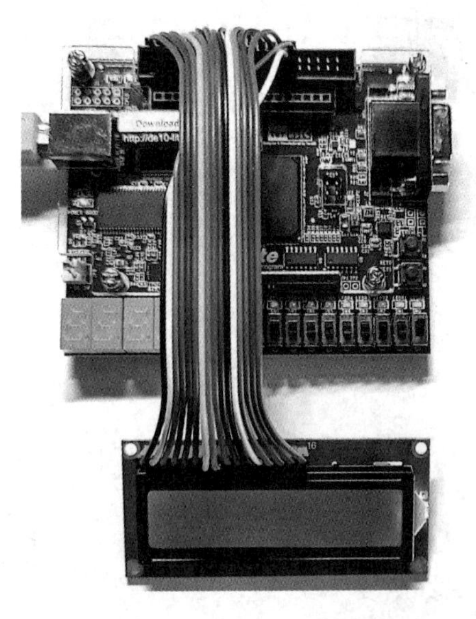

图 11.16　LCD1602 字符液晶显示效果

习　题　11

11.1　设计一个“1001”串行数据检测器。其输入、输出如下所示。

输入 x：000 101 010 010 011 101 001 110 101

输出 z：000 000 000 010 010 000 001 000 000

11.2　设计一个 111 串行数据检测器。要求：当检测到连续 3 个或 3 个以上的 1 时，输出为 1，其他情况下输出为 0。

11.3　编写一个 8 路彩灯控制程序，要求彩灯有以下 3 种演示花型。

① 8 路彩灯同时亮灭。

② 从左至右逐次亮（每次只有 1 路亮）。

③ 8 路彩灯每次 4 路灯亮，4 路灯灭，且亮灭相间，交替亮灭。

在演示过程中，只有当一种花型演示完毕才能转向其他演示花型。

11.4　用状态机设计一个交通灯控制器，设计要求：A 路和 B 路的每路都有红、黄、绿三种灯，持续时间为：红灯 45s，黄灯 5s，绿灯 40s。A 路和 B 路灯的状态转换如下。

① A 红，B 绿（持续时间 40s）。

② A 红，B 黄（持续时间 5s）。

③ A 绿，B 红（持续时间 40s）。

④ A 黄，B 红（持续时间 5s）。

11.5　已知某同步时序电路状态机图如图 11.17 所示，试设计满足上述状态图的时序电路，用 Verilog HDL 描述实现该电路，并进行综合和仿真，电路要求有时钟信号和同步复位信号。

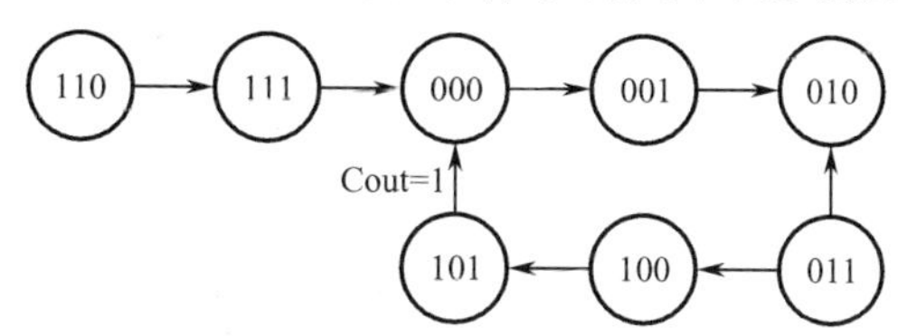

图 11.17　状态机图

11.6　用状态机实现 32 位无符号整数除法电路。

11.7　设计一个汽车尾灯控制电路。已知汽车左右两侧各有 3 个尾灯，如图 11.18 所示，要求控制尾灯按如下规则亮/灭。

① 汽车沿直线行驶时，两侧的指示灯全灭。

② 汽车右转弯时，左侧的指示灯全灭，右侧的指示灯按 000、100、010、001、000 循环顺序点亮。

③ 汽车左转弯时，右侧的指示灯全灭，左侧的指示灯按与右侧同样的循环顺序点亮。

④ 在直行时刹车，两侧的指示灯全亮；在转弯时刹车，转弯这一侧的指示灯按上述循环顺序点亮，另一侧的指示灯全亮。

⑤ 汽车临时故障或紧急状态时，两侧的指示灯闪烁。

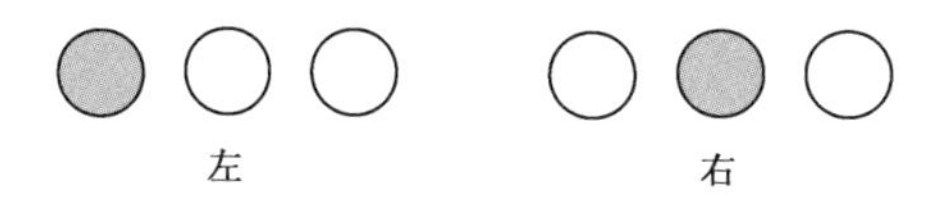

图 11.18　汽车尾灯示意图

参考设计如例 11.13 所示。

【例 11.13】　汽车尾灯控制器。

```
module backlight(
      input clk50m,            //时钟信号
      input turnl,turnr,       //左转右转信号
      input brake,             //刹车信号
      input fault,             //故障信号
      output[2:0] lightl,      //左侧灯
      output[2:0] lightr);     //右侧灯
reg[23:0] count;
wire clock;
reg[2:0] shift=3'b001;
reg flash=1'b0;
always@(posedge clk50m)
   begin if(count==12500000) count<=0; else count<=count+1; end
   assign clock=count[23];
always@(posedge clock)
   begin  shift={shift[1:0],shift[2]};flash=~flash;  end
assign lightl=turnl?shift:brake?3'b111:fault?{3{flash}}:3'b000;
assign lightr=turnr?shift:brake?3'b111:fault?{3{flash}}:3'b000;
endmodule
```

下载与验证：用 Quartus Prime 综合上面的代码，然后在目标板上下载。

第 12 章　Verilog HDL 设计实例

本章通过 PS/2 键盘、超声波测距、矩阵键盘、点阵式液晶、VGA 显示器、TFT 液晶屏、整数开方运算、Cordic 算法等 Verilog HDL 设计实例，展示 Verilog HDL 在控制电路、算术运算、数字信号处理等领域的应用。

12.1　标准 PS/2 键盘

1. 标准 PS/2 键盘物理接口的定义

PS/2 键盘接口标准是由 IBM 在 1987 年推出的，该标准定义了 84—101 键的键盘，主机和键盘之间由 6 引脚 mini-DIN 连接器连接，采用双向串行通信协议进行通信。标准 PS/2 键盘 mini-DIN 连接器结构及其引脚定义见表 12.1。6 个引脚中只使用了 4 个，其中，第 3 脚接地，第 4 引脚接+5 V 电源，第 2 与第 6 引脚保留；第 1 引脚为 Data（数据），第 5 引脚为 Clock（时钟），Data 与 Clock 这 2 个引脚采用了集电极开路设计。因此，标准 PS/2 键盘与接口相连时，这 2 个引脚接一个上拉电阻方可使用。

表 12.1　PS/2 端口结构及其引脚定义

标准 PS/2 键盘 mini-DIN 连接器		引脚号	名 称	功 能
5 6 / 3 4 / 1 2	6 5 / 4 3 / 2 1	1	Data	数据
		2	N.C	未用
		3	GND	电源地
		4	VCC	+5 V 电源
		5	Clock	时钟信号
插头（Plug）	插座（Socket）	6	N.C	未用

2. 标准 PS/2 接口时序及通信协议

PS/2 接口与主机之间的通信采用双向同步串行协议。PS/2 接口的 Data 与 Clock 这 2 个引脚都是集电极开路的，平时都是高电平。数据从 PS/2 设备发送到主机或从主机发送到 PS/2 设备，时钟都是由 PS/2 设备产生的；主机对时钟控制有优先权，即主机要发送控制指令给 PS/2 设备时，可以拉低时钟线至少 100μs，然后再下拉数据线，传输完成后释放时钟线为高。

当 PS/2 设备准备发送数据时，首先检查 Clock 是否为高电平。如果 Clock 为低电平，则认为主机抑制了通信，此时它缓冲数据直到获得总线的控制权；如果 Clock 为高电平，PS/2 则开始向主机发送数据，数据发送按帧进行。

PS/2 键盘接口时序和数据格式如图 12.1 所示。数据位在 Clock 为高电平时准备好，在 Clock 下降沿被主机读入。数据帧格式为：1 个起始位（逻辑 0）；8 个数据位，低位在前；1 个奇校验位；1 个停止位（逻辑 1）；1 个应答位（仅用在主机对设备的通信中）。

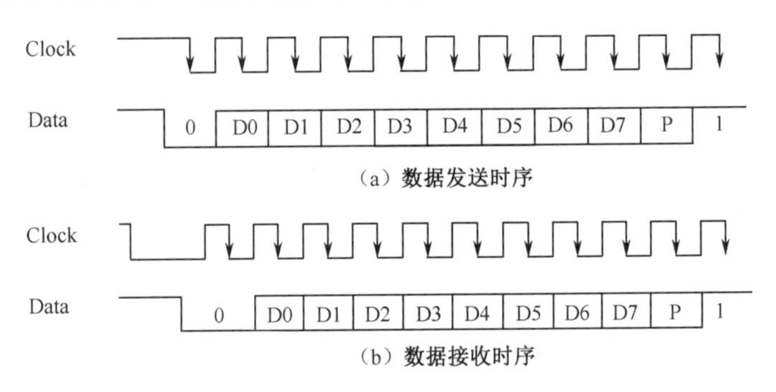

图 12.1　PS/2 键盘接口时序和数据格式

3. PS/2 键盘扫描码

现在 PC 使用的 PS/2 键盘都默认采用第二套扫描码集，扫描码有两种：通码（Make code）和断码（Break code）。当一个键被按下或被持续按住时，键盘将该键的通码发送给主机；当一个键被释放时，键盘将该键的断码发送给主机。每个键都有自己唯一的通码和断码。

通码都只有 1 字节宽度，但也有少数“扩展按键”的通码是 2 字节或 4 字节宽，根据通码字节数，可将按键分为如下 3 类。

- 第 1 类按键，通码为 1 字节，断码为 0xF0+通码形式。如 A 键，其通码为 0x1C，断码为 0xF0 0x1C。
- 第 2 类按键，通码为 2 字节 0xE0 + 0xXX 形式，断码为 0xE0+0xF0+0xXX 形式。如右 Ctrl 键，其通码为 0xE0 0x14，断码为 0xE0 0xF0 0x14。
- 第 3 类特殊按键有两个：Print Screen 键的通码为 0xE0 0x12 0xE0 0x7C，断码为 0xE0 0xF0 0x7C 0xE0 0xF0 0x12；Pause 键的通码为 0x El 0x14 0x77 0xEl 0xF0 0x14 0xF0 0x77，断码为空。

PS/2 键盘各按键的通码如图 12.2 所示，其中 0～9 十个数字键和 26 个英文字母键对应的通码、断码如表 12.2 所示。

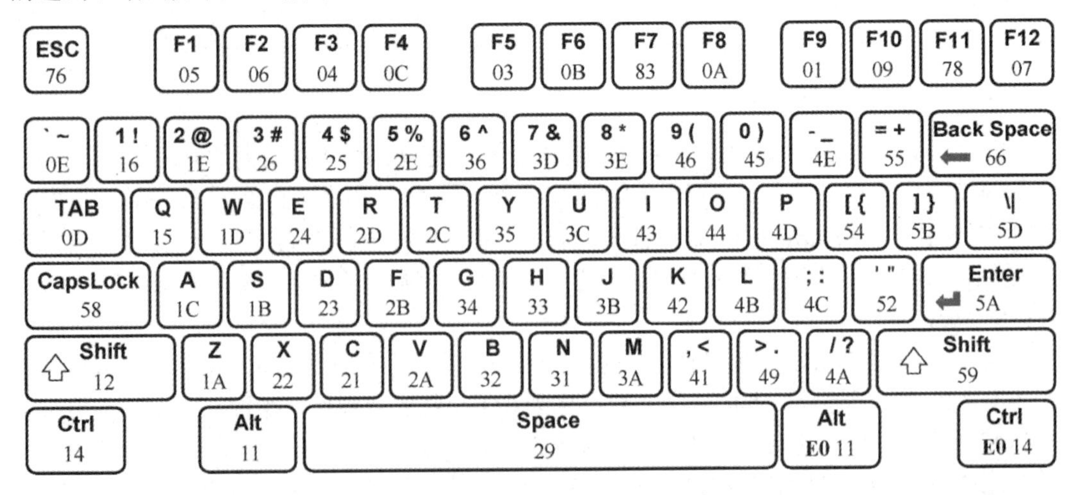

图 12.2　PS/2 键盘通码

表 12.2　PS/2 键盘中 0～9 十个数字键和 26 个英文字母键对应的通码、断码

键	通　码	断　码	键	通　码	断　码
A	1C	F0 1C	S	1B	F0 1B
B	32	F0 32	T	2C	F0 2C
C	21	F0 21	U	3C	F0 3C
D	23	F0 23	V	2A	F0 2A
E	24	F0 24	W	1D	F0 1D
F	2B	F0 2B	X	22	F0 22
G	34	F0 34	Y	35	F0 35
H	33	F0 33	Z	1A	F0 1A
I	43	F0 43	0	45	F0 45
J	3B	F0 3B	1	16	F0 16
K	42	F0 42	2	1E	F0 1E
L	4B	F0 4B	3	26	F0 26
M	3A	F0 3A	4	25	F0 25
N	31	F0 31	5	2E	F0 2E
O	44	F0 44	6	36	F0 36
P	4D	F0 4D	7	3D	F0 3D
Q	15	F0 15	8	3E	F0 3E
R	2D	F0 2D	9	46	F0 46

4. PS/2 键盘接口电路设计与实现

根据上面介绍的 PS/2 键盘的功能，实现一个能够识别 PS/2 键盘输入编码并把按键的通码通过数码管显示出来的电路，其源码如例 12.1 所示，本例能识别并显示标准 101 键盘所有按键的通码。

【例 12.1】　PS/2 键盘按键通码扫描及显示电路。

```
`timescale 1ns/ 1ps
module ps2_key(
      input         clk50m,       //系统时钟(50MHz)
      input         ps2clk,       //键盘时钟(10～17kHz)
      input         ps2data,      //键盘数据
      output reg[6:0]  hex1,      //用 2 个数码管显示按键通码
      output reg[6:0]  hex0);
parameter   deb_time = 200;       //4μs 用于消抖(@50MHz)
parameter   idle_time = 3000;     //60μs(>1/2 周期 ps2_clk)
reg        deb_ps2clk;            //去抖后 ps2_clk
reg        deb_ps2data;           //去抖后 ps2_data
reg [10:0]  temp;
reg [10:0]  m_code;
reg        idle;                  //数据线空闲为'1'
reg        error;                 //开始、停止和校验错误时为'1'
//---------ps2clk 信号去抖---------------
reg [7:0]   count1;
always @(posedge clk50m)
begin
     if(deb_ps2clk == ps2clk)  count1 = 0;
```

```
     else  begin
          count1 = count1 + 1;
          if(count1 == deb_time)
          begin
            deb_ps2clk <= ps2clk;
            count1 = 0;
   end  end
end
//--------ps2data信号去抖--------------
reg[7:0]    count2;
always @(posedge clk50m)
begin
     if(deb_ps2data == ps2data)  count2 = 0;
     else  begin
          count2 = count2 + 1;
          if(count2 == deb_time)
          begin
            deb_ps2data <= ps2data;
            count2 = 0;
  end  end
end
//-----------空闲状态检测---------------
reg[11:0]   count3;
always @(negedge clk50m)
begin
       if(deb_ps2data == 1'b0)
        begin  idle <= 1'b0;  count3 = 0;  end
        else if (deb_ps2clk == 1'b1)
        begin
          count3 = count3 + 1;
          if (count3 == idle_time)
            idle <= 1'b1;
        end
        else  count3 = 0;
end
//----------接收键盘数据------------------
reg[3:0]  i;
always @(negedge deb_ps2clk)
begin
      if(idle == 1'b1)  i = 0;
      else  begin
            temp[i] <= deb_ps2data;
            i = i + 1;
          if(i == 11)
          begin  i = 0;  m_code <= temp; end
```

```
      end
end
//----------错误检测-----------------------
always @(m_code)
begin
   if (m_code[0] == 1'b0 & m_code[10] == 1'b1 & (m_code[1] ^
        m_code[2] ^ m_code[3] ^ m_code[4] ^ m_code[5] ^ m_code[6] ^
        m_code[7] ^ m_code[8] ^ m_code[9]) == 1'b1)
        error <= 1'b0;
     else  error <= 1'b1;
end
//-----------用数码管显示按键通码------------------
always @(m_code, error)
begin
if (!error)
   begin hex1<=hex_g_a(m_code[8:5]);    //调用函数
         hex0<=hex_g_a(m_code[4:1]);    //调用函数
   end
else begin hex1 <= 7'b000_0110;         //显示"E"
           hex0 <= 7'b000_0110; end     //显示"E"
end
//------用函数定义 7 段数码管显示译码----------
function[6:0] hex_g_a;
input[3:0] hex;
begin
    case(hex)
      4'h0:hex_g_a = 7'b100_0000;
      4'h1:hex_g_a = 7'b111_1001;
      4'h2:hex_g_a = 7'b010_0100;
      4'h3:hex_g_a = 7'b011_0000;
      4'h4:hex_g_a = 7'b001_1001;
      4'h5:hex_g_a = 7'b001_0010;
      4'h6:hex_g_a = 7'b000_0010;
      4'h7:hex_g_a = 7'b111_1000;
      4'h8:hex_g_a = 7'b000_0000;
      4'h9:hex_g_a = 7'b001_0000;
      4'ha:hex_g_a = 7'b000_1000;
      4'hb:hex_g_a = 7'b000_0011;
      4'hc:hex_g_a = 7'b100_0110;
      4'hd:hex_g_a = 7'b010_0001;
      4'he:hex_g_a = 7'b000_0110;
      4'hf:hex_g_a = 7'b000_1110;
      default:hex_g_a = 7'bx;
    endcase
end
```

```
endfunction
endmodule
```

基于 DE0_CV 目标板进行验证，编辑引脚约束文件（.qsf）如下：

```
set_location_assignment PIN_M9 -to clk50m
set_location_assignment PIN_D3 -to ps2clk
set_location_assignment PIN_G2 -to ps2data
set_location_assignment PIN_AA20 -to hex1[0]
set_location_assignment PIN_AB20 -to hex1[1]
set_location_assignment PIN_AA19 -to hex1[2]
set_location_assignment PIN_AA18 -to hex1[3]
set_location_assignment PIN_AB18 -to hex1[4]
set_location_assignment PIN_AA17 -to hex1[5]
set_location_assignment PIN_U22  -to hex1[6]
set_location_assignment PIN_U21  -to hex0[0]
set_location_assignment PIN_V21  -to hex0[1]
set_location_assignment PIN_W22  -to hex0[2]
set_location_assignment PIN_W21  -to hex0[3]
set_location_assignment PIN_Y22  -to hex0[4]
set_location_assignment PIN_Y21  -to hex0[5]
set_location_assignment PIN_AA22 -to hex0[6]
```

DE0_CV 目标板有专门的 PS/2 接口，将 PS/2 键盘连接至 PS/2 接口。下载本例至目标板，按动键盘上的按键，将按键的通码在数码管上显示出来，如图 12.3 所示。

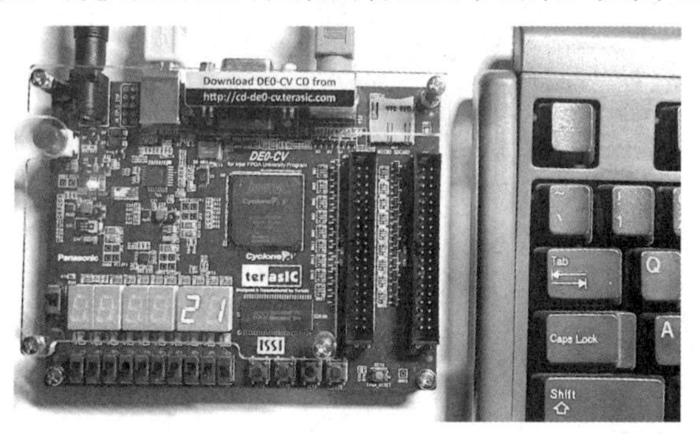

图 12.3　PS/2 键盘连接至目标板

12.2　超声波测距

由于超声波指向性强、能量损耗慢，在介质中传播的距离较远，因而经常用于距离的测量，如测距仪和公路上的超声测速等。超声波测距易于实现，并且在测量精度方面能达到工业实用的要求，成本也相对便宜，在机器人、自动驾驶等方面得到广泛应用。HC-SR04 超声波测距模块可提供 2～400cm 的距离测量范围，性能稳定，精度较高。本节将基于该模块实现超声波测速。

1. 超声波测速原理

超声波发射器向某一方向发射超声波，在发射的同时开始计时，超声波在空气中传播，途中碰到障碍物返回，超声波接收器收到反射波就立即停止计时，传播时间共计为 t（s）。声波在空气中的传播速度为 340m/s，易得到发射点距障碍物的距离 s（m）为

$$s = 340 \times t / 2 = 170t(\text{m}) \tag{12-1}$$

超声波测距的原理就是利用声波在空气传播的稳定不变的特性，以及发射和接收回波的时间差来实现测距。

2. HC-SR04 超声波测距模块

HC-SR04 超声波模块可提供 2～400cm 的非接触式距离测量功能，测距精度可高达 3mm，其电气参数如表 12.3 所示。

表 12.3 HC-SR 超声波测距模块电气参数

电 气 参 数	HC-SR04 超声波模块
工作电压/工作电流	DC5V / 15mA
工作频率	40Hz
最远射程/最近射程	4m / 2cm
测量角度	15
输入触发信号	10μs 的高电平信号
输出回响信号	输出 TTL 电平信号

图 12.4 是 HC-SR 超声波测距模块实物图（正、反面），其接口有 4 个引脚：电源（+5V），触发信号输入（Trig）、回响信号输出（Echo）和地线（GND）。

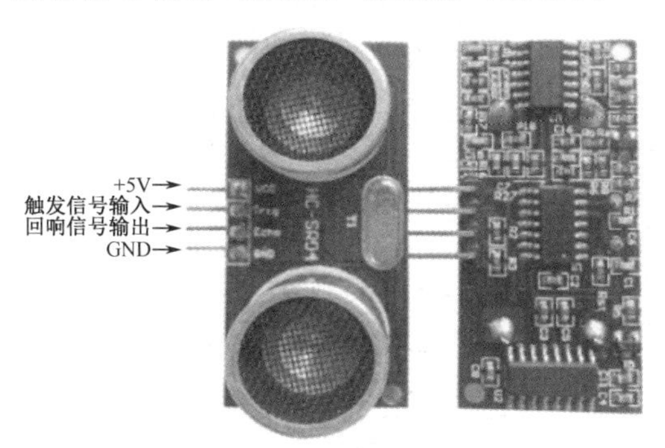

图 12.4 HC-SR 超声波测距模块实物

HC-SR04 超声波模块工作时序如图 12.5 所示。

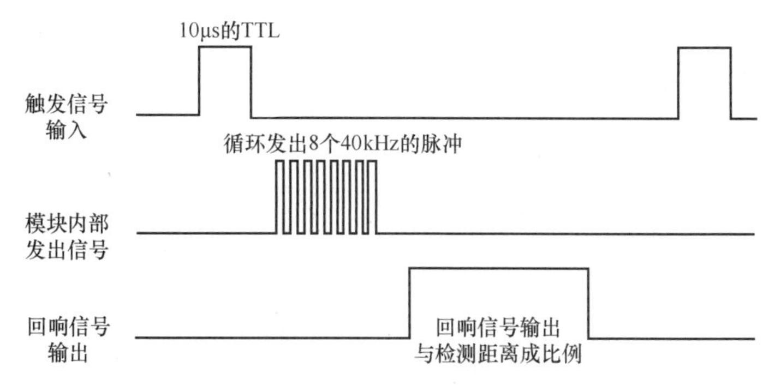

图 12.5 HC-SR04 超声波测距模块工作时序

从图 12.5 的时序可看出，HC-SR 超声波模块的工作过程如下：初始化时将 Trig 和 Echo 端口都置为低电平，首先向 Trig 端发送至少 10μs 的高电平脉冲，模块自动向外发送 8 个 40kHz 的方波，然后进入等待，捕捉 Echo 端输出上升沿，捕捉到上升沿的同时，打开定时器开始计时，再次等待捕捉 Echo 的下降沿，当捕捉到下降沿时，读出计时器的时间，此为超声波在空气中传播的时间，按照式（12-1）即可算出距离。

3. 超声波测距顶层设计

超声波测距是通过测量时间差来实现测距的，FPGA 通过检测超声波测距的 Echo 端口电平变化控制计时的开始和停止。即，当检测到 Echo 信号上升沿时开始计时，检测到 Echo 信号下降沿时停止计时。超声波测距顶层模块源码如例 12.2 所示。

【例 12.2】 超声波测距顶层模块源码。

```
`timescale 1ns / 1ps
module ultrasound(
        input clk50m,              //50MHz 时钟
        input wire sys_rst,
        input echo,                //回响信号，高电平持续时间为 t,距离=340×t/2
        output wire [6:0] hex0,    //7 段数码管，显示距离
        output wire [6:0] hex1,
        output wire [6:0] hex2,
        output wire [6:0] hex3,
        output wire trig);         //发送一个持续时间超过 10μs 的高电平
reg [23:0] count;
reg [23:0] distance;
wire  [15:0] data_bin;             //数据缓存
reg echo_reg1,echo_reg2;
wire[15:0] dec_data_tmp;           //用于存储 4 位十进制数

assign  data_bin=17*distance/5000;   //根据脉冲数计算时间差
always@(posedge clk50m, negedge sys_rst)
begin
    if(~sys_rst)
    begin
       echo_reg1 <= 0;
       echo_reg2 <= 0;
       count <= 0;
       distance <= 0;
       end
    else
      begin
        echo_reg1 <= echo;              //当前脉冲
        echo_reg2 <= echo_reg1;         //后一个脉冲
      case({echo_reg2,echo_reg1})     //脉冲数计数，用于计算时间差
      2'b01:begin  count=count+1;  end
      2'b11:begin  count=count+1;  end
```

```
    2'b10:begin  distance=count; end
    2'b00:begin  count=0;  end
    endcase
    end
end
sig_gen u1(
            .clk(clk50m),
            .rst(sys_rst),
            .trig(trig));
bin2bcd
    #(.W(16))                    //二进制数转换为相应十进制数
        u2(.bin(data_bin),
            .bcd(dec_data_tmp));
//---------数码管显示结果，hex4_7 源码见例 10.10--------
hex4_7 u3(.hex(dec_data_tmp[3:0]),.g_to_a(hex0));
hex4_7 u4(.hex(dec_data_tmp[7:4]),.g_to_a(hex1));
hex4_7 u5(.hex(dec_data_tmp[11:8]),.g_to_a(hex2));
hex4_7 u6(.hex(dec_data_tmp[15:12]),.g_to_a(hex3));
endmodule
```

sig_gen 模块用于产生控制信号，其源码如例 12.3 所示，该模块产生一个持续 10μs 以上的高电平（本例中高电平持续时间为 20μs）；为防止发射信号对回响信号产生影响，通常两次测量间隔控制在 60ms 以上，本例的测量间隔设置为 100ms。

【例 12.3】 超声波控制信号产生子模块。

```
module sig_gen(
          input  clk,
          input  rst,
          output wire  trig);
parameter[11:0]  PWM_N=1000;         //高电平持续 20μs
parameter[23:0]  CLK_N=5_000_000;    //两次测量间隔 100ms
reg [23:0] count;
always@(posedge clk, negedge rst)
begin
   if(~rst)  begin count=0;end
   else if(count==CLK_N)  count<=0;
   else  count<=count+1;
end
assign trig=((count>=100)&&(count<=100+PWM_N))?1:0;
endmodule
```

4. 二进制数转 8421BCD 码

例 12.2 中的 bin2bcd 是二进制数转 8421BCD 码子模块，其源码在例 12.4 中给出，采用 Double-dabble 算法（Double-dabble Binary-to-BCD Conversion Algorithm）实现，该模块耗用的 LE 数量较少，当输入的二进制数的位宽为 20 位时，只耗用 223 个 LE 单元。

例 12.4 采用双重循环的组合逻辑实现数制转换，其 RTL 综合视图如图 12.6 所示。可以发现，主要是由比较器、加法器等组合逻辑模块来实现的，其组合逻辑的延时链均比较长，而且随着输入的二进制数据的位宽增大，延时也将增大。因此，如果该模块应用于运行速度较高的系统，需进行时序仿真，以验证是否满足系统时序要求。在本例中，该子模块用于数码管显示，对速度要求不高，满足时序要求不会存在问题。

【例 12.4】 用 Double_dabble 算法实现二进制数转 8421BCD 码。

```
`timescale 1ns / 1ps
module bin2bcd
   #(parameter  W = 20)                          //输入二进制数位宽
     (input[W-1:0]              bin,             //输入的二进制数
      output reg[W+(W-4)/3:0]   bcd);            //输出的 8421bcd 码{...,千,百,十,个}
integer i,j;

always @(bin)
begin
  for(i = 0; i <= W+(W-4)/3; i = i+1)
         bcd[i] = 0;
         bcd[W-1:0] = bin;                       //初始化
    for(i = 0; i <= W-4; i = i+1)
      for(j = 0; j <= i/3; j = j+1)
        if(bcd[W-i+4*j -: 4] > 4)                //if > 4
        bcd[W-i+4*j -: 4] = bcd[W-i+4*j -: 4] + 4'd3;    //加 3
end
endmodule
```

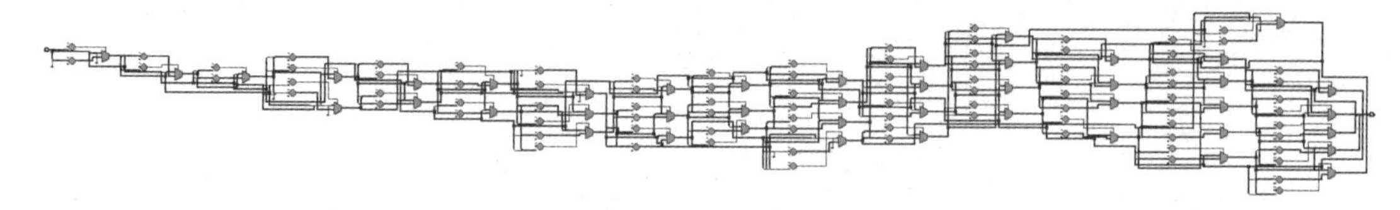

图 12.6　Double_dabble 算法实现二进制数转 8421BCD 码 RTL 综合视图

引脚约束（采用.qsf 文件）如下（基于 DE10-Lite 目标板锁定）：

```
set_location_assignment PIN_P11 -to clk50m
set_location_assignment PIN_C10 -to sys_rst
set_location_assignment PIN_W9 -to echo
set_location_assignment PIN_W10 -to trig
set_location_assignment PIN_C14 -to hex0[0]
set_location_assignment PIN_E15 -to hex0[1]
set_location_assignment PIN_C15 -to hex0[2]
set_location_assignment PIN_C16 -to hex0[3]
set_location_assignment PIN_E16 -to hex0[4]
set_location_assignment PIN_D17 -to hex0[5]
set_location_assignment PIN_C17 -to hex0[6]
set_location_assignment PIN_C18 -to hex1[0]
set_location_assignment PIN_D18 -to hex1[1]
set_location_assignment PIN_E18 -to hex1[2]
```

```
set_location_assignment PIN_B16 -to hex1[3]
set_location_assignment PIN_A17 -to hex1[4]
set_location_assignment PIN_A18 -to hex1[5]
set_location_assignment PIN_B17 -to hex1[6]
set_location_assignment PIN_B20 -to hex2[0]
set_location_assignment PIN_A20 -to hex2[1]
set_location_assignment PIN_B19 -to hex2[2]
set_location_assignment PIN_A21 -to hex2[3]
set_location_assignment PIN_B21 -to hex2[4]
set_location_assignment PIN_C22 -to hex2[5]
set_location_assignment PIN_B22 -to hex2[6]
set_location_assignment PIN_F21 -to hex3[0]
set_location_assignment PIN_E22 -to hex3[1]
set_location_assignment PIN_E21 -to hex3[2]
set_location_assignment PIN_C19 -to hex3[3]
set_location_assignment PIN_C20 -to hex3[4]
set_location_assignment PIN_D19 -to hex3[5]
set_location_assignment PIN_E17 -to hex3[6]
```

将本例基于 DE10-Lite 目标板进行下载和验证，其实际显示效果如图 12.7 所示。HC-SR 超声波模块连接在目标板的扩展接口，采用 4 个数码管显示距离，单位是毫米（mm），经实测验证，准确度较高。

图 12.7　超声波测距的实际显示效果

12.3　4×4 矩阵键盘

矩阵键盘又称行列式键盘，是由 4 条行线、4 条列线组成的键盘，其电路如图 12.8 所示，在行线和列线的每个交叉点上设置一个按键，按键的个数是 4×4。

4 条列线（命名为 col_in3～col_in0）设置为输入，一般通过上拉电阻接至高电平；4 条行线（row_out3～row_out0）设置为输出。

矩阵键盘上的按键可通过逐行（或列）扫描查询的方式来确认哪个按键被按下，其步骤如下。

步骤 1：首先判断键盘中有无键被按下。将全部行线 row_out3～row_out0 置为低电平，然后检测列线 col_in3～col_in0 的状态，若所有列线均为高电平，则键盘中无按键被按下；如果有某一列的电平为低，则表示键盘中有按键被按下。

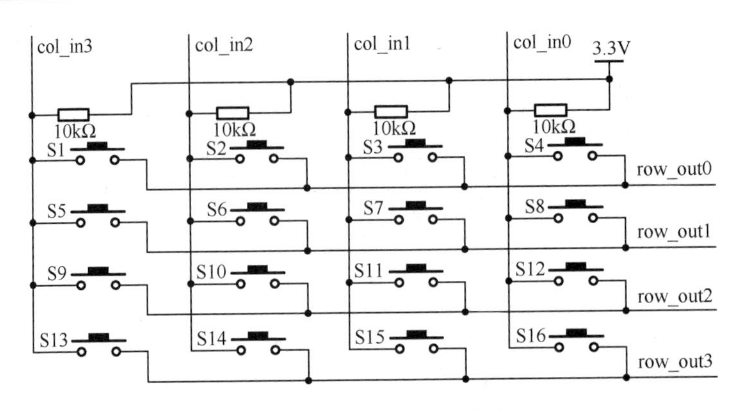

图 12.8　4×4 矩阵键盘电路

步骤 2：判断键位。在确认有按键被按下后，即进入确定键位的过程。其方法是：依次将 4 条行线置为低电平，比如，将 row_out3～row_out0 依次置为 1110、1101、1011、0111，同时检测各列线的电平状态，若某列为低电平，则该列线与置为低电平的行线交叉处的按键即为被按下的按键。

图 12.9　按键排列

比如，在图 12.8 中，S1 按键的位置编码是{row_out，col_in}=8'b1110_0111。

本例中 16 个按键的键值的定义如图 12.9 所示，并将*键编码为 E，#键编码为 F。

例 12.5 是用 Verilog HDL 编写的 4×4 矩阵键盘键值扫描判断程序，采用状态机实现。

由于按键被按下去的时间一般都会大于 20ms，为达到不管按键按下多久都视为按下一次的效果，本例中加入了 20ms 按键消抖功能。

【例 12.5】　4×4 矩阵键盘扫描检测程序。

```
//*****************************************************
//* 4*4 矩阵键盘扫描检测程序
//*****************************************************
`timescale 1 ns/1 ps
module key4x4(input  clk50m,            //50MHz 时钟信号
          input  clr,
          input[3:0]       col_in,    //列输入信号，一般上拉，为高电平
          output reg[3:0]  row_out,   //行输出信号，低电平有效
          output reg[3:0]  key_value, //按键值
          output reg       key_flag
          );
//----------------状态编码---------------------
localparam  NO_KEY_PRED  =  4'd0;        //初始化
localparam  DEBOUN_0      =  4'd1;        //消抖
localparam  KEY_H0        =  4'd2;        //检测第一列
localparam  KEY_H1        =  4'd3;        //检测第二列
localparam  KEY_H2        =  4'd4;        //检测第三列
localparam  KEY_H3        =  4'd5;        //检测第四列
```

```
localparam  KEY_PRED      =  4'd6;        //按键值输出
localparam  DEBOUN_1      =  4'd7;        //消抖后
//----------产生 20ms 延时，用于消抖---------------
parameter  T_20MS = 1_000_000;
reg[19:0]  cnt;
always @(posedge clk50m, negedge clr)
begin
    if(!clr) begin  cnt <= 'd0; end
      else begin
         if(cnt == T_20MS)  cnt <= 'd0;
         else cnt <= cnt + 'd1;  end
end
wire  shake_over = (cnt == T_20MS);
reg[3:0]    curt_state,next_state;
always @(posedge clk50m, negedge clr)
begin
  if(!clr)  begin curt_state <= 0;  end
  else if(shake_over)  begin  curt_state <= next_state;  end
  else   curt_state <= curt_state;
end
//---------依次将 4 条行线置低电平----------------------
reg[3:0]   col_reg, row_reg;
always @(posedge clk50m, negedge clr)
begin
  if(!clr)  begin
            col_reg <= 4'd0;  row_reg<= 4'd0;
            row_out <= 4'd0;  key_flag <= 0;  end
  else if(shake_over)  begin
      case(next_state)
      NO_KEY_PRED:  begin
            col_reg <= 4'd0;  row_reg<= 4'd0;
            row_out <= 4'd0;  key_flag <= 0;  end
      KEY_H0:  begin  row_out <= 4'b1110;  end
      KEY_H1:  begin  row_out <= 4'b1101;  end
      KEY_H2:  begin  row_out <= 4'b1011;  end
      KEY_H3:  begin  row_out <= 4'b0111;  end
      KEY_PRED:  begin
            col_reg <= col_in; row_reg<= row_out;  end
      DEBOUN_1:  begin key_flag <= 1;  end
      default: ;
      endcase
  end
end

always @(*)
```

```
begin
    next_state  = NO_KEY_PRED;
    case(curt_state)
    NO_KEY_PRED: begin
            if(col_in != 4'hf)  next_state = DEBOUN_0;
            else  next_state = NO_KEY_PRED;  end
    DEBOUN_0: begin
            if(col_in != 4'hf)  next_state = KEY_H0;
            else  next_state = NO_KEY_PRED;  end
    KEY_H0: begin
            if(col_in != 4'hf)  next_state = KEY_PRED;
            else  next_state = KEY_H1;  end
    KEY_H1: begin
            if(col_in != 4'hf)  next_state = KEY_PRED;
            else  next_state = KEY_H2;  end
    KEY_H2: begin
            if(col_in != 4'hf)  next_state = KEY_PRED;
            else  next_state = KEY_H3;  end
    KEY_H3: begin
            if(col_in != 4'hf)  next_state = KEY_PRED;
            else  next_state = NO_KEY_PRED;  end
    KEY_PRED: begin
            if(col_in != 4'hf)  next_state = DEBOUN_1;
            else  next_state = NO_KEY_PRED;  end
    DEBOUN_1: begin
            if(col_in != 4'hf)  next_state = DEBOUN_1;
            else  next_state = NO_KEY_PRED;  end
    default:;
    endcase
end
always @(posedge clk50m, negedge clr)
begin
   if(!clr)  key_value <= 4'd0;     //判断键值
    else  begin
      if(key_flag)  begin
      case ({row_reg,col_reg})
            8'b1110_0111 :  key_value <= 4'h1;
            8'b1110_1011 :  key_value <= 4'h2;
            8'b1110_1101 :  key_value <= 4'h3;
            8'b1110_1110 :  key_value <= 4'ha;
            8'b1101_0111 :  key_value <= 4'h4;
            8'b1101_1011 :  key_value <= 4'h5;
            8'b1101_1101 :  key_value <= 4'h6;
            8'b1101_1110 :  key_value <= 4'hb;
            8'b1011_0111 :  key_value <= 4'h7;
```

```
            8'b1011_1011 :  key_value <= 4'h8;
            8'b1011_1101 :  key_value <= 4'h9;
            8'b1011_1110 :  key_value <= 4'hc;
            8'b0111_0111 :  key_value <= 4'h0;
            8'b0111_1011 :  key_value <= 4'he;
            8'b0111_1101 :  key_value <= 4'hf;
            8'b0111_1110 :  key_value <= 4'hd;
            default: key_value <= 4'h0;
        endcase
    end  end
end
endmodule
```

例 12.6 是矩阵键盘扫描检测及键值显示电路的顶层源码，其中，在调用了矩阵键盘扫描模块之外，还增加了数码管键值显示模块。

【例 12.6】 矩阵键盘扫描检测及键值显示顶层源码。

```
//************************************************
//* 4*4 矩阵键盘扫描检测及键值显示顶层源码
//************************************************
module key_top(
            input  clk50m,
            input  clr,
            input[3:0]    col_in,       //列输入信号
            output[3:0]   row_out,      //行输出信号，低有效
            output        key_flag,
            output        wire[6:0] hex0);
wire[3:0] key_value;
key4x4  u1(                    //键盘扫描模块
          .clk50m(clk50m),
          .clr(clr),
          .col_in(col_in),
          .row_out(row_out),
          .key_value(key_value),
          .key_flag(key_flag));

hex4_7  u2(                        //数码管译码模块，源码见第 10 章的例 10.10
          .hex(key_value),
          .g_to_a(hex0));
endmodule
```

将本例下载至实验板进行验证，目标板采用 DE10-Lite 开发板，FPGA 芯片为 10M50DAF484C7G，选择菜单 Assignments→Pin Planner，在弹出的 Pin Planner 对话框中进行引脚的锁定。

还需将端口 col_in 设置为弱上拉，选择菜单 Assignments→Assignment Editor，在弹出的如图 12.10 所示的对话框中，将 col_in[0]、col_in[1]、col_in[2]、col_in[3]引脚的 Assignment Name 设置为 Weak Pull-Up Resistor，将其 Value 设置为 On。

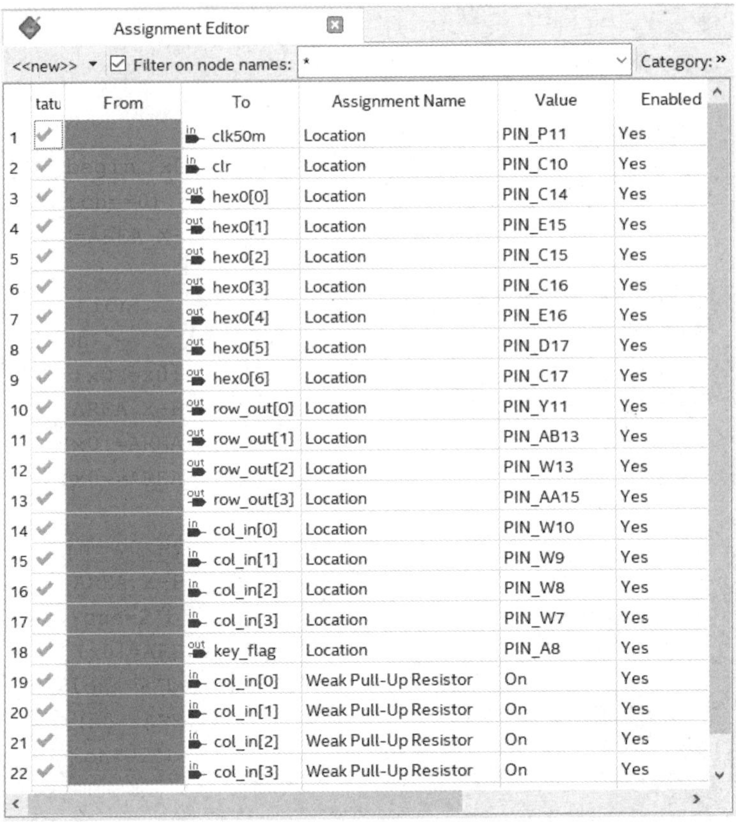

Assignment Editor

<<new>> ☑ Filter on node names: * Category:

	tatu	From	To	Assignment Name	Value	Enabled
1	✓		clk50m	Location	PIN_P11	Yes
2	✓		clr	Location	PIN_C10	Yes
3	✓		hex0[0]	Location	PIN_C14	Yes
4	✓		hex0[1]	Location	PIN_E15	Yes
5	✓		hex0[2]	Location	PIN_C15	Yes
6	✓		hex0[3]	Location	PIN_C16	Yes
7	✓		hex0[4]	Location	PIN_E16	Yes
8	✓		hex0[5]	Location	PIN_D17	Yes
9	✓		hex0[6]	Location	PIN_C17	Yes
10	✓		row_out[0]	Location	PIN_Y11	Yes
11	✓		row_out[1]	Location	PIN_AB13	Yes
12	✓		row_out[2]	Location	PIN_W13	Yes
13	✓		row_out[3]	Location	PIN_AA15	Yes
14	✓		col_in[0]	Location	PIN_W10	Yes
15	✓		col_in[1]	Location	PIN_W9	Yes
16	✓		col_in[2]	Location	PIN_W8	Yes
17	✓		col_in[3]	Location	PIN_W7	Yes
18	✓		key_flag	Location	PIN_A8	Yes
19	✓		col_in[0]	Weak Pull-Up Resistor	On	Yes
20	✓		col_in[1]	Weak Pull-Up Resistor	On	Yes
21	✓		col_in[2]	Weak Pull-Up Resistor	On	Yes
22	✓		col_in[3]	Weak Pull-Up Resistor	On	Yes

图 12.10　在 Assignment Editor 对话框端口 col_in 设置为弱上拉

也可以采用编辑.qsf 文件的方式完成引脚锁定，该文件内容如下所示：

```
set_location_assignment PIN_P11 -to clk50m
set_location_assignment PIN_C10 -to clr
set_location_assignment PIN_C14 -to hex0[0]
set_location_assignment PIN_E15 -to hex0[1]
set_location_assignment PIN_C15 -to hex0[2]
set_location_assignment PIN_C16 -to hex0[3]
set_location_assignment PIN_E16 -to hex0[4]
set_location_assignment PIN_D17 -to hex0[5]
set_location_assignment PIN_C17 -to hex0[6]
set_location_assignment PIN_Y11  -to row_out[0]
set_location_assignment PIN_AB13 -to row_out[1]
set_location_assignment PIN_W13  -to row_out[2]
set_location_assignment PIN_AA15 -to row_out[3]
set_location_assignment PIN_W10 -to col_in[0]
set_location_assignment PIN_W9  -to col_in[1]
set_location_assignment PIN_W8  -to col_in[2]
set_location_assignment PIN_W7  -to col_in[3]
set_location_assignment PIN_A8  -to key_flag
set_instance_assignment -name WEAK_PULL_UP_RESISTOR ON -to col_in[0]
set_instance_assignment -name WEAK_PULL_UP_RESISTOR ON -to col_in[1]
```

```
set_instance_assignment -name WEAK_PULL_UP_RESISTOR ON -to col_in[2]
set_instance_assignment -name WEAK_PULL_UP_RESISTOR ON -to col_in[3]
```

编译完成后，将 4×4 键盘连接至目标板的扩展口，将生成的.sof 文件下载至目标板，观察按键通断的实际效果，如图 12.11 所示。

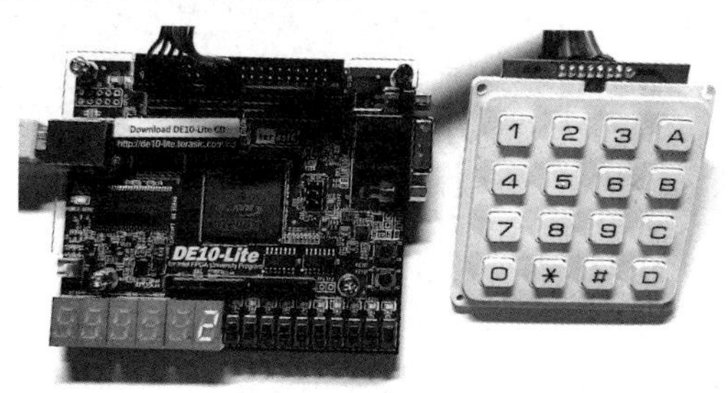

图 12.11　4×4 矩阵键盘连接至目标板

12.4　汉字图形点阵液晶

图形点阵液晶显示模块广泛应用于智能仪器仪表、工业控制中。本节用 FPGA 控制 LCD12864B 汉字图形点阵液晶实现字符和图形的显示。

12.4.1　LCD12864B 汉字图形点阵液晶

1. LCD12864B 的外部引脚特性

LCD12864B 是内部含有国标一级、二级简体中文字库的点阵型图形液晶显示模块；内置了 8192 个中文汉字（16×16 点阵）和 128 个 ASCII 字符集（8×16 点阵），在字符显示模式下可显示 8×4 个 16×16 点阵的汉字，或 16×4 个 16×8 点阵的英文（ASCII）字符；也可以在图形模式下显示分辨率为 128×64 的二值化图形。

LCD12864B 拥有 1 个 20 引脚的单排插针外接端口，端口引脚及其功能如表 12.4 所示。其中，DB0～DB7 为数据；EN 为使能信号；RS 为寄存器选择信号；R/W 为读/写控制信号；RST 为复位信号。

表 12.4　LCD12864B 汉字图形点阵液晶的端口引脚及其功能

引　脚　号	名　　称	功　　能
1	GND	电源地端
2	VCC	电源正极
3	V0	背光偏压
4	RS	数据/命令，0 为数据，1 为指令
5	R/W	读/写选择，0 为写，1 为读
6	EN	使能信号
7~14	DB0～DB7	8 位数据
15	PSB	串并模式
16，18	NC	空脚
17	RST	复位端
19	BLA	背光阳极
20	BLK	背光阴极

2. LCD12864B 的数据读/写时序

如果 LCD12864B 液晶模块工作在 8 位并行数据传输模式（PSB=1、RST=1）下，其数据读/写时序与 LCD1602 数据读/写时序完全一致（见图 11.15），LCD 模块的读/写操作时序由使能信号 EN 完成；对读/写操作的识别是判断 R/W 信号上的电平状态，当 R/W 为 0 时向显示数据存储器写数据，数据在使能信号 EN 的上升沿被写入，当 R/W 为 1 时将液晶模块的数据读入；RS 信号用于识别数据总线 DB0～DB7 上的数据是指令代码还是显示数据。

3. LCD12864B 的指令集

LCD12864B 液晶模块有自己的一套用户指令集，用户通过这些指令来初始化液晶模块并选择显示模式。LCD12864B 液晶模块字符显示、图形显示的初始化指令如表 12.5 所示。LCD 模块的图形显示模式需要用到扩展指令集，并且需要分成上下两个半屏设置起始地址，上半屏垂直坐标为 Y：8′h80～9′h9F（32 行），水平坐标为 X：8′h80；下半屏垂直坐标和上半屏相同，而水平坐标为 X：8′h88。

表 12.5　LCD12864B 模块的初始化指令

初始化过程	字 符 显 示	图 形 显 示
1	8 'h38	8 'h30
2	8 'h0C	8 'h3E
3	8 'h01	8 'h36
4	8 'h06	8 'h01
行地址/XY	1: 8' h80　2: 8' h90 3: 8' h88　4: 8' h98	Y: 8' h80～8' h9F X: 8' h80/8' h88

12.4.2　汉字图形点阵液晶静态显示

用 Verilog HDL 编写 LCD12864B 驱动程序，实现汉字和字符的静态显示，如例 12.7 所示，仍然采用状态机进行控制。

【例 12.7】　控制点阵液晶 LCD12864B，实现汉字和字符的静态显示。

```
//------------------------------------------------------------
//驱动 12864B 点阵液晶，显示汉字和字符，静态显示
//------------------------------------------------------------
`timescale 1ns/ 1ps
module lcd12864(
        input clk50m,
        output psb,
        output rst,
        output reg[7:0] DB,
        output reg rs,
        output rw,
        output en);
wire clk1k;
reg [15:0] count;
reg [5:0] state;

parameter  s0=6'h00;
```

```
parameter  s1=6'h01;
parameter  s2=6'h02;
parameter  s3=6'h03;
parameter  s4=6'h04;
parameter  s5=6'h05;

parameter  d0=6'h10;  parameter  d1=6'h11;
parameter  d2=6'h12;  parameter  d3=6'h13;
parameter  d4=6'h14;  parameter  d5=6'h15;
parameter  d6=6'h16;  parameter  d7=6'h17;
parameter  d8=6'h18;  parameter  d9=6'h19;
parameter  d10=6'h20;  parameter  d11=6'h21;
parameter  d12=6'h22;  parameter  d13=6'h23;
parameter  d14=6'h24;  parameter  d15=6'h25;
parameter  d16=6'h26; parameter  d17=6'h27;
parameter  d18=6'h28; parameter  d19=6'h29;

assign  rst=1'b1;
assign  psb=1'b1;
assign  rw=1'b0;
assign  en=clk1k;         //EN 使能信号

always @(posedge clk1k)
begin
    case(state)
        s0:   begin  rs<=0; DB<=8'h30; state<=s1; end
        s1:   begin  rs<=0; DB<=8'h0c; state<=s2; end  //全屏显示
        s2:   begin  rs<=0; DB<=8'h06; state<=s3; end
            //写一个字符后地址指针自动加 1
        s3:   begin  rs<=0; DB<=8'h01; state<=s4; end  //清屏
        s4:   begin  rs<=0; DB<=8'h80; state<=d0;end   //第 1 行地址
          //显示汉字，不同的驱动芯片，汉字的编码会有所不同，具体应查液晶手册
        d0:   begin  rs<=1; DB<=8'hca; state<=d1; end  //数
        d1:   begin  rs<=1; DB<=8'hfd; state<=d2; end
        d2:   begin  rs<=1; DB<=8'hd7; state<=d3; end  //字
        d3:   begin  rs<=1; DB<=8'hd6; state<=d4; end
        d4:   begin  rs<=1; DB<=8'hcf; state<=d5; end  //系
        d5:   begin  rs<=1; DB<=8'hb5; state<=d6; end
        d6:   begin  rs<=1; DB<=8'hcd; state<=d7; end  //统
        d7:   begin  rs<=1; DB<=8'hb3; state<=d8; end
        d8:   begin  rs<=1; DB<=8'hc9; state<=d9; end  //设
        d9:   begin  rs<=1; DB<=8'he8; state<=d10; end
        d10:  begin  rs<=1; DB<=8'hbc; state<=d11; end //计
        d11:  begin  rs<=1; DB<=8'hc6; state<=s5; end

        s5:   begin  rs<=0; DB<=8'h90; state<=d12;end  //第 2 行地址
        d12:  begin  rs<=1; DB<="f"; state<=d13; end
        d13:  begin  rs<=1; DB<="p"; state<=d14; end
```

```
        d14:  begin  rs<=1; DB<="g"; state<=d15; end
        d15:  begin  rs<=1; DB<="a"; state<=d16; end
        d16:  begin  rs<=1; DB<="F"; state<=d17; end //F
        d17:  begin  rs<=1; DB<="P"; state<=d18; end //P
        d18:  begin  rs<=1; DB<="G"; state<=d19; end //G
        d19:  begin  rs<=1; DB<="A"; state<=s4;  end //A
        default:state<=s0;
       endcase
    end
clk_div  #(1000)  u1(      //产生1kHz时钟信号，clk_div源码见例10.21
            .clk(clk50m),
            .clr(1),
            .clk_out(clk1k)
               );
endmodule
```

将 LCD12864 液晶连接至 DE10-Lite 目标板的扩展接口，约束文件（.qsf）中有关引脚锁定的内容如下。

```
set_location_assignment PIN_P11 -to clk50m
set_location_assignment PIN_W10 -to rs
set_location_assignment PIN_W9 -to rw
set_location_assignment PIN_W8 -to en
set_location_assignment PIN_W7 -to DB[0]
set_location_assignment PIN_V5 -to DB[1]
set_location_assignment PIN_AA15 -to DB[2]
set_location_assignment PIN_W13  -to DB[3]
set_location_assignment PIN_AB13 -to DB[4]
set_location_assignment PIN_Y11  -to DB[5]
set_location_assignment PIN_W11  -to DB[6]
set_location_assignment PIN_AA10 -to DB[7]
set_location_assignment PIN_Y8 -to psb
set_location_assignment PIN_Y7 -to rst
```

液晶模块的电源接 5V，背光阳极（BLA）引脚接 3.3V，背光阴极（BLK）引脚接地，背光偏压 VO 引脚一般空置即可。将本例在 DE10-Lite 目标板上下载，可观察到本例的显示效果如图 12.12 所示，为静态显示。

图 12.12　汉字图形点阵液晶静态显示效果

12.4.3　汉字图形点阵液晶动态显示

例 12.8 实现了字符的动态显示，逐行显示 4 个字符，显示一行后清屏，然后到下一行显示，以此类推，同样采用状态机设计。

【例 12.8】　控制点阵液晶 LCD12864B，实现字符的动态显示。

```
//--------------------------------------------------------
//驱动 12864B 液晶，实现字符的动态显示
//--------------------------------------------------------
module lcd12864_mov(
          input clk50m,
          output reg[7:0] DB,
          output reg rs,
          output rw,
          output en,
          output rst,
          output psb
               );
wire clk4hz;
reg [31:0] count;
reg [7:0] state;

parameter  s0=8'h00;  parameter  s1=8'h01;
parameter  s2=8'h02;  parameter  s3=8'h03;
parameter  s4=8'h04;  parameter  s5=8'h05;
parameter  s6=8'h06;  parameter  s7=8'h07;
parameter  s8=8'h08;  parameter  s9=8'h09;
parameter  s10=8'h0a;

parameter  d01=8'h11;  parameter  d02=8'h12;
parameter  d03=8'h13;  parameter  d04=8'h14;
parameter  d11=8'h21;  parameter  d12=8'h22;
parameter  d13=8'h23;  parameter  d14=8'h24;
parameter  d21=8'h31;  parameter  d22=8'h32;
parameter  d23=8'h33;  parameter  d24=8'h34;
parameter  d31=8'h41;  parameter  d32=8'h42;
parameter  d33=8'h43;  parameter  d34=8'h44;

assign  rst=1'b1;
assign  psb=1'b1;
assign  rw=1'b0;
assign  en=clk4hz;   //en 使能信号

always @(posedge clk4hz)
begin
   case(state)
```

```
            s0:   begin  rs<=0; DB<=8'h30; state<=s1; end
            s1:   begin  rs<=0; DB<=8'h0c; state<=s2; end  //全屏显示
            s2:   begin  rs<=0; DB<=8'h06; state<=s3; end
                //写一个字符后地址指针自动加 1
            s3:   begin  rs<=0; DB<=8'h01; state<=s4; end  //清屏
            s4:   begin  rs<=0; DB<=8'h80; state<=d01;end  //第 1 行地址

            d01:  begin  rs<=1; DB<="F"; state<=d02; end
            d02:  begin  rs<=1; DB<="P"; state<=d03; end
            d03:  begin  rs<=1; DB<="G"; state<=d04; end
            d04:  begin  rs<=1; DB<="A"; state<=s5; end

            s5:   begin  rs<=0; DB<=8'h01; state<=s6; end  //清屏
            s6:   begin  rs<=0; DB<=8'h90; state<=d11;end  //第 2 行地址

            d11:  begin  rs<=1; DB<="C"; state<=d12; end
            d12:  begin  rs<=1; DB<="P"; state<=d13; end
            d13:  begin  rs<=1; DB<="L"; state<=d14; end
            d14:  begin  rs<=1; DB<="D"; state<=s7; end

            s7:   begin  rs<=0; DB<=8'h01; state<=s8; end  //清屏
            s8:   begin  rs<=0; DB<=8'h88; state<=d21;end  //第 3 行地址

            d21:  begin  rs<=1; DB<="V"; state<=d22; end
            d22:  begin  rs<=1; DB<="e"; state<=d23; end
            d23:  begin  rs<=1; DB<="r"; state<=d24; end
            d24:  begin  rs<=1; DB<="i"; state<=s9; end

            s9:   begin  rs<=0; DB<=8'h01; state<=s10; end //清屏
            s10:  begin  rs<=0; DB<=8'h98; state<=d31;end  //第 4 行地址

            d31:  begin  rs<=1; DB<="l"; state<=d32; end
            d32:  begin  rs<=1; DB<="o"; state<=d33; end
            d33:  begin  rs<=1; DB<="g"; state<=d34; end
            d34:  begin  rs<=1; DB<="!"; state<=s3; end
            default:state<=s0;
           endcase
end

clk_div  #(4)  u1(             //产生 4Hz 时钟信号,clk_div 源码见例 10.21
          .clk(clk50m),
          .clr(1),
          .clk_out(clk4hz)
              );
endmodule
```

本例引脚约束文件与例 12.4 相同。

将 LCD12864 液晶连接至 DE10-Lite 目标板的扩展接口，下载后观察液晶的实际显示效果。

12.5　VGA 显示器

本节采用 FPGA 器件实现 VGA 彩条信号和图像信号的显示。

12.5.1　VGA 显示原理与时序

1. VGA 显示的原理与模式

VGA（Video Graphic Array）是 IBM 公司在 1987 年推出的一种视频传输标准，在彩色显示领域迅速得到广泛应用，后来其他厂商在 VGA 基础上加以扩充使其支持更高分辨率，这些扩充的模式称为 Super VGA，简称 SVGA。

2. D-SUB 接口

主机（如计算机）与显示设备间通过 VGA 接口（也称 D-SUB 接口）连接，主机的显示信息，通过显卡中的数字/模拟转换器转变为 R、G、B 三基色信号和行、场同步信号，并通过 VGA 接口传输到显示设备中。VGA 接口是一个 15 针孔的梯形插头，传输的是模拟信号，其外形和信号定义如图 12.13 所示。共有 15 个针孔，分成 3 排，每排 5 个，引脚号标识如图中所示，其中的 6、7、8、10 引脚为接地端；1、2、3 引脚分别接红、绿、蓝基色信号；13 引脚接行同步信号；14 引脚接场同步信号。

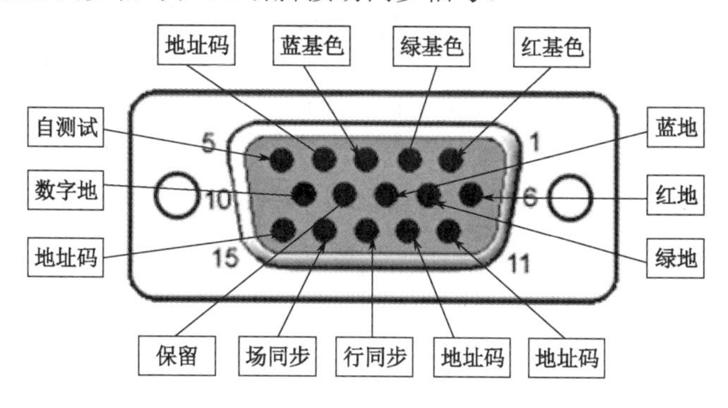

图 12.13　VGA 接口外形及信号定义

实际应用上一般只需控制三基色信号（R、G、B）、行同步（HS）和场同步信号（VS）这 5 个信号端即可。

3. DE10-Lite 开发板的 FPGA 与 VGA 接口电路

DE10-Lite 上的 VGA 接口通过 14 位信号线与 FPGA 连接，其连接电路如图 12.14 所示，从图中可以看出，DE10-Lite 采用电阻网络实现简单的 D/A 转换，红、绿、蓝三基色信号均为 4 位，能够实现 2^{12}（4096）种颜色的图像显示，另外包括行同步和场同步信号。

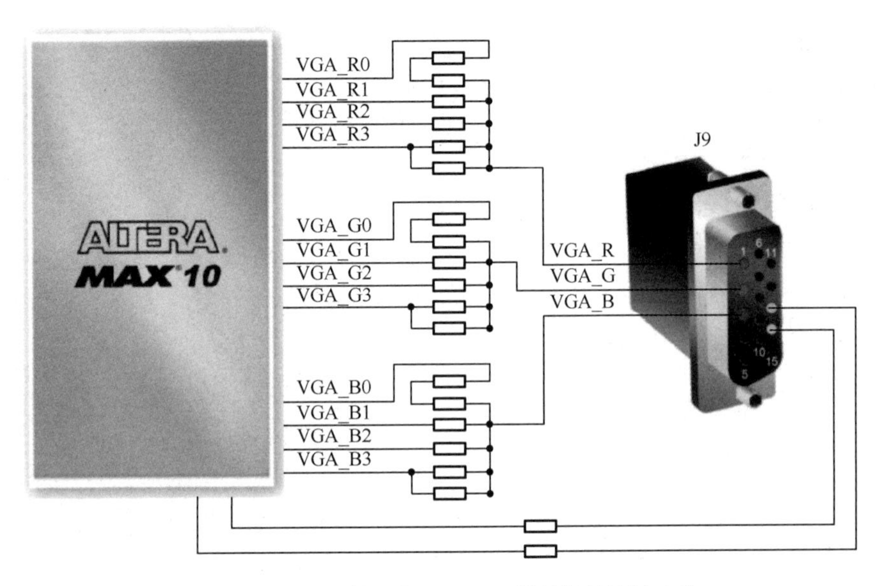

图 12.14　VGA 接口与 MAX 10 器件间的连接电路

4. VGA 显示的时序

CRT（Cathode Ray Tube）显示器的原理是采用光栅扫描方式，即轰击荧光屏的电子束在 CRT 显示器上从左到右、从上到下做有规律的移动，其水平移动受水平同步信号 HSYNC 控制，垂直移动受垂直同步信号 VSYNC 控制。扫描方式多采用逐行扫描。完成一行扫描的时间称为水平扫描时间，其倒数称为行频率；完成一帧（整屏）扫描的时间称为垂直扫描时间，其倒数称为场频，又称刷新率。

图 12.15 是 VGA 行场扫描的时序图，从图中可以看出行周期信号、场周期信号各个时间段。

a：行同步头段，即行消隐段；

b：行后沿（Back Porch）段，行同步头结束与行有效视频信号开始之间的时间间隔；

c：行有效显示区间段；

d：行前沿（Front Porch）段，有效视频显示结束与下一个同步头开始之间的时间间隔；

e：行周期，包括 a、b、c、d 段；

o：场同步头段，即场消隐段；

p：场后沿（Back Porch）段；

q：场有效显示区间段；

r：场前沿（Front Porch）段；

s：场周期，包括 o、p、q、r 段。

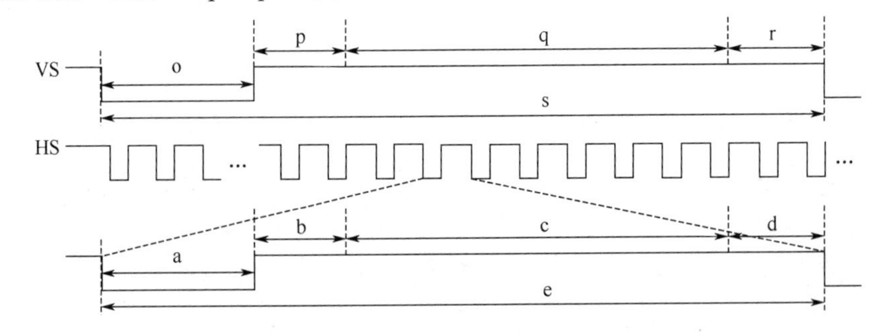

图 12.15　VGA 行场扫描时序

低电平有效信号指示上一行的结束和新一行的开始。随之而来的是行扫后沿，这期间的 RGB 输入是无效的；紧接着是行显示区，这期间的 RGB 信号将在显示器上逐点显示出来；最后是持续特定时间的行显示前沿，这期间的 RGB 信号也是无效的。场同步信号的时序完全类似，只不过场同步脉冲指示某一帧的结束和下一帧的开始，消隐期长度的单位不再是像素，而是行数。

表 12.6 是几种 VGA 显示模式行、场扫描的时间参数，表中行的时间单位是像素(Pixel)，而场的时间单位是行（Line）。

表 12.6　VGA 显示模式行、场扫描时间参数

显示模式	像素时钟（MHz）	行参数（单位：像素，Pixel）					场参数（单位：行，Line）				
		a	b	c	d	e	o	p	q	r	s
640×480@60 Hz	25.175	96	48	640	16	800	2	33	480	10	525
800×600@60 Hz	40	128	88	800	40	1056	4	23	600	1	628
1024×768@60 Hz	65	136	160	1024	24	1344	6	29	768	3	806
1024×768@75 Hz	78.8	176	176	1024	16	1312	3	28	768	1	800

12.5.2　VGA 彩条信号发生器

1. VGA 彩条信号发生器顶层设计

如果三基色信号 R、G、B 只用 1bit 表示，则可显示 8 种颜色，表 12.7 是这 8 种颜色对应的编码。例 12.9 的彩条信号发生器可产生横彩条、竖彩条和棋盘格等 VGA 彩条信号，例中的显示时序数据基于标准 VGA 显示模式（640×480@60Hz）计算得出，像素时钟频率采用 25.200MHz。

表 12.7　VGA 颜色编码

颜色	黑	蓝	绿	青	红	品	黄	白
R	0	0	0	0	1	1	1	1
G	0	0	1	1	0	0	1	1
B	0	1	0	1	0	1	0	1

【例 12.9】　VGA 彩条信号发生器源码。

```
/*key: 彩条选择信号，为“00”时显示竖彩条，为“01”时横彩条，其他情况显示棋盘格;*/
module color(
        input clk50m,               //50MHz 时钟
        output  vga_hs,             //行同步信号
        output  vga_vs,             //场同步信号
        output[3:0] vga_r,
        output[3:0] vga_g,
        output[3:0] vga_b,
        input  [1:0] key);
parameter H_TA=96;
parameter H_TB=48;
parameter H_TC=640;
parameter H_TD=16;
```

```
parameter H_TOTAL=H_TA+H_TB+H_TC+H_TD;
parameter V_TA=2;
parameter V_TB=33;
parameter V_TC=480;
parameter V_TD=10;
parameter V_TOTAL=V_TA+V_TB+V_TC+V_TD;
reg[2:0] rgb,rgbx,rgby;
reg[9:0] h_cont,v_cont;
wire vga_clk;

assign vga_r={4{rgb[2]}};
assign vga_g={4{rgb[1]}};
assign vga_b={4{rgb[0]}};
always@(posedge vga_clk)                //行计数
begin
  if(h_cont==H_TOTAL-1) h_cont<=0;
  else h_cont<=h_cont+1'b1;
end
always@(negedge vga_hs)                 //场计数
begin
  if(v_cont==V_TOTAL-1)  v_cont<=0;
  else v_cont<=v_cont+1'b1;
end
assign vga_hs=(h_cont > H_TA-1);    //产生行同步信号
assign vga_vs=(v_cont > V_TA-1);    //产生场同步信号

always@(*)        //竖彩条
begin
  if  (h_cont<=H_TA+H_TB+80-1)        rgbx<=3'b000;  //黑
  else if(h_cont<=H_TA+H_TB+160-1) rgbx<=3'b001;  //蓝
  else if(h_cont<=H_TA+H_TB+240-1) rgbx<=3'b010;  //绿
  else if(h_cont<=H_TA+H_TB+320-1) rgbx<=3'b011;  //青
  else if(h_cont<=H_TA+H_TB+400-1) rgbx<=3'b100;  //红
  else if(h_cont<=H_TA+H_TB+480-1) rgbx<=3'b101;  //品
  else if(h_cont<=H_TA+H_TB+560-1) rgbx<=3'b110;  //黄
  else rgbx<=3'b111;                               //白
end
always@(*)                                          //横彩条
begin
  if(v_cont<=V_TA+V_TB+60-1)         rgby<=3'b000;
  else if(v_cont<=V_TA+V_TB+120-1) rgby<=3'b001;
  else if(v_cont<=V_TA+V_TB+180-1) rgby<=3'b010;
  else if(v_cont<=V_TA+V_TB+240-1) rgby<=3'b011;
  else if(v_cont<=V_TA+V_TB+300-1) rgby<=3'b100;
  else if(v_cont<=V_TA+V_TB+360-1) rgby<=3'b101;
```

```
    else if(v_cont<=V_TA+V_TB+420-1) rgby<=3'b110;
    else rgby<=3'b111;
  end
  always @(*)
  begin
    case(key[1:0])                          //按键选择条纹类型
    2'b00: rgb<=rgbx;                       //显示竖彩条
    2'b01: rgb<=rgby;                       //显示横彩条
    2'b10: rgb<=(rgbx ^ rgby);              //显示棋盘格
    2'b11: rgb<=(rgbx ~^ rgby);             //显示棋盘格
    endcase
  end
  vga_clk u1(
        .inclk0 (clk50m),
        .c0 (vga_clk));                     //用锁相环产生 25.2MHz 像素时钟
  endmodule
```

上面程序中的 25.2MHz 时钟（vga_clk）采用 Quartus Prime 的锁相环 IP 核 altpll 来产生，其定制过程如下。

2. 用 IP 核 altpll 产生 25.2MHz 时钟信号

例 12.9 中的像素时钟（vga_clk）用锁相环 IP 核 altpll 来产生，其标准值为 25.175MHz，本例中采用 25.2MHz，产生过程如下。

① 打开 IP Catalog，在 Basic Functions 目录下找到 altpll 宏模块，双击该模块，弹出 Save IP Variation 对话框，在其中将 altpll 模块命名为 vga_clk，选择语言类型为 Verilog。

② 启动 MegaWizard Plug-in Manager，对 altpll 模块进行参数设置。如图 12.16 所示是设置输入时钟的页面，芯片选择 MAX 10 系列，输入时钟 inclk0 的频率设置为 50MHz，其他保持默认状态。

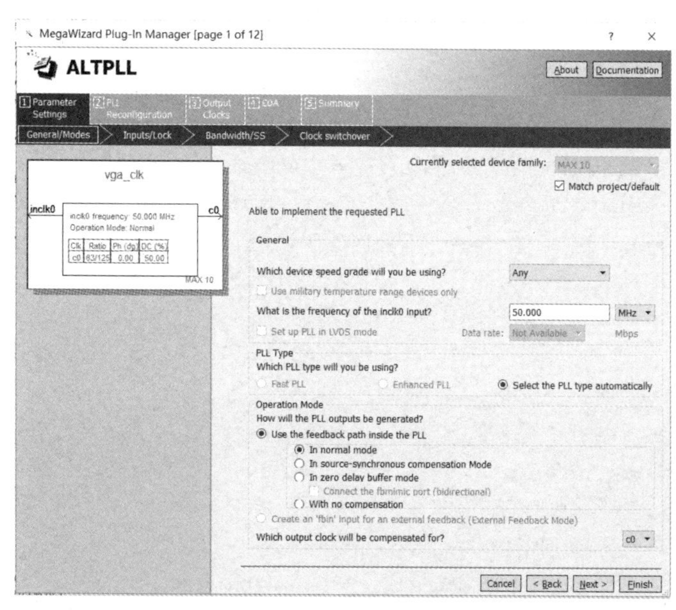

图 12.16　设置参考时钟

③ 进入锁相环的端口设置页面，可不勾选任何端口，只需输入时钟端口（inclk0）和输出时钟端口(c0)。

④ 图 12.17 所示是输出时钟信号 c0 设置页面，对输出时钟信号 c0 进行设置。在 Enter output clock frequency 后面输入所需得到的时钟频率，本例中输入 25.2000MHz，其他设置保持默认状态即可。

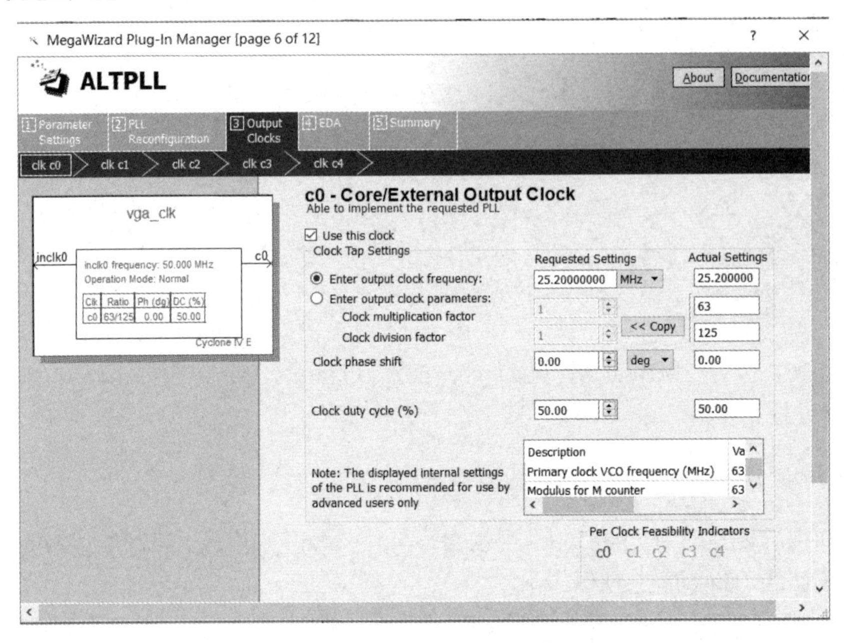

图 12.17　输出时钟信号 c0 设置

⑤ 其余设置步骤连续单击 Next 按钮跳过即可，最后单击 Finish 按钮，完成定制。

⑥ 找到例化模板文件 vga_clk_inst.v，参考其内容例化刚生成的 vga_clk.v 文件，在顶层文件中调用定制好的 pll 模块。

3. 引脚约束与编程下载

本例的引脚约束文件内容如下：

```
set_location_assignment PIN_P11 -to clk50m
set_location_assignment PIN_N3 -to vga_hs
set_location_assignment PIN_N1 -to vga_vs
set_location_assignment PIN_Y1 -to vga_r[3]
set_location_assignment PIN_Y2 -to vga_r[2]
set_location_assignment PIN_V1 -to vga_r[1]
set_location_assignment PIN_AA1 -to vga_r[0]
set_location_assignment PIN_R1 -to vga_g[3]
set_location_assignment PIN_R2 -to vga_g[2]
set_location_assignment PIN_T2 -to vga_g[1]
set_location_assignment PIN_W1 -to vga_g[0]
set_location_assignment PIN_N2 -to vga_b[3]
set_location_assignment PIN_P4 -to vga_b[2]
set_location_assignment PIN_T1 -to vga_b[1]
```

```
set_location_assignment PIN_P1 -to vga_b[0]
set_location_assignment PIN_C11 -to key[1]
set_location_assignment PIN_C10 -to key[0]
```

用 Quartus Prime 对本例进行综合，生成.sof 文件并在目标板上下载，将 VGA 显示器接到 DE10-Lite 的 VGA 接口，按动按键 KEY2、KEY1，变换彩条信号，其实际显示效果如图 12.18 所示，图中分别是竖彩条和棋盘格。

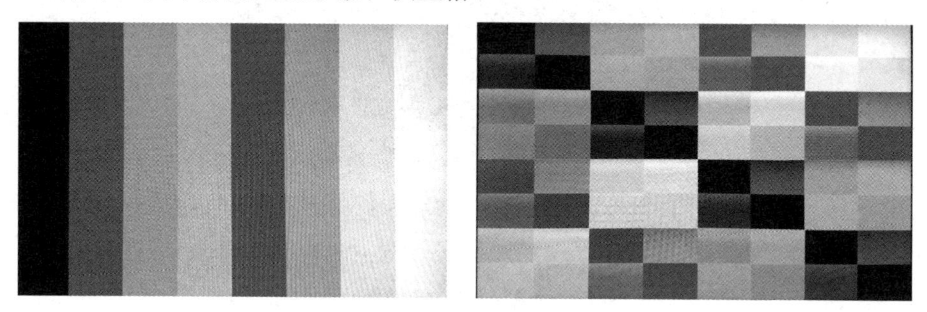

图 12.18　VGA 彩条实际显示效果

12.5.3　VGA 图像显示

如果 VGA 显示真彩色 BMP 图像，则需要 R、G、B 信号各 8 位（即 24 位）表示一个像素值，多数情况下采用 32 位表示一个像素值，为了节省存储空间，可采用高彩图像，即每个像素值由 16 位表示，R、G、B 信号分别使用 5 位、6 位、5 位，比真彩色图像数据量减少一半，同时又能满足显示效果。

本例中每个图像像素点用 12 位表示（R、G、B 信号均用 4 位表示），总共可表示 2^{12}（4096）种颜色；显示图像的 R、G、B 数据预先存储在 FPGA 的片内 ROM 中，只要按照前面介绍的时序，给 VGA 显示器上对应的点赋值，就可以显示出完整的图像。图 12.19 是 VGA 图像显示控制框图。

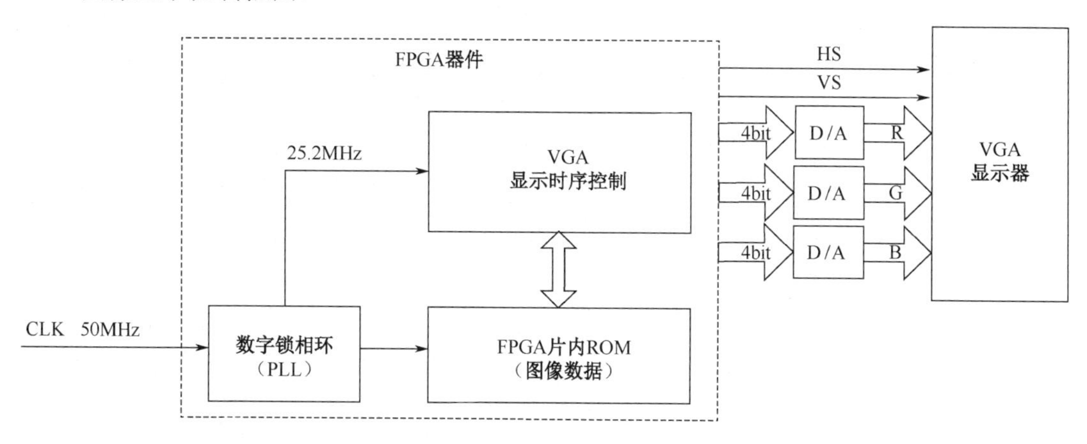

图 12.19　VGA 图像显示控制框图

1. VGA 图像数据的获取

本例显示的图像选择标准图像 LENA，文件格式为.jpg，图像数据由自己编写 MATLAB 程序得到，其代码如例 12.10 所示，该程序将 lena.jpg 图像的尺寸压缩为 128×128 点，然后得到 128×128 个像素点的 R、G、B 三基色数据，并将数据写入 ROM 存储器初始化.mif 文件中。R、G、B 三基色信号均采用 4 位来表示的 LENA 图像的显示效果，与用真彩显示的图像效果比较，直观感受没有很大的区别，如图 12.20 所示。

图 12.20　R、G、B 三基色信号均采用 4 位表示的 LENA 图像

【例 12.10】 把 lena.jpg 图像压缩为 128×128 点，得到 R、G、B 三基色数据并将数据写入.mif 文件。

```
clear;
InputPic=imread('D:\Verilog\lena.jpg');
OutputPic='D:\Verilog\lena';
PicWidth=128;
PicHeight=128;
N=PicWidth*PicHeight;
NewPic1=imresize(InputPic,[PicHeight,PicWidth]); %转换为指定像素
NewPic2(:,:,1)=bitshift(NewPic1(:,:,1),-4);  %取图像 R 高 4 位
NewPic2(:,:,2)=bitshift(NewPic1(:,:,2),-4);  %取图像 G 高 4 位
NewPic2(:,:,3)=bitshift(NewPic1(:,:,3),-4);  %取图像 B 高 4 位
NewPic2=uint16(NewPic2);
file=fopen([OutputPic,[num2str(PicWidth),num2str(PicHeight)],'.mif'],'wt');
%写入 mif 文件文件头
fprintf(file, '%s\n','WIDTH=12;');   %位宽
fprintf(file, '%s\n\n','DEPTH=16384;');     %深度 128*128
fprintf(file, '%s\n','ADDRESS_RADIX=UNS;');   %地址格式
fprintf(file, '%s\n\n','DATA_RADIX=UNS;');   %数据格式
fprintf(file, '%s\t','CONTENT');   %地址
fprintf(file, '%s\n','BEGIN');
count=0;
for i=1:PicHeight      %图像第 i 行
   for j=1:PicWidth   %图像第 j 列
      addr=(i-1)*PicHeight+j-1;
      tmpNum=NewPic2(i,j,1)*256+NewPic2(i,j,2)*16+NewPic2(i,j,3);
      fprintf(file, '\t%1d:%1d;\n', addr,tmpNum);
      count=count+1;
   end
end
fprintf(file, '%s\n','END;');%
fclose(file);
msgbox(num2str(count));
```

2. VGA 图像显示顶层源程序

显示模式采用标准 VGA 模式（640×480@60Hz），例 12.11 是 VGA 图像显示与移动的 Verilog HDL 源程序，程序中含图像位置移动控制部分，可控制图像在屏幕范围内成 45° 角移动，撞到边缘后变向，类似于屏保的显示效果。

【例 12.11】 VGA 图像显示与移动。

```
`timescale 1ns / 1ps
module vga(
        input clk50m,               //输入时钟 50MHz
        input reset,                //复位信号
        input switch,               //其值为 1 表示开关打开，显示动态图
        output wire vga_hs,         //行同步信号
        output wire vga_vs,         //场同步信号
        output reg[3:0] vga_r,
        output reg[3:0] vga_g,
        output reg[3:0] vga_b
        );
//----显示分辨率 640*480，像素时钟 25.2MHz，图片大小 110*110------
parameter H_SYNC_END   = 96;      //行同步脉冲结束时间
parameter V_SYNC_END   = 2;       //列同步脉冲结束时间
parameter H_SYNC_TOTAL = 800;     //行扫描总像素单位
parameter V_SYNC_TOTAL = 525;     //列扫描总像素单位
parameter H_SHOW_START = 139;
    //显示区行开始像素点 139=行同步脉冲结束时间+行后沿脉冲
parameter V_SHOW_START = 35;
    //显示区列开始像素点 35=列同步脉冲结束时间+列后沿脉冲
parameter PIC_LENGTH = 128;      //图片长度（横坐标像素）
parameter PIC_WIDTH  = 128;      //图片宽度（纵坐标像素）
//-----------以下是动态显示初始化--------------
reg [9:0] x0, y0 ;            //记录图片左上角的实时坐标（像素）
reg [1:0] direction;          //运动方向 01 右下，10 左上，00 右上，11 左下
parameter AREA_X=640;
parameter AREA_Y=480;
wire clk25m,clk50hz;
wire[13:0] address;           //位数要超过图片像素
wire[11:0] addr_x,addr_y;
reg[11:0] q;
reg[12:0] x_cnt,y_cnt;

assign addr_x=(x_cnt>=H_SHOW_START+x0&&x_cnt<
(H_SHOW_START+PIC_LENGTH+x0))?(x_cnt-H_SHOW_START-x0):1000;
assign addr_y=(y_cnt>=V_SHOW_START+y0&&y_cnt<
(V_SHOW_START+PIC_WIDTH+y0))?(y_cnt-V_SHOW_START-y0):900;
assign address=(addr_x<PIC_LENGTH&&addr_y<PIC_WIDTH)?
```

```
(PIC_LENGTH*addr_y+addr_x):PIC_LENGTH*PIC_WIDTH+1;

always@(posedge clk50hz, negedge reset)
begin
  if(~reset) begin  x0<='d100; y0<='d50; direction<=2'b01; end
  else if(switch==0)
     begin x0<=AREA_X-PIC_LENGTH-1; y0<= AREA_Y-PIC_WIDTH-1; end
  else  begin
    case(direction)
    2'b00:begin
      y0<=y0-1;x0<=x0+1;
      if (x0==AREA_X-PIC_LENGTH-1 && y0!=1)  direction<=2'b10;
      else if(x0!=AREA_X-PIC_LENGTH-1 && y0==1)  direction<=2'b01;
      else if(x0==AREA_X-PIC_LENGTH-1 && y0==1)  direction<=2'b11;
      end
    2'b01:begin  y0<=y0+1;x0<=x0+1;
      if (x0==AREA_X-PIC_LENGTH-1 && y0!=AREA_Y-PIC_WIDTH-1 )
        direction<=2'b11;
      else if (x0!=AREA_X-PIC_LENGTH-1 && y0==AREA_Y-PIC_WIDTH-1)
        direction<=2'b00;
      else if (x0==AREA_X-PIC_LENGTH-1 && y0==AREA_Y-PIC_WIDTH-1)
        direction<=2'b10;
      end
    2'b10:begin  y0<=y0-1;x0<=x0-1;
      if (x0==1 && y0!=1)  direction<=2'b00;
      else if (x0!=1 && y0==1 )  direction<=2'b11;
      else if (x0==1 && y0==1 )  direction<=2'b01;
      end
    2'b11:begin  y0<=y0+1;x0<=x0-1;
      if (x0==1 && y0!=AREA_Y-PIC_WIDTH-1)  direction<=2'b01;
      else if (x0!=1 && y0==AREA_Y-PIC_WIDTH-1)  direction<=2'b10;
      else if (x0==1 && y0==AREA_Y-PIC_WIDTH-1)  direction<=2'b00;
      end
    endcase
 end  end
 always@(posedge clk25m, negedge reset)
 begin
    if(~reset) begin vga_r<='d0; vga_g<='d0; vga_b<='d0; end
    else begin vga_r<=q[11:8];  vga_g<=q[7:4]; vga_b<=q[3:0]; end
 end
 //--------------水平扫描--------------------
 always@(posedge clk25m, negedge reset)
 begin
    if(~reset) x_cnt <= 'd0;
    else if (x_cnt == H_SYNC_TOTAL-1) x_cnt <= 'd0;
    else  x_cnt <= x_cnt + 1'b1;
 end
 assign vga_hs=(x_cnt<=H_SYNC_END-1)?1'b0:1'b1; //行同步信号
```

```
//---------------垂直扫描--------------------------
always@(posedge clk25m, negedge reset)
begin
   if(~reset) y_cnt <= 'd0;
   else if (x_cnt == H_SYNC_TOTAL-1)
   begin
     if( y_cnt <V_SYNC_TOTAL-1)  y_cnt <= y_cnt + 1'b1;
     else  y_cnt <= 'd0;
   end
end
assign vga_vs=(y_cnt<=V_SYNC_END-1)?1'b0:1'b1; //场同步信号
//--------定义 rom 数组，并指定.mif 文件--------------
reg[11:0] vga_rom[0:16383] /*synthesis ram_init_file="lena128128.mif"*/;
always @(posedge clk25m)
begin
   q <= vga_rom[address];        //读取图像数据
end
//-----------------------------------------------
vga_clk u1(
        .inclk0 (clk50m ),
        .c0 (clk25m));
clk_div  #(50)  u2(            //产生 50Hz 时钟,clk_div 源码见例 10.21
        .clk(clk50m),
        .clr(reset),
        .clk_out(clk50hz));
endmodule
```

25.2MHz 像素时钟信号（vga_clk）采用 IP 核 altpll 产生，其过程前例已有介绍。

3. 图像数据的存储

上面的例程中定义了 vga_rom 数组，其尺寸为 12×16384，用于存储图像数据。

也可以采用例化 LPM_ROM 核的方式来实现 ROM，在例 12.12 中通过例化 LPM_ROM 模块，定义其尺寸为 12×16384，数据同样以.mif 文件的形式指定给 ROM；设置 ROM 的参数为输出数据不寄存，地址寄存。

例化 LPM_ROM 的相关代码如下面的例 12.12 所示，例 12.11 中加粗部分用以下代码替换，其余部分相同。

【例 12.12】 例化 LPM_ROM。

```
//-----------例化 lpm_rom 模块，12*16384，用于存储图像数据--------
lpm_rom #(.lpm_widthad(14),                     //设地址宽度为 14 位
         .lpm_width(12),                        //设数据宽度为 12 位
         .lpm_outdata("UNREGISTERED"),          //输出数据未寄存
         .lpm_address_control("REGISTERED"),  //地址寄存
         .lpm_file("lena128128.mif"))           //指定.mif 文件
   u3 (.inclock(clk25m),                        //端口映射
       .address(address),
       .q(q));
//------------------------------------------------------------
```

另外，本例需要注意的是设置配置模式，本例中图像数据以.mif 文件的形式指定给 ROM 模块，如果目标器件是 MAX 10，则需要设置其配置模式，步骤如下：选择菜单 Assignments→Device，弹出 Device 窗口，单击 Device and Pin Options 按钮，弹出 Device and Pin Options 窗口，选中左侧 Category 栏中的 Configuration，在右侧 Configuration 对话框中将配置模式 Configuration scheme 选择为 Internal Configuration（内部配置），配置方式 Configuration mode 选择为 Single Uncompressed Image with Memory Initialization（512kbit UFM），即单未压缩映像带内存初始化模式。

4. 引脚锁定与下载

本例的引脚约束文件内容如下：

```
set_location_assignment PIN_P11 -to clk50m
set_location_assignment PIN_C10 -to reset
set_location_assignment PIN_F15 -to switch
set_location_assignment PIN_N3 -to vga_hs
set_location_assignment PIN_N1 -to vga_vs
set_location_assignment PIN_Y1 -to vga_r[3]
set_location_assignment PIN_Y2 -to vga_r[2]
set_location_assignment PIN_V1 -to vga_r[1]
set_location_assignment PIN_AA1 -to vga_r[0]
set_location_assignment PIN_R1 -to vga_g[3]
set_location_assignment PIN_R2 -to vga_g[2]
set_location_assignment PIN_T2 -to vga_g[1]
set_location_assignment PIN_W1 -to vga_g[0]
set_location_assignment PIN_N2 -to vga_b[3]
set_location_assignment PIN_P4 -to vga_b[2]
set_location_assignment PIN_T1 -to vga_b[1]
set_location_assignment PIN_P1 -to vga_b[0]
```

将 VGA 显示器接到 DE10-Lite 目标板的 VGA 接口，用 Quartus 软件对本例进行综合，然后将.sof 文件下载至目标板，在显示器上观察图像的显示效果，按键 KEY2（switch 端口）为 0 时，图像是静止的；按键 KEY2 为 1 时，图像在屏幕范围内成 45° 角移动，撞到边缘后改变方向，类似于屏保的显示效果，其实际显示效果如图 12.21 所示。

图 12.21　采用 FPGA 片内 ROM 存储图像并显示

12.6　TFT 液晶屏

本节用 FPGA 控制 TFT 液晶屏，实现彩色圆环形状的显示。

12.6.1　TFT 液晶屏

1. TFT 液晶屏

TFT-LCD，即薄膜晶体管型液晶显示屏，TFT 是 Thin Film Transistor 的首字母缩写，一般代指薄膜液晶显示器，而实际上指的是薄膜晶体管（矩阵），可以“主动地”对屏幕上的各个独立的像素进行控制，即所谓的主动矩阵 TFT（active matrix TFT）。

TFT 图像显示的原理很简单：显示屏由许多可以发出任意颜色的像素组成，只要控制各个像素显示相应的颜色就能达到目的。在 TFT-LCD 中一般采用“背透式”照射方式，为精确控制每一个像素的颜色和亮度，需要在每个像素之后安装一个类似百叶窗的开关，“百叶窗”打开时光线可以透过，而“百叶窗”关上后光线就无法透过。

如图 12.22 所示，TFT 液晶为每个像素都设有一个半导体开关，每个像素都可以通过点脉冲直接控制，因而每个节点都相对独立，并可以连续控制，不仅提高了显示屏的反应速度，而且可以精确控制显示色阶。TFT 在液晶的背部设置特殊光管，光源照射时通过偏光板透出，由于上下夹层的电极改成 FET 电极，在 FET 电极导通时，液晶分子的表现也会发生改变，可以通过遮光和透光来达到显示的目的，响应时间大大提高，因其具有比普通 LCD 更高的对比度和更丰富的色彩，荧屏更新频率也更快，故 TFT 俗称“真彩（色）”。

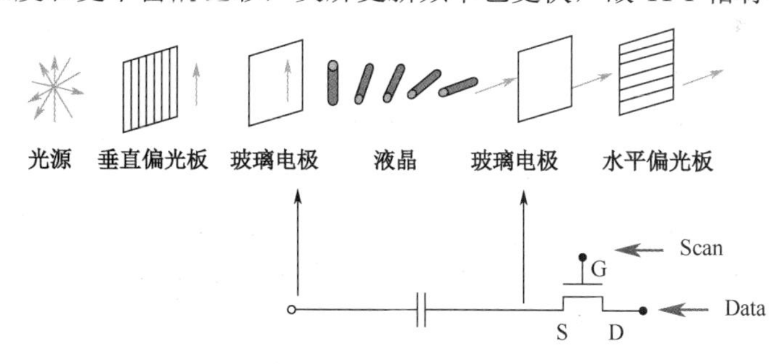

图 12.22　TFT 液晶屏显示原理

本例采用的 TFT 液晶模块型号为 AN430，配备的是 4.3 英寸的天马 TFT 液晶屏，显示像素为 480×272，采用真彩色 24 位的并行 RGB 接口和开发板连接，显示屏的参数如表 12.8 所示。

表 12.8　4.3 英寸 TFT-LCD 液晶屏参数

参数名	参数值
屏幕尺寸	4.3 英寸
显示像素	480×272
颜色	16.7M（RGB 24bit）色
像素间距	0.198mm×0.198mm
有效显示面积	95.04mm×53.86mm
LED 数量	10

2. TFT 液晶屏显示的时序

要使 TFT 液晶屏正常工作，就需要提供正确的驱动时序。液晶屏显示方式是从屏幕最左上角一点开始，从左向右逐点显示，每显示完一行，再回到屏幕的左边下一行的起始位置，在这期间，需要对行进行消隐，每行结束时，用行同步信号进行同步。

TFT 液晶屏的驱动基于 DE 模式和 SYNC 模式。在 DE 模式，使用 DE 信号线来表示有效数据的开始和结束。图 12.23 为 DE 模式的时序图，图中的数据是以 800×480 分辨率的 TFT 为例的。当 DE 变为高电平时，表示有效数据开始了，DE 信号高电平持续 800 个 DCLK 像素时钟周期，在每个像素时钟 DCLK 的上升沿读取一次 RGB 信号。DE 变为低电平，表示有效数据结束，此时为回扫和消隐时间。DE 的一个周期（Th）扫描完成一行，扫描 480 行后，又从第一行扫描开始。

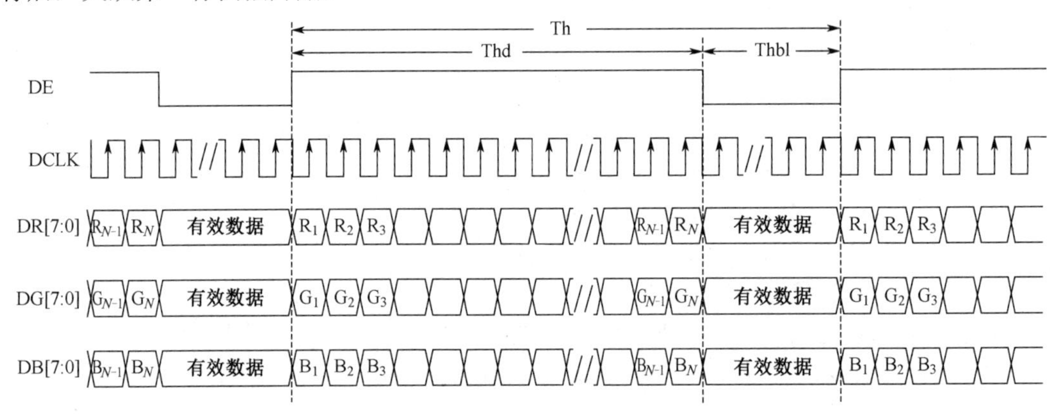

图 12.23　800×480 分辨率 TFT 液晶屏 DE 模式显示时序

在 SYNC 模式，数据时序由行同步信号 H Sync 和帧同步信号 V Sync 控制，图 12.24 是 SYNC 模式下显示时序示意图，该时序与 VGA 显示时序几乎一致。以帧同步信号（V_Sync）的下降沿作为一帧图像的起始时刻，以行同步信号（H_Sync）的下降沿作为一行图像的起始时刻，那么每行图像的扫描时序都可看成是一个线性序列操作，设计时只需在指定时刻产生制定的操作即可。比如，对于 800×480 分辨率的时序，其完整的一行包括 1056 个像素时钟周期，因此只需使用一个计数器循环计数 1056 个时钟周期，并在对应的计数值时候产生相应的电平值：首先，在计数 0 时刻，拉低行同步信号并保持 H_Sync 个时钟周期低电平，以产生行同步头，此阶段为行消隐段；接着，拉高行同步信号并保持 H_Back_Porch 个时钟周期的高电平，此阶段为行回扫段，此时数据总线应保持全 0 状态；然后让行同步信号保持 H_Left_Border 个时钟周期的高电平，该阶段为左边框段，数据总线仍保持全 0 状态；再然后进入图像数据有效段，在 H_Active 阶段，在每个像素时钟上升沿输出一个 RGB 数据，当 H_Active 个数据输出完成后，进入 H_Right_Border 段，此时，行同步信号仍保持高电平，但数据总线不再输出颜色数据；之后进入 H_Front_Porch 段，此段消隐信号开启，至此，一行图像的扫描过程结束。帧扫描时序的实现和行扫描时序的实现方案完全一致，区别在于，帧扫描时序中的时序参数都是以行扫描周期时间为计量单位的。

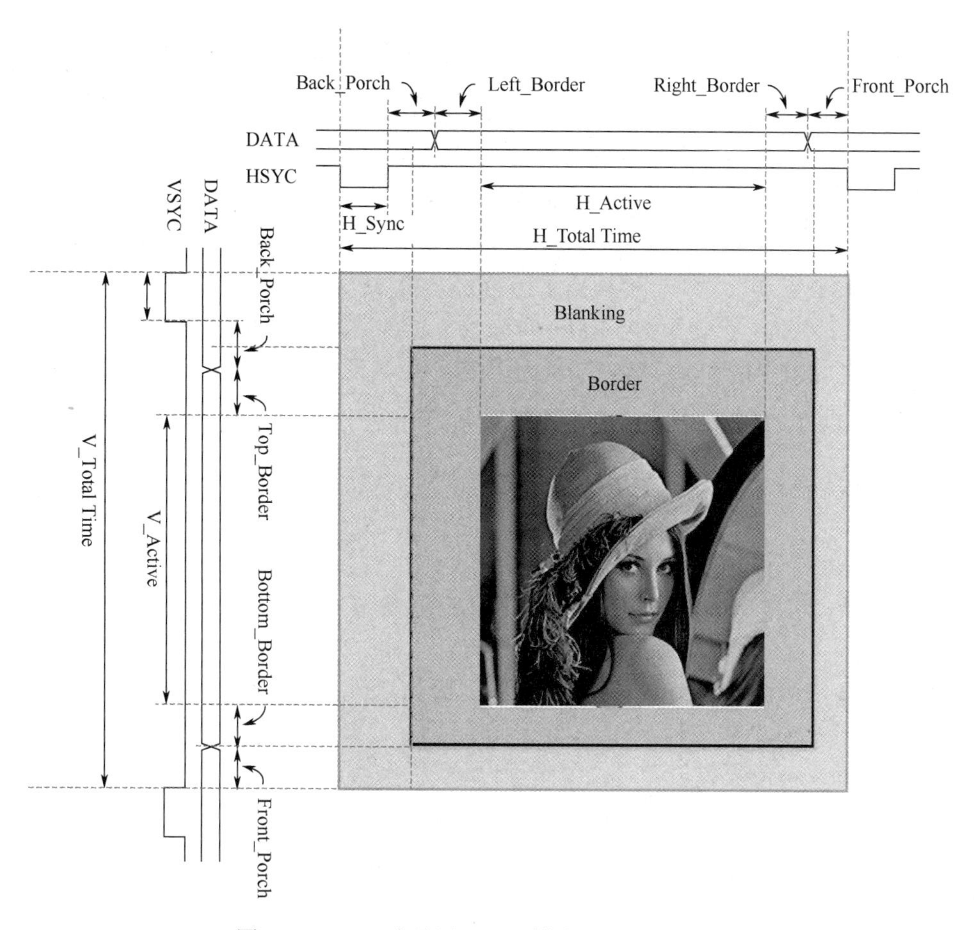

图 12.24　TFT 液晶屏 SYNC 模式显示时序示意图

如表 12.9 所示是 800×480@60Hz 和 480×272@60Hz 的 TFT 屏时序参数值。在控制 TFT 液晶屏时，可根据表 12.9 的参数来编写时序驱动模块代码。

注：表中行的参数的单位是像素（Pixel），而帧的时间单位是行（Line）。

表 12.9　800×480@60 Hz 和 480×272@60 Hz 的 TFT 屏的时序参数值

	800×480@60Hz	480×272@60Hz
H_Right Border（右边框）	0	0
H_Front_Porch（行前沿）	4	2
H_Sync（行同步）	128	41
H_Back_Porch（行后沿）	88	2
H_Left_Border（左边框）	0	0
H_Active（行显示段）	800	480
H_Total_Time（行周期）	1056	525
V_Bottom_Border（底边框）	8	0
V_Front_Porch（帧前沿）	2	2
V_Sync（帧同步）	2	10
V_Back_Porch（帧后沿）	25	2

续表

	800×480@60Hz	480×272@60Hz
V_Top_Border（上边框）	8	0
V_Active（帧显示段）	480	272
V_Total_Time（帧周期）	525	286

从表 12.6 可以看出，TFT 屏如果采用 800×480 分辨率（Resolution），其总的像素为 1056×525，对应 60Hz 的刷新率（Refresh Rate），则其像素时钟频率为 1056×525×60Hz=33.3MHz；TFT 屏采用 480×272@60Hz 显示模式，则其像素时钟频率应为 9MHz。

12.6.2　TFT 液晶屏显示彩色圆环

本例用 FPGA 控制 TFT 液晶屏，实现彩色圆环形状的显示。

1. TFT 彩色圆环显示的原理

在平面直角坐标系中，以点 O（a，b）为圆心，以 r 为半径的圆的方程可表示为

$$(x-a)^2+(y-b)^2=r^2 \tag{12-2}$$

本例在液晶屏中央显示圆环形状，如图 12.25 所示，假设圆的直径为 80（r=40）个像素点，圆内的颜色为蓝色，圆外的颜色是白色，则如何区分各像素点是圆内还是圆外呢？如果把像素点的坐标位置表示为（x，y），则有

$$(x-a)^2+(y-b)^2<r^2 \tag{12-3}$$

显然，满足式（12-3）的像素点在圆内，而不满足上式（即满足（$x-a$）^{2}+（$y-b$）^{2}>=r^2）的像素点在圆外。

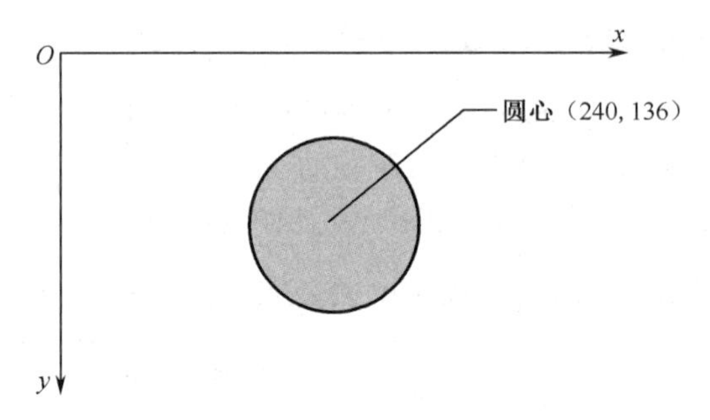

图 12.25　圆内点和圆外点的判断

那么怎么实现公式（$x-a$）^{2}+（$y-b$）^{2}<r^2 呢？

本例 TFT 液晶屏采用 480×272 显示模式，液晶屏的分辨率为 480×272，故在图 12.25 中，将最左上角像素点作为原点，其坐标为（0，0），则最右下角像素点的坐标为（480，272）；圆心在屏幕的中心，故圆心的坐标（a，b），a 的值为 240，b 的值为 136。

r 是圆的半径，x 和 y 表示像素点的坐标。

2. TFT 彩色圆环显示源码

例 12.13 是 TFT 圆环显示源码，其中用行时钟计数器 h_cnt 和场时钟计数器 v_cnt 来表示 x 和 y，即 x=h_cnt- H_ST，y=v_cnt- V_ST；用 dist 表示距离的平方，则有 dist=(x-a)*(x-a) +(y-b)*(y-b)=(h_cnt-H_ST-240) *(h_cnt-H_ST-240)+(v_cnt-

V_ST-136)*(v_cnt-V_ST-136)。

例 12.13 中显示 3 层圆环，分别如下：

- 蓝色圆环：dist <= 1600（单位为像素点）；
- 绿色圆环：dist <= 4900；
- 红色圆环：dist <= 10000；
- 白色区域：在显示区域中，除了以上区域，就是白色区域；
- 非显示区域：显示区域之外的区域是非显示区域。

【例 12.13】 TFT 圆环显示源码。

```
/*  TFT 屏采用 480×272@60Hz 显示模式，像素时钟频率为 9MHz  */
module tft_cir_disp(
     input  clk50m,
     input  clr,
     output reg  lcd_hs,
     output reg  lcd_vs,
     output   lcd_de,
/* lcd_de: TFT 数据使能信号，在显示有效区域，该信号有效（高电平），显示数据可输入；
   在非有效区域，该信号关闭（低电平），以禁止像素数据输入，避免影响到消隐 */
     output reg[7:0]  lcd_r,
     output reg[7:0]  lcd_g,
     output reg[7:0]  lcd_b,
/* lcd_r，lcd_g，lcd_b 分别是 TFT 的红色、绿色、蓝色分量数据，都是 8 位宽度；
   本例中没有驱动 TFT 背光控制信号，一般并不影响 TFT 屏的显示 */
     output lcd_dclk
      );
parameter    H_TOTAL   =  525;     //定义 480×272@60Hz 显示模式参数
parameter    V_TOTAL   =  286;
parameter    H_SYN     =  41;
parameter    V_SYN     =  2;
parameter    H_ST      =  43;
parameter    H_END     =  523;
parameter    V_ST      =  12;
parameter    V_END     =  284;

reg[12:0]     h_cnt, v_cnt;
reg  hs_de,vs_de;
reg[19:0]     dist;
wire  disp_area;
wire  end_cnt_h;
wire  add_cnt_v,end_cnt_v;
reg[7:0]  cnt0;
wire  add_cnt0,end_cnt0;
reg[15:0]  cnt1;
wire  add_cnt1,end_cnt1;
pll  u1
      (.inclk0(clk50m),
       .c0(lcd_dclk));           //产生 9MHz 像素时钟
assign lcd_de    = hs_de & vs_de;
```

```
always @ (posedge lcd_dclk, negedge clr)
begin
    if(!clr) begin  h_cnt <= 0;  end
    else begin  if(end_cnt_h)  h_cnt <= 0;
                else  h_cnt <= h_cnt + 1;
          end
end
assign end_cnt_h = h_cnt == H_TOTAL -1;
     //h_cnt 为行时钟计数器，计满 525 个像素点清零，重新计数
always @ (posedge lcd_dclk, negedge clr)
begin
    if(!clr)  begin  v_cnt <= 0;  end
    else if(add_cnt_v)  begin
          if(end_cnt_v)  v_cnt <= 0;
          else  v_cnt <= v_cnt + 1;
          end
end
assign add_cnt_v = end_cnt_h;
assign end_cnt_v = add_cnt_v && v_cnt == V_TOTAL - 1;
     /* v_cnt 为场时钟计数器，加 1 条件是计满 525 个像素点（即为一行的时间），
        结束条件为计满 286 行  */
always @ (posedge lcd_dclk, negedge clr)
begin
    if(!clr)  begin  lcd_hs <= 1'b0;  end
    else if(end_cnt_h)  begin  lcd_hs <= 1'b0;  end
    else if( h_cnt == H_SYN-1)
            begin  lcd_hs <= 1'b1;  end
end
always @(posedge lcd_dclk, negedge clr)
begin
        if(!clr) begin hs_de <= 1'b0;  end
        else if( h_cnt == H_ST-1)
               begin  hs_de <= 1'b1;  end
        else if( h_cnt == H_END-1)
               begin  hs_de <= 1'b0;  end
end

always @(posedge lcd_dclk, negedge clr)
begin
    if(!clr)  begin lcd_vs <= 1'b0;  end
    else if(add_cnt_v && v_cnt == V_SYN-1 )
        begin  lcd_vs <= 1'b1;  end
        else if(end_cnt_v) begin  lcd_vs <= 1'b0;  end
end
always @(posedge lcd_dclk, negedge clr)
begin
    if(!clr)  begin  vs_de <= 1'b0;  end
    else if(add_cnt_v && v_cnt == V_ST-1)
        begin  vs_de <= 1'b1;  end
    else if(add_cnt_v && v_cnt ==V_END-1)
```

```
        begin  vs_de <= 1'b0;  end
  end
  assign  disp_area = hs_de && vs_de;
  always @(*)
  begin
     dist=(h_cnt- H_ST - 240) *(h_cnt- H_ST- 240)
          +(v_cnt- V_ST-136) *(v_cnt- V_ST - 136);
  end
  always @(posedge lcd_dclk, negedge clr)
  begin
     if(!clr)begin  lcd_r <= 0; lcd_g <= 0;lcd_b <= 0; end
     else if(disp_area) begin
       if(dist<1601)
            begin lcd_r <= 0;lcd_g <= 0;lcd_b <=8'hff; end
       else if(dist<4901)
            begin lcd_r <= 0; lcd_g <=8'hff; lcd_b <= 0; end
       else if(dist<10001)
            begin lcd_r <= 8'hff; lcd_g <= 0;lcd_b <= 0; end
       else begin  lcd_r <= 8'hff; lcd_g <= 8'hff;lcd_b <= 8'hff; end
       end
     else begin  lcd_r <= 0;lcd_g <= 0;lcd_b <= 0;  end
  end
  endmodule
```

3. 下载与验证

4.3 英寸 TFT 液晶屏显示模式为 480×272@60Hz，像素时钟为 9MHz，该时钟用锁相环 IP 核实现，c0 时钟端口的设置页面如图 12.26 所示，其倍频系数为 9，分频系数为 50。

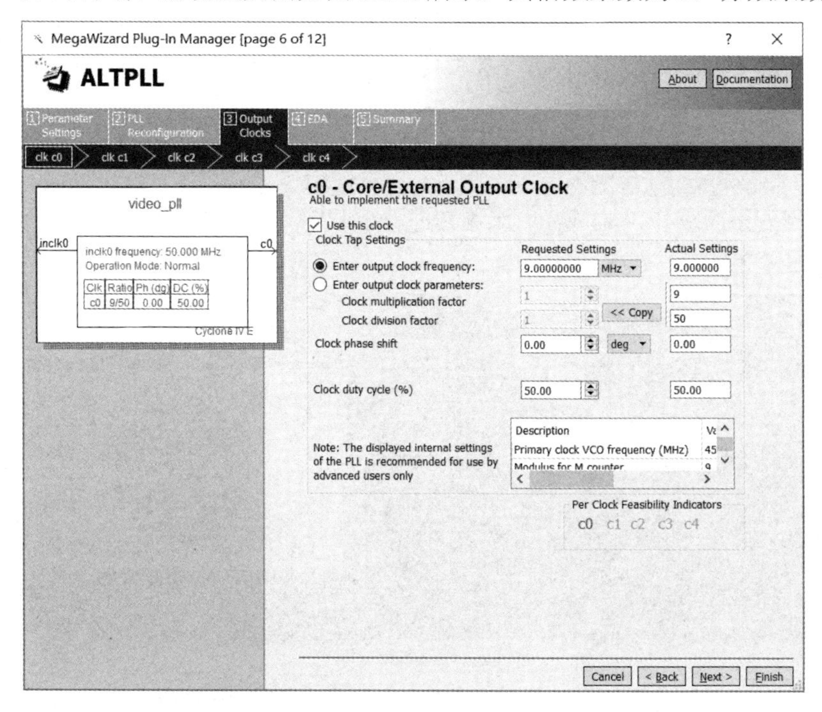

图 12.26　产生 9MHz 像素时钟 c0 设置页面

TFT 模块用 40 针接口和 FPGA 目标板上的扩展口 J15 相连，FPGA 的引脚分配和锁定如下：

```
set_location_assignment PIN_E1 -to clk50m
set_location_assignment PIN_E15 -to clr
set_location_assignment PIN_J11 -to lcd_b[7]
set_location_assignment PIN_G16 -to lcd_b[6]
set_location_assignment PIN_K10 -to lcd_b[5]
set_location_assignment PIN_K9  -to lcd_b[4]
set_location_assignment PIN_G11 -to lcd_b[3]
set_location_assignment PIN_F14 -to lcd_b[2]
set_location_assignment PIN_F13 -to lcd_b[1]
set_location_assignment PIN_F11 -to lcd_b[0]
set_location_assignment PIN_D14 -to lcd_g[7]
set_location_assignment PIN_F10 -to lcd_g[6]
set_location_assignment PIN_C14 -to lcd_g[5]
set_location_assignment PIN_E11 -to lcd_g[4]
set_location_assignment PIN_D12 -to lcd_g[3]
set_location_assignment PIN_D11 -to lcd_g[2]
set_location_assignment PIN_C11 -to lcd_g[1]
set_location_assignment PIN_E10 -to lcd_g[0]
set_location_assignment PIN_D9  -to lcd_r[7]
set_location_assignment PIN_C9  -to lcd_r[6]
set_location_assignment PIN_E9  -to lcd_r[5]
set_location_assignment PIN_F9  -to lcd_r[4]
set_location_assignment PIN_F7  -to lcd_r[3]
set_location_assignment PIN_E8  -to lcd_r[2]
set_location_assignment PIN_D8  -to lcd_r[1]
set_location_assignment PIN_E7  -to lcd_r[0]
set_location_assignment PIN_J12 -to lcd_dclk
set_location_assignment PIN_K11 -to lcd_de
set_location_assignment PIN_J13 -to lcd_hs
set_location_assignment PIN_J14 -to lcd_vs
```

锁定引脚后重新编译，生成.sof 配置文件，下载配置文件到 FPGA 目标板，TFT 液晶屏的圆环显示效果如图 12.27 所示。

图 12.27　4.3 英寸 TFT 屏（480×272）圆环显示效果

12.6.3　TFT 液晶屏显示动态矩形

本例用 TFT 液晶屏实现动态矩形显示效果。

1. TFT 动态矩形显示源码

本例通过 FPGA 控制 TFT 液晶屏显示矩形动画，矩形的宽从 2 变化到 600（单位为像素点），矩形的高从 2 变化到 400，矩形由小逐渐变大，实现动态显示效果。

例 12.14 是 TFT 动态矩形显示源码。

【例 12.14】　TFT 动态矩形显示源码。

```
module tft_rec_dyn(
     input  clk50m,
     input  clr,
     output reg  lcd_hs,
     output reg  lcd_vs,
     output   lcd_de,
     output reg[7:0]  lcd_r,
     output reg[7:0]  lcd_g,
     output reg[7:0]  lcd_b,
     output lcd_dclk
      );
parameter    H_TOTAL  =  525;
parameter    V_TOTAL  =  286;
parameter    H_SYN    =  41;
parameter    V_SYN    =  2;
parameter    H_ST     =  43;
parameter    H_END    =  523;
parameter    V_ST     =  12;
parameter    V_END    =  284;

   reg[12:0]   h_cnt, v_cnt;
   reg   hs_de,vs_de;
   wire  disp_area;
   wire  end_cnt_h,add_cnt_v,end_cnt_v;
   reg[7:0]  cnt0;
   wire  add_cnt0,end_cnt0,add_cnt1,end_cnt1;
   reg[15:0]  cnt1;

pll  u1
       (.inclk0(clk50m),
        .c0(lcd_dclk)             //产生 TFT 像素时钟 9MHz
        );
assign lcd_de    = hs_de & vs_de;

always @ (posedge lcd_dclk, negedge clr)
```

```
begin
   if(!clr) begin  h_cnt <= 0;  end
   else begin  if(end_cnt_h)  h_cnt <= 0;
               else  h_cnt <= h_cnt + 1;
        end
end
assign end_cnt_h = h_cnt == H_TOTAL -1;
     //h_cnt 为行时钟计数器，计满 525 个像素点清零，重新计数
always @ (posedge lcd_dclk, negedge clr)
begin
   if(!clr)  begin  v_cnt <= 0;  end
   else if(add_cnt_v)  begin
        if(end_cnt_v)  v_cnt <= 0;
        else  v_cnt <= v_cnt + 1;
        end
end
assign add_cnt_v = end_cnt_h;
assign end_cnt_v = add_cnt_v && v_cnt == V_TOTAL - 1;
     /*  v_cnt 为场时钟计数器，加 1 条件是计满 525 个像素点（即为一行的时间），
         结束条件为计满 286 行  */
always @ (posedge lcd_dclk, negedge clr)
begin
   if(!clr)  begin  lcd_hs <= 1'b0;  end
   else if(end_cnt_h)  begin  lcd_hs <= 1'b0;  end
   else if( h_cnt == H_SYN-1)
          begin  lcd_hs <= 1'b1;  end
end
always @ (posedge lcd_dclk, negedge clr)
begin
       if(!clr) begin hs_de <= 1'b0;  end
       else if( h_cnt == H_ST-1)
              begin  hs_de <= 1'b1;  end
       else if( h_cnt == H_END-1)
              begin  hs_de <= 1'b0;  end
end

always @ (posedge lcd_dclk, negedge clr)
begin
   if(!clr)  begin lcd_vs <= 1'b0;  end
   else if(add_cnt_v && v_cnt == V_SYN-1 )
       begin  lcd_vs <= 1'b1;  end
       else if(end_cnt_v) begin  lcd_vs <= 1'b0;  end
end
always @ (posedge lcd_dclk, negedge clr)
begin
```

```
    if(!clr)  begin  vs_de <= 1'b0;  end
    else if(add_cnt_v && v_cnt == V_ST-1)
        begin  vs_de <= 1'b1;  end
    else if(add_cnt_v && v_cnt ==V_END-1)
        begin  vs_de <= 1'b0;  end
end
assign disp_area = hs_de && vs_de;
assign blue_area = (h_cnt >= H_ST+240-h) && (h_cnt<H_ST+240+h)
       && (v_cnt >= V_ST + 136-v) && (v_cnt<V_ST+136+v);

    reg[30:0]   h,v;
always @(posedge lcd_dclk, negedge clr)
begin
    if(!clr)  begin  h<=1;  end
    else if(end_cnt_v && h<300) begin  h<=h+2;  end
end
always @(posedge lcd_dclk, negedge clr)
begin
    if(!clr)  begin  v<=1;  end
    else if(end_cnt_v && v<200)  begin  v<=v+1;  end
end
always @(posedge lcd_dclk, negedge clr)
begin
    if(!clr)  begin  lcd_r <= 0;lcd_g <= 0;lcd_b <= 0;  end
    else if(disp_area) begin
          if(blue_area)
              begin  lcd_r <= 0;lcd_g <= 0;lcd_b <=8'hff;  end
          else begin  lcd_r <= 8'hff; lcd_g <= 8'hff;lcd_b <= 8'hff;
            end
          end
    else begin  lcd_r <= 0;lcd_g <= 0;lcd_b <= 0;  end
end
endmodule
```

2. 下载与验证

TFT 液晶屏显示模式设置为 480×272@60Hz，像素时钟为 9MHz。9MHz 像素时钟用锁相环 IP 核实现，锁相环 IP 核的设置可参考图 12.26。

FPGA 的引脚分配和锁定与例 12.13 相同，引脚锁定并重新编译后，生成配置文件.sof，连接目标板电源线和 JTAG 线，下载配置文件.sof 至 FPGA 目标板，查看实际显示效果。

12.7　音乐演奏电路

在本节中，用 FPGA 器件驱动扬声器实现音符和乐曲的演奏。

12.7.1　音符演奏

1. 音符和音名

以钢琴为例介绍音符和音名等音乐要素，钢琴素有“乐器之王”的美称，由 88 个琴键（52 个白键，36 个黑键）组成，相邻两个按键音构成半音，从左至右又可根据音调大致分为低音区、中音区和高音区，如图 12.28 所示。

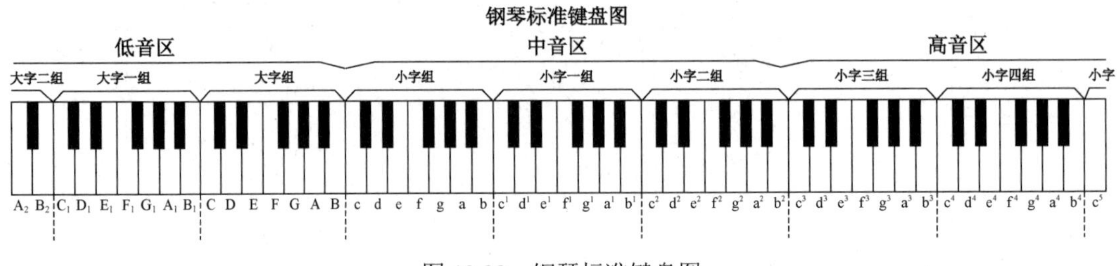

图 12.28　钢琴标准键盘图

图 12.28 中每个虚线隔档内有 12 个按键（7 个白键，5 个黑键），若定义键盘中最中间虚线隔档内最左侧的白键发 Do 音，那么该隔档内其他 6 个白键即依次为 Re、Mi、Fa、Sol、La、Si。从这里可以看出发音的规律，即：Do、Re、Mi 或者 Sol、La、Si 相邻之间距离两个半音，而 Mi、Fa 或者 Si、高音 Do 之间只隔了一个半音。当需要定义其他按键发 Do 音时，只需根据此规律即可找到其他音对应的按键。

钢琴的每个按键都能发出一种固定频率的声音，声音的频率范围从最低的 27.500Hz 到最高的 4186.009Hz。如表 12.10 所示为钢琴 88 个键对应声音的频率，表中的符号#（如 C#）表示升半个音阶，b（如 Db）表示降半个音阶。当需要播放某个音符时，只需要产生该频率即可。

表 12.10　钢琴 88 个键对应声音的频率

音名	键号	频率	键号	频率	键号	频率	键号	频率	键号	频率	键号	频率	键号	频率	键号	频率
A	1	27.500	13	55.000	25	110.000	37	220.000	49	440.000	61	880.000	73	1760.000	85	3520.000
A#(Bb)	2	29.135	14	58.270	26	116.541	38	233.082	50	466.164	62	932.328	74	1864.655	86	3729.310
B	3	30.868	15	61.735	27	123.471	39	246.942	51	493.883	63	987.767	75	1975.533	87	3951.066
C	4	32.703	16	65.406	28	130.813	40	261.626	52	523.251	64	1046.502	76	2093.005	88	4186.009
C#(Db)	5	34.648	17	69.296	29	138.591	41	277.183	53	554.365	65	1108.731	77	2217.461		
D	6	36.708	18	73.416	30	146.832	42	293.665	54	587.330	66	1174.659	78	2349.318		
D#(Eb)	7	38.891	19	77.782	31	155.563	43	311.127	55	622.254	67	1244.508	79	2489.016		
E	8	41.203	20	82.407	32	164.814	44	329.628	56	659.255	68	1318.510	80	2637.020		
F	9	43.654	21	87.307	33	174.614	45	349.228	57	698.456	69	1396.913	81	2793.826		
F#(Gb)	10	46.249	22	92.499	34	184.997	46	369.994	58	739.989	70	1479.978	82	2959.955		
G	11	48.999	23	97.999	35	195.998	47	391.995	59	783.991	71	1567.982	83	3135.963		
G#(Ab)	12	51.913	24	103.826	36	207.652	48	415.305	60	830.609	72	1661.219	84	3322.438		

如图 12.29 所示是一个八度音程的音名，唱名，频域和音域范围的示意图，两个八度音1（Do）与$\dot{1}$（高音 Do）之间的频率相差 1 倍（f→2f），并可分为 12 个半音，每两个半音的频率比为$\sqrt[12]{2}$（约为 1.059 倍），此即音乐的十二平均率。

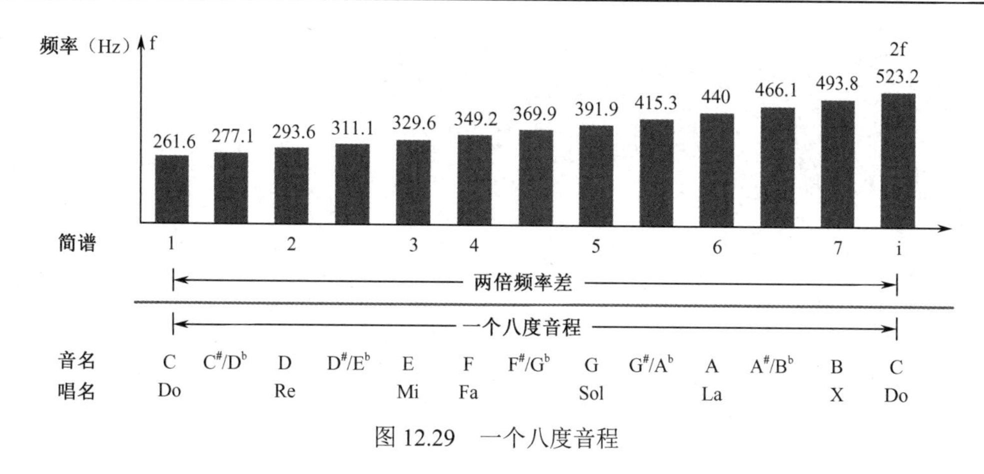

图 12.29 一个八度音程

2. 演奏音符

例 12.15 实现音符的演奏，如弹奏电子琴，音调不断自动升高。

用一个 29 位的计数器（tone）计数，取其高 6 位（tone[28:23]）表示音符，可以表示 64 个音符，每个八度音程有 12 个音符，64 个音符可涵盖 5 个八度音程，时钟频率为 50MHz 时，每个音符持续 167ms，64 个音符每 10.7s 左右完成一次演奏并不断循环。

例 12.15 中 div12 模块完成将 fullnote 变量除以 12 的操作，从而得到八度音程变量 octave（5 个音程，分别为 0～4，用 3 位表示）和音符变量 note（12 个音符，分别为 0～11，用 4 位表示）。除以 12 的操作具体是先除以 4 再除以 3，除以 4 只需要将 fullnote 右移 2 位即可，移出的 2 位作为余数的低两位；剩余的 fullnote 变量高 4 位除以 3，用 case 语句查表实现，最终得到 3 位的商（0～5）和 4 位的余数（0～11）。

【例 12.15】 音符演奏电路。

```
module notes(
        input clk50m,        //50MHz 时钟信号
        output reg spk);
reg [28:0] tone;
always @(posedge clk50m)  tone <= tone+1;

//--------一个八度的音符数值-------
reg[8:0] division;
always @(note)
case(note)
  0: division = 512-1;  //将主时钟除以 512 得到音符 A
  1: division = 483-1;  //将主时钟除以 483 得到音符 A#/Bb
  2: division = 456-1;  //将主时钟除以 456 得到音符 B
  3: division = 431-1;  // C
  4: division = 406-1;  // C#/Db
  5: division = 384-1;  // D
  6: division = 362-1;  // D#/Eb
  7: division = 342-1;  // E
  8: division = 323-1;  // F
  9: division = 304-1;  // F#/Gb
```

```
  10: division = 287-1; // G
  11: division = 271-1; // G#/Ab
  default: division = 0;
endcase
//-----从一个八度到另一个八度，频率乘以 2-----
reg [8:0] cnt_note;
always @(posedge clk50m) begin
    if(cnt_note==0) cnt_note <= division;
    else cnt_note <= cnt_note-1;
         //每当 cnt_note 等于 0 时，就进入到下一个八度
end

reg [7:0] cnt_octave;
always @(posedge clk50m)
begin
  if(cnt_note==0) begin
    if(cnt_octave==0)
    cnt_octave <= (octave==0 ? 255:octave==1 ? 127:octave==2 ? 63:
                  octave==3 ? 31 :octave==4 ? 15:7);
  //对于最低的八度音程，将 cnt_note 除以 256，对于第 2 个八度，除以 128，以此类推
  else  cnt_octave <= cnt_octave-1; end
end

always @(posedge clk50m) begin
    if(cnt_note==0 && cnt_octave==0) spk <= ~spk; end

wire [5:0] fullnote = tone[28:23];      //64 个音符
wire [2:0] octave;        //5 个八度音程，用 3 位来表示
wire [3:0] note;         //12 个音符，从 0 到 11，用 4 位来表示
div12  d1(              //除以 12 模块例化
      .num(fullnote[5:0]), .qout(octave), .rem(note));
endmodule
//--------------除以 12 子模块源码-------------
module div12(
          input [5:0] num,
          output reg[2:0] qout,
          output [3:0] rem);
reg [3:0] rem_b3b2;
assign rem = {rem_b3b2, num[1:0]};         //余数
always @(num[5:2])       //除以 3
case(num[5:2])
   0 : begin qout=0; rem_b3b2=0; end
   1 : begin qout=0; rem_b3b2=1; end
   2 : begin qout=0; rem_b3b2=2; end
   3 : begin qout=1; rem_b3b2=0; end
   4 : begin qout=1; rem_b3b2=1; end
   5 : begin qout=1; rem_b3b2=2; end
   6 : begin qout=2; rem_b3b2=0; end
```

```
    7 : begin qout=2; rem_b3b2=1; end
    8 : begin qout=2; rem_b3b2=2; end
    9 : begin qout=3; rem_b3b2=0; end
    10: begin qout=3; rem_b3b2=1; end
    11: begin qout=3; rem_b3b2=2; end
    12: begin qout=4; rem_b3b2=0; end
    13: begin qout=4; rem_b3b2=1; end
    14: begin qout=4; rem_b3b2=2; end
    15: begin qout=5; rem_b3b2=0; end
endcase
endmodule
```

基于 DE10-Lite 目标板进行下载，将 spk 锁定至 FPGA 某一 I/O 引脚并接喇叭，喇叭另一脚接地，引脚约束文件（.qsf）如下：

```
set_location_assignment PIN_P11 -to clk50m
set_location_assignment PIN_W10 -to spk
```

引脚锁定后重新编译，基于目标板下载验证音符演奏声。

3. 警笛发生器

在例 12.16 中，tone 计数器的 15～21 位（tone[21:15]），其值在 0～127 之间递增，其按位取反的值（~tone[21:15]）则在 127～0 之间递减，此变化规律正好符合警车笛声的音调变化规律。用 tone[22]位来控制，当 tone[22]位为 0 时，fastbeep 等于 tone[21:15]，当 tone[22]位为 1 时，fastbeep 等于~tone[21:15]，其值在 7b'0000000~7b'1111111 之间来回变化。

在 fastbeep 前面补上两位数据"01"，在其尾部补 7 个 0，即"0000000"。通过这样的处理，division 就拥有了一个在 16'b0100000000000000~16'b0111111110000000 之间来回变化的值（十进制数在 16384~32640 之间变化）。当输入时钟为 50MHz 时，将产生频率在 765～1525Hz 之间变化的音调，从而产生类似于警笛的声音。

“高速追击”警笛声时快时慢，为模拟追击警笛声，使用 tone[21:15]得到一个快速的音调，使用 tone[24:18]得到一个慢速的音调。

【例 12.16】　警笛发生器。

```
module beep(
        input clk50m,
        output reg spk);
reg[27:0] tone;
always @(posedge clk50m)
begin  tone <= tone+1;  end
wire[6:0] fastbeep = (tone[22] ? tone[21:15] : ~tone[21:15]);
wire[6:0] slowbeep = (tone[25] ? tone[24:18] : ~tone[24:18]);
wire[15:0] division={2'b01,(tone[27] ? slowbeep : fastbeep),7'b0000000};
reg [15:0] count;

always @(posedge clk50m)
begin
   if(count==0)  count <= division;
   else  count <= count-1; end
```

```
always @(posedge clk50m)
begin  if(count==0) spk <= ~spk;  end
endmodule
```

引脚锁定后编译，基于 DE10-Lite 进行下载验证，外接喇叭，实际验证警笛声效果。

12.7.2　乐曲演奏

演奏的乐曲选择“梁祝”片段，其曲谱如下。

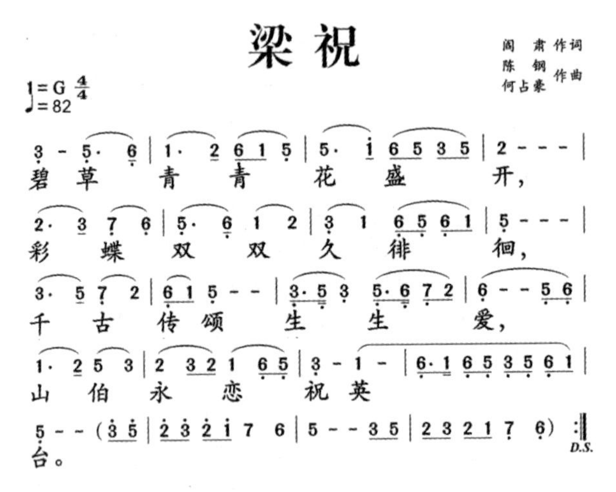

首先从乐理上对该曲谱做如下分析：

（1）该谱左上角 1=G 表示调号，调号决定了整首曲子的音高。

（2）$\frac{4}{4}$表示乐曲以四分音符为 1 拍，每小节 4 拍（简谱中两个竖线间为一小节）。

（3）单个音符播放的时长由时值符号标记，包含增时线、附点音符、减时线。

- 增时线：在音符的右边，每多一条增时线，表示增加 1 拍。如“5—”，表示四分音符 5 增加 1 拍，即持续 2 拍。。
- 附点音符：在音符的右边加“•”，表示增加当前音符时长的一半，比如“5•”，表示四分音符 5 增加一半时值，即持续 1.5 拍。
- 减时线：写在音符的下边，每多增一条减时线，表示缩短为原音符时长的一半，如音符“$\underline{5}$”及“$\underline{\underline{5}}$”分别表示时长为 0.5 拍和 0.25 拍。

各种音符及其时值的表示如表 12.11 所示，以四分音符为 1 拍，则全音符持续 4 拍，二分音符持续 2 拍，八分音符时值为 0.5 拍，十六分音符时值为 0.25 拍。

表 12.11　音符时值的表示

音　　符	简谱表示（以 5 为例）	拍　　数
全音符	5———	4
二分音符	5—	2
四分音符	5	1
八分音符	$\underline{5}$	1/2
十六分音符	$\underline{\underline{5}}$	1/4

（4）曲谱左上角的“♩= 82”为速度标记，表示以这个时值（♩）为基本拍，每分钟演奏多少基本拍，♩= 82 即每分钟演奏 82 个四分音符（每个四分音符大约持续 0.73s）。

上面分析了音乐播放的乐理因素，具体实现时则不必过于拘泥，实际上只要各个音名间的相对频率关系不变，C 作 1 与 G 作 1 演奏出的音乐听起来都不会“走调”。

1. 音符的产生

本例演奏的梁祝乐曲，为了减小输出的偶次谐波分量，最后输出到扬声器的波形设定为对称方波，因此在输出端设计了一个二分频的分频器。本例选取 6MHz 为基准频率，所有音符均从该基准频率分频得到，由于音符频率多为非整数，故将计算得到的分频数四舍五入取整。该乐曲各音符频率及相应的分频比如表 12.12 所示，表中的分频比是在 3MHz 频率基础上计算并经过四舍五入取整得到的。

从表 12.12 中可以看出，最大的分频系数为 9 102，故采用 14 位二进制计数器分频可满足需要，计数器预置数的计算方法是：16 383−分频系数（$2^{14}-1=16\,383$），加载不同的预置数即可实现不同的分频比。采用预置数实现分频比这一方法，比使用反馈复零法节省资源，实现起来也容易一些。

表 12.12　各音符频率对应的分频比及预置数

音符	频率/Hz	分频系数	预置数	音符	频率/Hz	分频系数	预置数
$\underset{\cdot}{3}$	329.6	9 102	7 281	5	784	3 827	12 556
$\underset{\cdot}{5}$	392	7 653	8 730	6	880	3 409	12 974
$\underset{\cdot}{6}$	440	6 818	9 565	7	987.8	3 037	13 346
$\underset{\cdot}{7}$	493.9	6 073	10 310	$\dot{1}$	1 046.5	2 867	13 516
1	523.3	5 736	10 647	$\dot{2}$	1 174.7	2 554	13 829
2	587.3	5 111	11 272	$\dot{3}$	1 319.5	2 274	14 109
3	659.3	4 552	11 831	$\dot{5}$	1 568	1 913	14 470

如果乐曲中有休止符，只要将分频系数设为 0，即预置数为 16 383 即可，此时扬声器将不会发声。

2. 音长的控制

本例演奏的梁祝片段，如果将二分音符的持续时间设为 1s，则 4Hz 的时钟信号可产生八分音符的时长（0.25s），四分音符的演奏时间为 2 个 0.25s，为简化程序，本例中对十六分音符做了近似处理，将其视为八分音符。

图 12.30 所示是乐曲演奏电路的示意图，乐谱产生电路用来控制音乐的音调和音长。控制音调通过设置计数器的预置数来实现，预置不同的数值就可以使计数器产生不同频率的信号，从而产生不同的音调。控制音长是通过控制计数器预置数的停留时间来实现的，预置数停留的时间越长，则该音符演奏的时间越长。每个音符的演奏时间都是 0.25 s 的整数倍，对于节拍较长的音符，如全音符，在记谱时将该音符重复记录 8 次即可。为了使演奏能循环进行，需要另外设置一个时长计数器，当乐曲演奏完成时，保证能自动从头开始循环演奏。

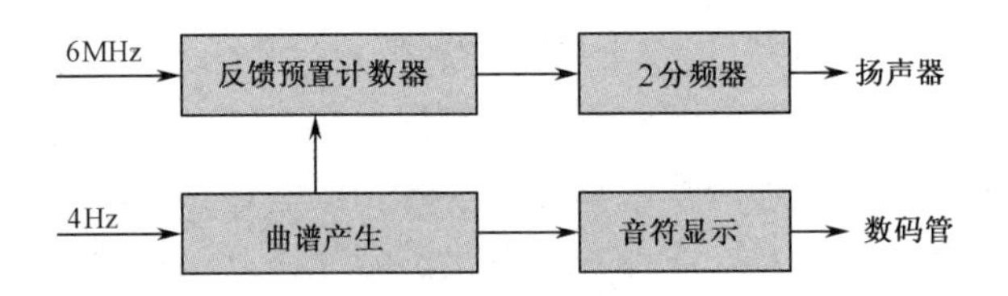

图 12.30　乐曲演奏电路

3. 源码

在例 12.17 中，HIGH[3:0]、MED[3:0]、LOW[3:0]分别用于在数码管上显示高音音符、中音音符和低音音符；为了使演奏能循环进行，另外设置一个时长计数器，当乐曲演奏完，保证能自动从头开始演奏。

【例 12.17】　“梁祝”乐曲演奏电路。

```
`timescale 1ns / 1ps
module song(
        input clk50m,              //输入时钟 50MHz
        output reg spk,            //激励扬声器的输出信号
        output[6:0] hex2,          //用数码管 HEX2 显示高音音符
        output[6:0] hex1,          //用数码管 HEX1 显示中音音符
        output[6:0] hex0);         //用数码管 HEX0 显示低音音符
wire clk_6mhz;                     //产生各种音阶频率的基准频率
clk_div  #(6250000)  u1(           //得到 6.25MHz 时钟
            .clk(clk50m),
            .clr(1),
            .clk_out(clk_6mhz));
wire clk_4hz;                      //用于控制音长(节拍)的时钟频率
clk_div  #(4)  u2(                 //得到 4Hz 时钟信号
            .clk(clk50m),
            .clr(1),
            .clk_out(clk_4hz));
reg[13:0] divider,origin;
reg carry;
always @(posedge clk_6mhz)         //通过置数，改变分频比
begin
   if(divider==16383)
     begin divider<=origin;carry<=1;end
   else  begin divider<=divider+1;carry<=0; end
end
always @(posedge carry)
begin  spk<=~spk;end               //2 分频得到方波信号
always @(posedge clk_4hz)
  begin  case({high,med,low})      //根据不同的音符，预置分频比
'h001:  origin<=4915;       'h002:  origin<=6168;
'h003:  origin<=7281;       'h004:  origin<=7792;
'h005:  origin<=8730;       'h006:  origin<=9565;
```

```
'h007:  origin<=10310;      'h010:  origin<=10647;
'h020:  origin<=11272;      'h030:  origin<=11831;
'h040:  origin<=12094;      'h050:  origin<=12556;
'h060:  origin<=12974;      'h070:  origin<=13346;
'h100:  origin<=13516;      'h200:  origin<=13829;
'h300:  origin<=14109;      'h400:  origin<=14235;
'h500:  origin<=14470;      'h600:  origin<=14678;
'h700:  origin<=14864;      'h000:  origin<=16383;
endcase
end
reg[7:0] counter;
reg[3:0] high,med,low;
always @(posedge clk_4hz) begin
if(counter==158)    counter<=0;          //计时，以实现循环演奏
else                counter<=counter+1;
case(counter)
0,1,2,3: {high,med,low}<='h003;          //低音 3，二分音符，重复 4 次记谱
4,5,6: {high,med,low}<='h005;            //低音 5，重复 3 次记谱
7:  {high,med,low}<='h006;               //低音 6
8,9,10: {high,med,low}<='h010;
11: {high,med,low}<='h020;               //中音 2
12: {high,med,low}<='h006;
13: {high,med,low}<='h010;
14,15: {high,med,low}<='h005;            //低音 5，四分音符，重复 2 次记谱
16,17,18: {high,med,low}<='h050;
19: {high,med,low}<='h100;               //高音 1
20: {high,med,low}<='h060;
21: {high,med,low}<='h050;
22: {high,med,low}<='h030;
23: {high,med,low}<='h050;
24,25,26,27,28,29,30,31: {high,med,low}<='h020;     //全音符，重复 8 次记谱
32,33,34: {high,med,low}<='h020;
35: {high,med,low}<='h030;
36,37: {high,med,low}<='h007;
38,39: {high,med,low}<='h006;
40,41,42: {high,med,low}<='h005;
43: {high,med,low}<='h006;
44,45: {high,med,low}<='h010;
46,47: {high,med,low}<='h020;
48,49: {high,med,low}<='h003;
50,51: {high,med,low}<='h010;
52: {high,med,low}<='h006;
53: {high,med,low}<='h005;
54: {high,med,low}<='h006;
55: {high,med,low}<='h010;
```

```
56,57,58,59,60,61,62,63: {high,med,low}<='h005;     //全音符，重复8次记谱
64,65,66: {high,med,low}<='h030;
67: {high,med,low}<='h050;
68,69: {high,med,low}<='h007;
70,71: {high,med,low}<='h020;
72: {high,med,low}<='h006;
73: {high,med,low}<='h010;
74,75,76,77,78,79: {high,med,low}<='h005;           //重复6次记谱
80: {high,med,low}<='h003;
81: {high,med,low}<='h005;
82,83: {high,med,low}<='h003;
84: {high,med,low}<='h005;
85: {high,med,low}<='h006;
86: {high,med,low}<='h007;
87: {high,med,low}<='h020;
88,89,90,91,92,93: {high,med,low}<='h006;
94: {high,med,low}<='h005;
95: {high,med,low}<='h006;
96,97,98: {high,med,low}<='h010;
99: {high,med,low}<='h020;
100,101: {high,med,low}<='h050;
102,103: {high,med,low}<='h030;
104,105: {high,med,low}<='h020;
106:{high,med,low}<='h030;
107:{high,med,low}<='h020;
108,109: {high,med,low}<='h010;
110:{high,med,low}<='h006;
111:{high,med,low}<='h005;
112,113,114,115: {high,med,low}<='h003;
116,117,118,119: {high,med,low}<='h010;
120:{high,med,low}<='h006;      121:{high,med,low}<='h010;
122:{high,med,low}<='h006;      123:{high,med,low}<='h005;
124:{high,med,low}<='h003;      125:{high,med,low}<='h005;
126:{high,med,low}<='h006;      127:{high,med,low}<='h010;
127,128,129,130,131,132:{high,med,low}<='h005;
133:{high,med,low}<='h300;      134:{high,med,low}<='h500;
135:{high,med,low}<='h200;      136:{high,med,low}<='h300;
137:{high,med,low}<='h200;      138:{high,med,low}<='h100;
139,140:{high,med,low}<='h070;
141,142:{high,med,low}<='h060;
143,144,145,146,147,148: {high,med,low}<='h050;
149:{high,med,low}<='h030;      150:{high,med,low}<='h050;
151:{high,med,low}<='h020;      152:{high,med,low}<='h030;
153:{high,med,low}<='h020;      154:{high,med,low}<='h010;
155,156:{high,med,low}<='h007;
```

```
157,158:{high,med,low}<='h006;
default: {high,med,low}<='h000;
endcase
end
hex4_7 u3(.hex(high),               //高音音符显示，hex4_7 源码见例 10.10
          .g_to_a(hex2));
hex4_7 u4(.hex(med),                //中音音符显示
          .g_to_a(hex1));
hex4_7 u5(.hex(low),                //低音音符显示
          .g_to_a(hex0));
endmodule
```

引脚锁定后重新编译，基于目标板下载，外接喇叭，听乐曲演奏声，音符则通过 3 个数码管显示，实现动态演奏，可在此实验的基础上进一步增加声、光、电的演奏效果。

12.8 开方运算

本节采用逐次逼近算法实现整数开方运算电路。

假设被开方数 data 是 8 位的，则其开方的结果 qout 位宽为 4。设置一个试验值 qtp 从最高位到最低位依次置 1，先将试验值 qtp 的最高位置 1，用乘法器平方后与被开方数 data 比较，<data 则保留当前的 1，>data 则最高位置 0，次高位再置 1；然后按照从高往低的顺序，依次将每一位置 1，将试验值平方后与输入数据比较，若试验值的平方大于输入值（qtp^2 > data），则此位为 0，反之（qtp^2≤data），此位为 1；以此迭代到最后一位。

可见，如果被开方数是 W 位的话，那么需要 W/2 次迭代，需要 W/2 个时钟周期得到结果。

1. 设计实现

按上述逐次逼近算法实现的整数开方运算源码如例 12.18 所示。

【例 12.18】 整数开方运算源码。

```
module sqrt
  #(parameter  DW = 16,
    parameter  QW = DW/2,
    parameter  RW = QW + 1)
    (input clk, clr,
     input en,                          //输入使能
     input wire[DW-1:0]  data,          //输入数据
     output reg[QW-1:0]  qout,          //平方根结果
     output reg[RW-1:0]  rem,           //余数
     output reg  done);
//-----流水线操作，输出数据的位宽决定了流水线的级数，级数=QW------
reg[DW-1:0] din[QW:1];      //保存依次输入进来的被开方数据
reg[QW-1:0] qtp[QW:1];      //保存每一级流水线的试验值
reg[QW-1:0] qst[QW:1];      //由试验值与真实值的比较结果确定的最终值
reg flag [QW:1];            //表示此时寄存器 D 中对应位置的数据是否有效
```

```
//--------------------------------------------------------
always@(posedge clk, negedge clr)
begin
   if(!clr)
   {din[QW], qtp[QW], qst[QW], flag[QW]} <= 0;
   else if(en)                              //输入使能为 1
   begin
   din[QW] <= data;                         //被开方数据
   qtp[QW] <= {1'b1,{(QW-1){1'b0}}};        //设置试验值，先将最高位设为 1
   qst[QW] <= 0;                            //实际计算结果
   flag[QW] <= 1; end
   else
      {din[QW], qtp[QW], qst[QW], flag[QW]} <= 0;
end
//-------------迭代计算过程，流水线操作--------------
generate
   genvar i;      //i=3,2,1
     for(i=QW-1;i>=1;i=i-1)
     begin:U
     always@(posedge clk, negedge clr) begin
       if(!clr)
        {din[i], qtp[i], qst[i], flag[i]} <= 0;
        //将数据读入并设置数据有效，开始比较数据
        else if(flag[i+1]) begin
        //确定最高位是否应该为 1 以及将次高位的赋值为 1，准备开始下一次比较!!!
        if(qtp[i+1]*qtp[i+1] > din[i+1])
        //根据根的试验值最高位置为 1 后的平方值与真实值的大小比较结果，
        begin
        qtp[i] <= {qst[i+1][QW-1:i],1'b1,{{i-1}{1'b0}}};
        //如果试验值的平方过大，那么就将最高位置为 0，次高位置 1，
        qst[i] <= qst[i+1]; end
        else  begin
        qtp[i] <= {qtp[i+1][QW-1:i],1'b1,{{i-1}{1'b0}}};
        //并将数据从位置 i+1 移至下一个位置 i，而 i+1 的位置用于接收下一个输入的数据
        qst[i] <= qtp[i+1];end
        din[i] <= din[i+1];
        flag[i] <= 1; end
        else
       {din[i], qtp[i], qst[i], flag[i]} <= 0;
       end
end
endgenerate
//---------计算余数与最终平方根--------------------
always@(posedge clk, negedge clr)
begin
```

```
    if(!clr)  {done, qout, rem} <= 0;
    else if(flag[1])  begin
         if(qtp[1]*qtp[1] > din[1])
         begin
         qout <= qst[1];
         rem <= din[1] - qst[1]*qst[1];
         done <= 1;  end
         else  begin
         qout <= {qst[1][QW-1:1],qtp[1][0]};
         rem <= din[1]-{qst[1][QW-1:1],
                   qtp[1][0]}*{qst[1][QW-1:1],qtp[1][0]};
         done <= 1; end
         end
         else {done, qout, rem} <= 0;
end
endmodule
```

2. 仿真验证

开方运算的 Test Bench 仿真代码在例 12.19 中给出。

【例 12.19】 开方运算的 Test Bench 仿真代码。

```
`timescale 1ns / 1ns
module sqrt_tb;
parameter DW = 16;
parameter QW = DW /2;
parameter RW = QW + 1;
reg clk;
reg clr;
reg en;
reg[DW-1:0] data;
wire  done;
wire [QW-1:0] qout;
wire [RW-1:0] rem;
sqrt  #(.DW(DW), .QW(QW), .RW(RW))
   u1(.clk(clk),
      .clr(clr),
      .en(en),
      .data(data),
      .done(done),
      .qout(qout),
      .rem(rem));
initial begin  clk <= 0;
  forever  #5  clk = ~clk; end                //产生 clk 时钟
initial begin
     {clr,en, data}<= 0;
```

```
    #20;  clr <= 1;
     repeat(5) @(posedge clk)
     begin
     en <= 1;
     data <= {$random} % {DW{1'b1}};      //产生随机数
    end
    #30;  {en, data}<= 0;
    #30;
     repeat(5) @(posedge clk)
     begin  en <= 1;
     data <= {$random} % {DW{1'b1}};      //产生随机数
     end
    #30;  {en, data}<= 0;
    #300; $stop;
end
endmodule
```

在 ModelSim 中运行上面的代码，得到图 12.31 所示的信号波形。从图中可以看出，当 en 为 1 时，输入十进制数 18233；当输出使能 done 为 1 时，得到平方根结果为 135，余数为 8，经测试功能正确。

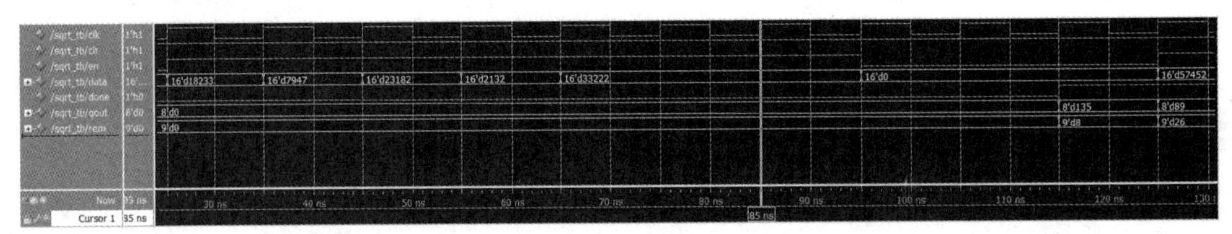

图 12.31　开方运算的仿真波形图

3. 下载与验证

整数开方运算顶层源码如例 12.20 所示，例中用 bin2bcd 子模块将二进制结果转换为对应十进制数，并用 hex4_7 子模块将开方结果以十进制形式显示在数码管上。

【例 12.20】　整数开方运算顶层源码。

```
`timescale 1ns / 1ps
module sqrt_top(
        input sys_clk,
        input sys_rst,
        input en,
        input wire [7:0] sw,        //输入 8 位数据
        output wire [6:0] hex1,
        output wire [6:0] hex0,     //数码管显示
        output wire  done);
parameter DW = 8;
parameter QW = DW /2;
parameter RW = QW + 1;
wire [DW/2-1 :0] qout;
```

```
sqrt  #(.DW(DW), .QW(QW), .RW(RW))
    u1 (.clk(sys_clk),
        .clr(sys_rst),
        .en(en),
        .data(sw),
        .done(done),
        .qout(qout),
        .rem(  ));
wire [7:0] dec_data;
bin2bcd   #(.W(4))              //二进制结果转换为相应十进制数
      u2(                       //bin2bcd 源码见例 12.4
        .bin(qout),
        .bcd(dec_data));
hex4_7 i1(.hex(dec_data[3:0]),.g_to_a(hex0));   //数码管显示平方根值
hex4_7 i2(.hex(dec_data[7:4]),.g_to_a(hex1));   //hex4_7 源码见例 10.10
endmodule
```

本例的引脚锁定如下（以 DE10-Lite 为目标板）：

```
set_location_assignment PIN_P11 -to sys_clk
set_location_assignment PIN_B14 -to sys_rst
set_location_assignment PIN_F15 -to en
set_location_assignment PIN_A14 -to sw[7]
set_location_assignment PIN_A13 -to sw[6]
set_location_assignment PIN_B12 -to sw[5]
set_location_assignment PIN_A12 -to sw[4]
set_location_assignment PIN_C12 -to sw[3]
set_location_assignment PIN_D12 -to sw[2]
set_location_assignment PIN_C11 -to sw[1]
set_location_assignment PIN_C10 -to sw[0]
set_location_assignment PIN_A8 -to done
set_location_assignment PIN_C18 -to hex1[0]
set_location_assignment PIN_D18 -to hex1[1]
set_location_assignment PIN_E18 -to hex1[2]
set_location_assignment PIN_B16 -to hex1[3]
set_location_assignment PIN_A17 -to hex1[4]
set_location_assignment PIN_A18 -to hex1[5]
set_location_assignment PIN_B17 -to hex1[6]
set_location_assignment PIN_C14 -to hex0[0]
set_location_assignment PIN_E15 -to hex0[1]
set_location_assignment PIN_C15 -to hex0[2]
set_location_assignment PIN_C16 -to hex0[3]
set_location_assignment PIN_E16 -to hex0[4]
set_location_assignment PIN_D17 -to hex0[5]
set_location_assignment PIN_C17 -to hex0[6]
```

将本例下载至 DE10-Lite 目标板，如图 12.32 所示，用目标板上右边 8 个按键（SW7～SW0）输入待开方的整数（0～255），最左侧按键（SW9）作为输入使能（为 1 的话，输入

有效），SW8 作为复位，开方的结果用两个数码管显示，做进一步验证。

图 12.32　开方运算

12.9　Cordic 算法及其实现

三角函数的计算，在计算机普及之前，通常通过查找三角函数表来计算任意角度的三角函数值。计算机普及后，计算机可以利用级数展开（如泰勒级数）来逼近三角函数，只要项数取得足够多就能以任意精度来逼近函数值。这些方法本质上都是用多项式函数来近似计算三角函数，计算过程中必然涉及大量的浮点运算。在缺乏硬件乘法器的简单设备上（如没有浮点运算单元的单片机），用这些方法来计算三角函数会非常麻烦。为解决此问题，J.Volder 于 1959 年提出一种快速算法，称为 Cordic（Coordinate Rotation Digital Computer）算法，即坐标旋转数字计算方法，该算法只利用移位、加、减运算，就能得出常用三角函数（如 sin、cos、sinh、cosh）值。

本节基于 FPGA 实现 Cordic 算法，将复杂的三角函数运算转化成普通的加、减和乘法实现，其中乘法运算可以用移位运算代替。

12.9.1　Cordic 算法

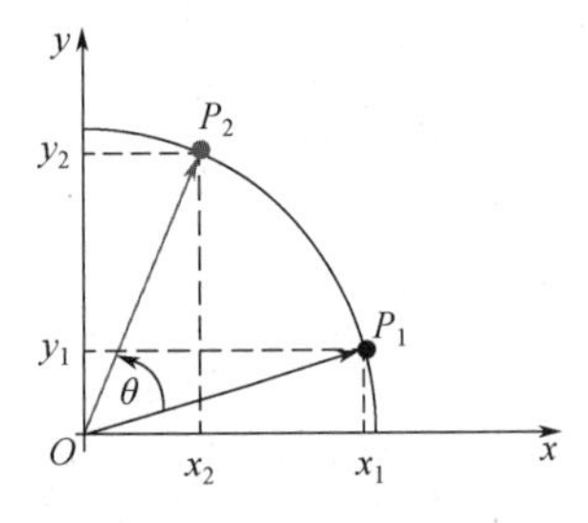

图 12.33　Cordic 算法原理

如图 12.33 所示，假设在直角坐标系中有一个点 P_1（x_1，y_1），将点 P_1 绕原点旋转角 θ 后得到点 P_2（x2，y2）。

于是可以得到点 P_1 和 P_2 的关系：

$$\begin{cases} x_2 = x_1\cos\theta - y_1\sin\theta = \cos\theta(x_1 - y_1\tan\theta) \\ y_2 = y_1\cos\theta - x_1\sin\theta = \cos\theta(y_1 - x_1\tan\theta) \end{cases} \tag{12-4}$$

转化为矩阵形式如下：

$$\begin{bmatrix} \mathrm{x}_2 \\ y_2 \end{bmatrix} = \cos\theta \times \begin{bmatrix} 1 & -\tan\theta \\ \tan\theta & 1 \end{bmatrix} \times \begin{bmatrix} x_1 \\ y_1 \end{bmatrix} \tag{12-5}$$

根据以上公式，当已知一个点 P_1 的坐标，并已知该点 P_1 旋转的角度 θ，则可以根据上述公式求得目标点 P_2 的坐标。为了兼顾顺时针旋转的情形，可以设置一个标志，记为 flag，其值为 1，表示逆时针旋转，其值为-1 时，表示顺时针旋转。以上矩阵改写为

$$\begin{bmatrix} x_2 \\ y_2 \end{bmatrix} = \cos\theta \times \begin{bmatrix} 1 & -\mathrm{flag}\times\tan\theta \\ \mathrm{flag}\times\tan\theta & 1 \end{bmatrix} \times \begin{bmatrix} x_1 \\ y_1 \end{bmatrix} \tag{12-6}$$

容易归纳出以下通项公式：

$$\begin{bmatrix} x_{n+1} \\ y_{n+1} \end{bmatrix} = \cos\theta_n \times \begin{bmatrix} 1 & -\text{flag}_n \times \tan\theta_n \\ \text{flag}_n \times \tan\theta_n & 1 \end{bmatrix} \times \begin{bmatrix} x_n \\ y_n \end{bmatrix} \tag{12-7}$$

为了简化计算过程，可以令旋转的初始位置为 0 度，旋转半径为 1，则 x_n 和 y_n 的值即为旋转后余弦值和正弦值。并规定每次旋转的角度为特定值，即

$$\begin{cases} x_0 = 1 \\ y_0 = 0 \\ \tan\theta_n = \dfrac{1}{2^n} \end{cases} \tag{12-8}$$

通过迭代可以得出

$$\begin{aligned}
&\begin{bmatrix} x_{n+1} \\ y_{n+1} \end{bmatrix} \\
&= \cos\theta_n \times \begin{bmatrix} 1 & -\text{flag}_n \times \tan\theta_n \\ \text{flag}_n \times \tan\theta_n & 1 \end{bmatrix} \times \begin{bmatrix} x_n \\ y_n \end{bmatrix} \\
&= \cos\theta_n \times \begin{bmatrix} 1 & -\text{flag}_n \times \tan\theta_n \\ \text{flag}_n \times \tan\theta_n & 1 \end{bmatrix} \times \cos\theta_{n-1} \times \begin{bmatrix} 1 & -\text{flag}_{n-1} \times \tan\theta_{n-1} \\ \text{flag}_{n-1} \times \tan\theta_{n-1} & 1 \end{bmatrix} \times \begin{bmatrix} x_{n-1} \\ y_{n-1} \end{bmatrix} \\
&= \cos\theta_n \times \begin{bmatrix} 1 & -\text{flag}_n \times \tan\theta_n \\ \text{flag}_n \times \tan\theta_n & 1 \end{bmatrix} \times \dots \times \begin{bmatrix} 1 \\ 0 \end{bmatrix} \\
&= \prod_{i=0}^{n} \cos\theta_i \times \prod_{i=0}^{n} \begin{bmatrix} 1 & -\text{flag}_i \times \tan\theta_i \\ \text{flag}_i \times \tan\theta_i & 1 \end{bmatrix} \times \begin{bmatrix} 1 \\ 0 \end{bmatrix} \\
&\xrightarrow{\text{令}K=\prod_{i=0}^{n}\cos\theta_i} = \prod_{i=0}^{n} \begin{bmatrix} 1 & -\text{flag}_i / 2^{\text{i}} \\ \text{flag}_i / 2^{\text{i}} & 1 \end{bmatrix} \times \begin{bmatrix} K \\ 0 \end{bmatrix}
\end{aligned} \tag{12-9}$$

分析以上推导过程，可知只要在 FPGA 中存储适当数量的角度值，即可以通过反复迭代完成正余弦函数计算。从公式中可以看出，计算结果的精度受 K 的值及迭代次数的影响，下面分析计算精度与迭代次数之间的关系。

可以证明 K 的值随着 n 的变大逐渐收敛。图 12.34 为 K 值随迭代次数的收敛情况，从中可以看出迭代 10 次即有很好的收敛效果，K 值收敛于 0.607252935。

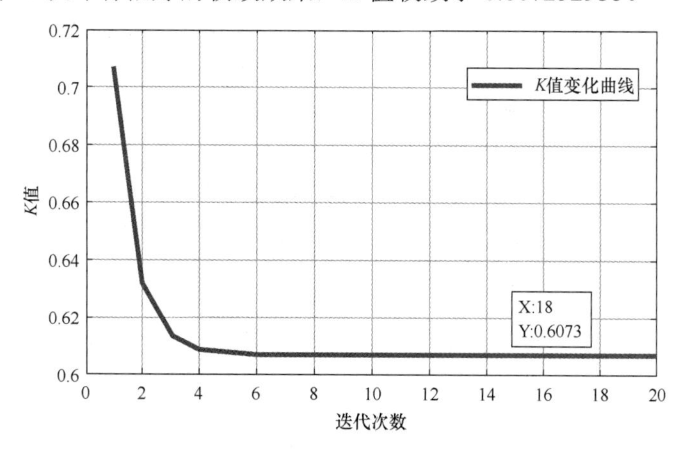

图 12.34　K 值随着迭代次数的变化曲线

使用 MATLAB 软件模拟使用 Cordic 算法完成的角度逼近情况，如图 12.35 所示。从图中可以看出，当迭代次数超过 15 次时，该算法可以很好地逼近待求角度。

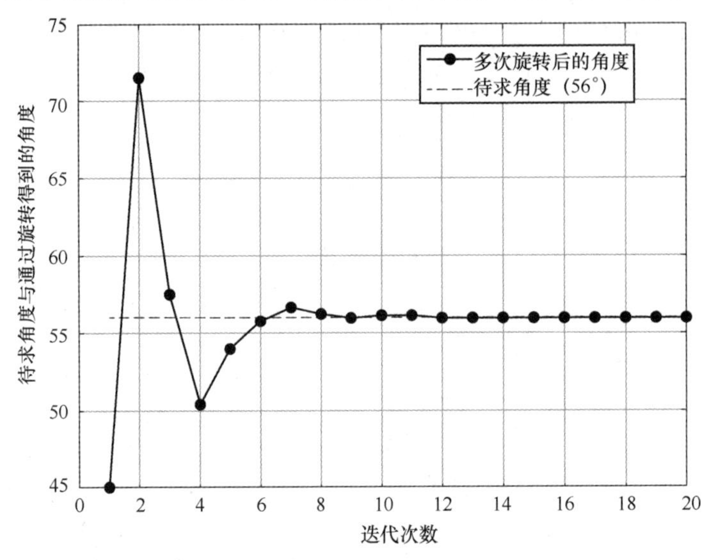

图 12.35　使用 Cordic 算法实现角度逼近

综上可知，当迭代次数超过 15 次时，计算的精度基本可以得到满足。

12.9.2　Cordic 算法的实现

在 Cordic 算法的 Verilog HDL 实现过程中，着重解决如下问题。

（1）输入角度象限的划分：三角函数值都可以转化到 0～90° 范围内计算，所以考虑对输入的角度进行预处理，进行初步的范围划分，分为 4 个象限，如表 12.13 所示，然后再将其转化到 0～90° 范围内进行计算。

表 12.13　角度范围划分

划 分 象 限	象　限	划 分 象 限	象　限
00	第一象限	10	第三象限
01	第二象限	11	第四象限

（2）由于 FPGA 综合时只能对定点数进行计算，所以要进行数值的扩大，从而导致结果也扩大。因此要进行后处理，乘以相应的因子，使数值变为原始的结果。

本例采用 8 位拨码开关作为角度值输入，则角度的输入范围为 0～255°。使用数码管作为输出显示，由于计算结果有正负，故用一位数码管作为正负标志，A 表示结果为正，F 表示结果为负，为了使计算结果能精确到 0.00001 位，采用 20 次迭代。

首先根据以下计算公式，使用 MATLAB 软件计算出 20 个特定角度值并放大 232 倍，如表 12.14 所示。

$$\theta_n = \arctan\frac{1}{2^n} \tag{12-10}$$

表 12.14　20 个特定旋转角

n	角度值（°）	n	角度值（°）
0	45	10	0.055952892
1	26.56505118	11	0.027976453
2	14.03624347	12	0.013988227
3	7.125016349	13	0.006994114
4	3.576334375	14	0.003497057
5	1.789910608	15	0.001748528
6	0.89517371	16	0.000874264
7	0.447614171	17	0.000437132
8	0.2238105	18	0.000218566
9	0.111905677	19	0.000109283

（3）实际编程时，当输入的角度转换到第一象限后较小时（小于 5°）或者较大时（大于 85°）计算结果都会溢出。通过 MATLAB 仿真，发现当待测角度较小时，旋转过程中会出现负角情况，即计算出的 y_n 值为负，如图 12.36 所示。

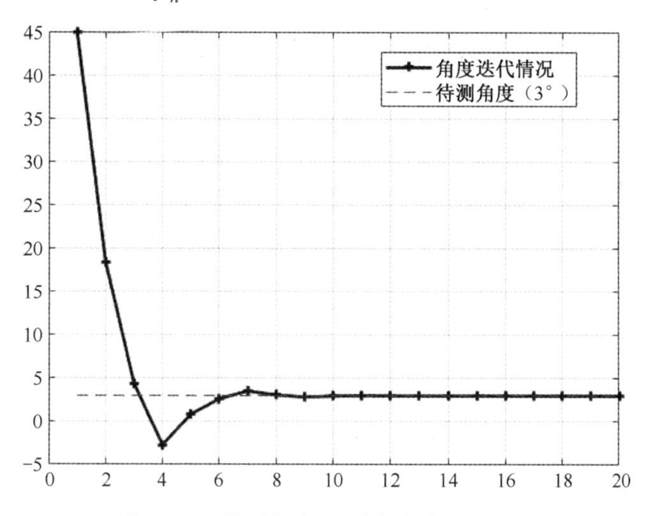

图 12.36　待测角为 3° 时的角度迭代情况

针对以上问题，通过在计算过程中加入特别判定语句，调整计算过程解决此问题，代码如下所示。同样，当角度较大时，x_n 也会出现类似情况，也需调整。

```
if ((phase_tmp[DW-1]==0&&phase_tmp<=phase_reg)||phase_tmp[DW-1]==1)
    //小角度<5 度,容易旋转至第四象限，即 y 为负数
  begin
  if(phase_tmp[DW-1]==1)  x<=x+((~y+1)>>i);  else  x<=x-(y>>i);
```

（4）图 12.37 为待测角为 0° 时的角度旋转过程。放大最后的迭代结果细节发现，该迭代曲线以小于 0° 的方式趋近 0°。即表示，最终还是以负值作为近似 0°，从而导致计算结果出错。同样的问题也会出现在 90°、180° 等位置。

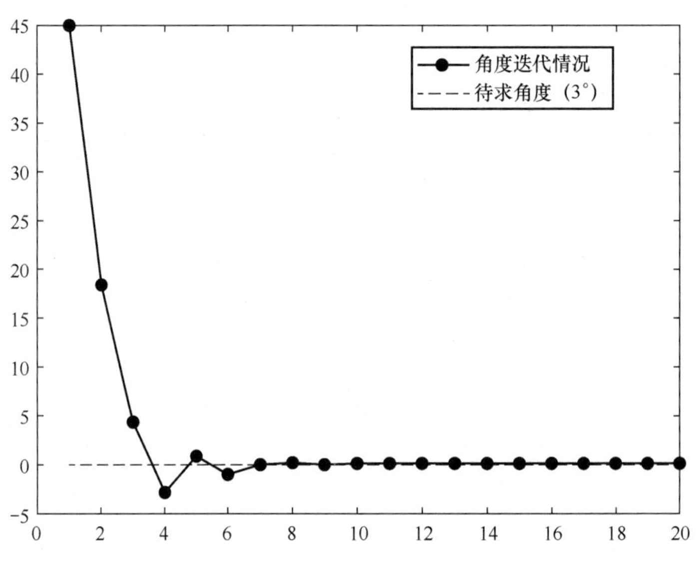

图 12.37　待测角为 0° 时的角度迭代情况

由于计算 0° 的三角函数值与其从正值趋近还是负值趋近无关，故采用如下的代码直接将负数变为正数解决上面的问题。

```
else if (i=='d20) begin
if(y[DW-1]==1) y=~y+1;      //计算完成时值依然为负数的，调整为正数
if(x[DW-1]==1) x=~x+1;
```

（5）至此完成 Cordic 算法编程实现，其 Verilog HDL 源代码如例 12.21 所示。

【例 12.21】　实现 Cordic 算法的 Verilog HDL 源代码。

```
module cordic(
        input clk,
        input reset,
        input[7:0] phase,              //输入角度数
        input sinorcos,
        output[DW-1+20:0] out_data,  //防止溢出，+20 位
        output reg[1:0] symbol        //正负标记，0 表示正，1 表示负
           );
//-------------------------------------------
parameter DW=48;
parameter K=40'h009B74EDA8;      //K=0.607253*2^32,40'h9B74EDA8,
integer i=0;
reg [1:0]quadrant;
reg signed [DW-1:0]x;
reg signed [DW-1:0]y;
reg[DW-1:0] sin;
reg[DW-1:0] cos;
reg[DW-1:0] phase_reg;                //0~90 度
wire[DW-1:0] phase_regtmp;           //待计算的角度
assign phase_regtmp=phase<<32;
reg signed [DW-1:0] phase_tmp;        //存储当前的角度
```

```
reg [39:0] rot[19:0]  /* romstyle = "block" */;
initial begin
   rot[0]=40'h2D00000000;
   rot[1]=40'h1A90A731A6;
   rot[2]=40'h0E0947407D;
   rot[3]=40'h072001124A ;
   rot[4]=40'h03938AA64C;
   rot[5]=40'h01CA3794E5;
   rot[6]=40'h00E52A1AB2;
   rot[7]=40'h007296D7A1;
   rot[8]=40'h00394BA51C;
   rot[9]=40'h001CA5D9B7 ;
   rot[10]=40'h000E52EDC1;
   rot[11]=40'h00072976FD;
   rot[12]=40'h000394BB82 ;
   rot[13]=40'h0001CA5DC2;
   rot[14]=40'h0000E52EE1;
   rot[15]=40'h0000729770;
   rot[16]=40'h0000394BB8;
   rot[17]=40'h00001CA5DC;
   rot[18]=40'h00000E52EE;
   rot[19]=40'h0000072977;
end
always@(posedge clk, negedge reset)
begin
  if(~reset) begin x<=K;  y<=40'b0; phase_tmp=0;
   if(phase_regtmp<44'h05A00000000) begin          //<90 度
     phase_reg<=phase_regtmp;  quadrant<=2'b00;  end
   else if(phase_regtmp<44'h0B4_0000_0000) begin  //<180 度
     phase_reg<=phase_regtmp-44'h05A00000000;
     quadrant<=2'b01;  end
   else if(phase_regtmp<44'h10E00000000)begin      //<270 度
     phase_reg<=phase_regtmp-44'h0B400000000;
     quadrant<=2'b10;  end
   else begin                                      //<360 度
     phase_reg<=phase_regtmp-44'h10E00000000;
     quadrant<=2'b11;  end
  end
  else begin
   if(i<'d20) begin
  if((phase_tmp[DW-1]==0&&phase_tmp<=phase_reg)||phase_tmp[DW-1]==1)
       //小角度<5 度,容易旋转至第四象限, 即 y 为负数
   begin
   if(phase_tmp[DW-1]==1)  x<=x+((~y+1)>>i);
   else x<=x-(y>>i);  y<=y+(x>>i);
```

```
         phase_tmp<=phase_tmp+rot[i];  i<=i+1;  end
      else begin  x<=x+(y>>i);
      if(phase_tmp>44'h05A00000000)  y<=y+((~x+1)>>i);
        //大角度时>85度，容易旋转到第二象限，即x为负数
    else y<=y-(x>>i);  phase_tmp<=phase_tmp-rot[i];
         i<=i+1;  end
     end
  else if(i=='d20)begin
    if(y[DW-1]==1) y=~y+1;    //计算完成时值依然为负数的，调整为整数
    if(x[DW-1]==1) x=~x+1;
  case(quadrant)
   2'b00:
    //角度值在第1象限,Sin(X)=Sin(A),Cos(X)=Cos(A)
         begin
          cos<=x;  sin<=y;
          symbol<=2'b00; end
       2'b01:
   //角度值在第2象限,Sin(X)=Sin(A+90)=CosA,Cos(X)=Cos(A+90)=-SinA
         begin
           cos <=y;      //-Sin
           sin <=x;      //Cos
           symbol<=2'b10; end
       2'b10:
   //角度值在第3象限,Sin(X)=Sin(A+180)=-SinA,Cos(X)=Cos(A+180)=-CosA
          begin
           cos <= x;    //-Cos
           sin <= y;    //-Sin
           symbol<=2'b11; end
       2'b11:
   //角度值在第4象限,Sin(X)=Sin(A+270)=-CosA,Cos(X)=Cos(A+270)=SinA
          begin
           cos <= y;      //Sin
           sin <= x;      //-Cos
           symbol<=2'b01; end
     endcase
        i<=i+1;
     end
   else begin  phase_tmp<=0; x<=K; y<=40'b0; i<=0; end
    end
end
assign out_data=((sinorcos?sin:cos)*15625)>>26;
          //防止溢出，提前做了部分运算*1000000>>32
endmodule
```

（6）在实现 Cordic 算法的基础上，增加数码管显示等模块构成顶层设计，如例 12.22 所示。

【例 12.22】 Cordic 设计顶层源代码。

```
`timescale 1ns / 1ps
module cordic_top(
        input sys_clk,
        input sys_rst,
        input sinorcos,                  //正弦和余弦切换
        input wire [7:0] sw,             //输入角度值
        output wire [6:0] hex0,          //数码管显示
        output wire [6:0] hex1,
        output wire [6:0] hex2,
        output wire [6:0] hex3,
        output wire [6:0] hex4,
        output wire [6:0] hex5,
        output wire  dp);
wire clkcsc;
wire [1:0] symbol;
wire [39:0] data_tmp;
wire [31:0] dec_data1;
reg [3:0] dec_tmp;
assign dp=1'b0;

always@(posedge sys_clk)
begin
  if(sinorcos) begin              //判断符号
    if(symbol[0]) dec_tmp<='hf;  else dec_tmp<='ha; end
  else begin
    if(symbol[1]) dec_tmp<='hf;  else dec_tmp<='ha;end
end
cordic i1(
        .clk(sys_clk),
        .reset(sys_rst),
        .phase(sw),
        .out_data(data_tmp),
        .sinorcos(sinorcos),
        .symbol(symbol));
bin2bcd  #(.W(40))              //二进制结果转换为相应十进制数
      i2(                        //bin2bcd 源码见例 12.4
       .bin(data_tmp),
       .bcd(dec_data1));
hex4_7 u1(.hex(dec_tmp),.g_to_a(hex5));              //数码管显示
hex4_7 u2(.hex(dec_data1[27:24]),.g_to_a(hex4));  //hex4_7 源码见例 10.10
hex4_7 u3(.hex(dec_data1[23:20]),.g_to_a(hex3));
hex4_7 u4(.hex(dec_data1[19:16]),.g_to_a(hex2));
hex4_7 u5(.hex(dec_data1[15:12]),.g_to_a(hex1));
hex4_7 u6(.hex(dec_data1[11:8]),.g_to_a(hex0));
```

```
endmodule
```

引脚约束如下：

```
set_location_assignment PIN_P11 -to sys_clk
set_location_assignment PIN_F15 -to sys_rst
set_location_assignment PIN_B14 -to sinorcos
set_location_assignment PIN_A14 -to sw[7]
set_location_assignment PIN_A13 -to sw[6]
set_location_assignment PIN_B12 -to sw[5]
set_location_assignment PIN_A12 -to sw[4]
set_location_assignment PIN_C12 -to sw[3]
set_location_assignment PIN_D12 -to sw[2]
set_location_assignment PIN_C11 -to sw[1]
set_location_assignment PIN_C10 -to sw[0]
set_location_assignment PIN_F17 -to dp
set_location_assignment PIN_J20 -to hex5[0]
set_location_assignment PIN_K20 -to hex5[1]
set_location_assignment PIN_L18 -to hex5[2]
set_location_assignment PIN_N18 -to hex5[3]
set_location_assignment PIN_M20 -to hex5[4]
set_location_assignment PIN_N19 -to hex5[5]
set_location_assignment PIN_N20 -to hex5[6]
set_location_assignment PIN_F18 -to hex4[0]
set_location_assignment PIN_E20 -to hex4[1]
set_location_assignment PIN_E19 -to hex4[2]
set_location_assignment PIN_J18 -to hex4[3]
set_location_assignment PIN_H19 -to hex4[4]
set_location_assignment PIN_F19 -to hex4[5]
set_location_assignment PIN_F20 -to hex4[6]
set_location_assignment PIN_F21 -to hex3[0]
set_location_assignment PIN_E22 -to hex3[1]
set_location_assignment PIN_E21 -to hex3[2]
set_location_assignment PIN_C19 -to hex3[3]
set_location_assignment PIN_C20 -to hex3[4]
set_location_assignment PIN_D19 -to hex3[5]
set_location_assignment PIN_E17 -to hex3[6]
set_location_assignment PIN_B20 -to hex2[0]
set_location_assignment PIN_A20 -to hex2[1]
set_location_assignment PIN_B19 -to hex2[2]
set_location_assignment PIN_A21 -to hex2[3]
set_location_assignment PIN_B21 -to hex2[4]
set_location_assignment PIN_C22 -to hex2[5]
set_location_assignment PIN_B22 -to hex2[6]
set_location_assignment PIN_C18 -to hex1[0]
set_location_assignment PIN_D18 -to hex1[1]
set_location_assignment PIN_E18 -to hex1[2]
```

```
set_location_assignment PIN_B16 -to hex1[3]
set_location_assignment PIN_A17 -to hex1[4]
set_location_assignment PIN_A18 -to hex1[5]
set_location_assignment PIN_B17 -to hex1[6]
set_location_assignment PIN_C14 -to hex0[0]
set_location_assignment PIN_E15 -to hex0[1]
set_location_assignment PIN_C15 -to hex0[2]
set_location_assignment PIN_C16 -to hex0[3]
set_location_assignment PIN_E16 -to hex0[4]
set_location_assignment PIN_D17 -to hex0[5]
set_location_assignment PIN_C17 -to hex0[6]
```

将本例下载至 DE10-Lite 目标板，如图 12.38 所示，用目标板上右边 8 个拨码开关（SW7～SW0）输入角度值（0°～255°），最左侧拨码（SW9）起到启动按键或使能的作用，每次重新计算时，应将此拨码从 0 至 1 切换一下，SW8 作为正弦和余弦切换按键，其为 1 时，显示 sin 值，为 0 时显示 cos 值。用 6 个数码管显示 Cordic 运算结果，最左边数码管显示正负（A 表示正，F 表示负），后面 5 个数码管显示数值结果，整数位为 1 位。图 12.38 中当前输入角度值为 255°，其 sin 值显示为−0.9659，结果正确。本例的精度可达到 10^{-5}（本例只显示了 4 位小数），如需进一步提高精度，可修改迭代次数实现。

图 12.38　Cordic 算法演示

习　题　12

12.1　设计一个基于直接数字式频率合成器（DDS）结构的数字相移信号发生器。

12.2　用Verilog HDL设计并实现一个11阶固定系数的FIR滤波器，滤波器的参数指标可自定义。

12.3　用Verilog HDL设计并实现一个32点的FFT运算模块。

12.4　某通信接收机的同步信号为巴克码1110010。设计一个检测器，其输入为串行码x，当检测到巴克码时，输出检测结果$y=1$。

12.5　用FPGA实现步进电动机的驱动和细分控制，首先实现用FPGA对步进电动机转角进行细分控制；然后实现对步进电动机的匀加速和匀减速控制。

12.6　由8个触发器构成的m序列产生器，如图12.39所示。

① 写出该电路的生成多项式。

② 用Verilog HDL描述m序列产生器，写出源代码。

③ 编写仿真程序对其仿真，查看输出波形图。

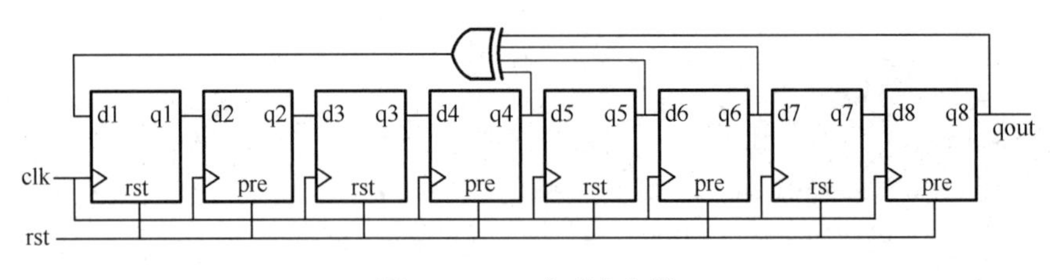

图 12.39　m 序列产生器

12.7　设计一个图像显示控制器，自选一幅图像存储在 FPGA 中并显示在 VGA 显示器上，可增加必要的动画显示效果。

12.8　用 FPGA 控制数字摄像头，使其输出 480×272 分辨率的视频，FPGA 采集视频数据后放入外部 SDRAM 芯片中缓存，输出至 TFT 液晶屏实时显示。试选择一款摄像头，用 Verilog HDL 完成上述功能。

12.9　设计模拟乒乓球游戏：

① 每局比赛开始之前，裁判按动每局开始发球开关，决定由其中一方首先发球，乒乓球光点即出现在发球者一方的球拍上，电路处于待发球状态。

② A 方与 B 方各持一个按钮开关，作为击球用的球拍，有若干个光点作为乒乓球运动的轨迹。球拍按钮开关在球的一个来回中，只有第一次按动才起作用，若再次按动或持续按下不松开，将无作用。在击球时，只有在球的光点移至击球者一方的位置时，第一次按动击球按钮，击球才有效。击球无效时，电路处于待发球状态，裁判可判由哪方发球。

以上两个设计要求可由一人完成。另外可设计自动判发球、自动判球记分电路，可由另一人完成。自动判发球、自动判球记分电路的设计要求如下：

① 自动判球几分。只要一方失球，对方记分牌上则自动加 1 分，在比分未达到 20∶20 之前，当一方记分达到 21 分时，即告胜利，该局比赛结束；若比分达到 20∶20 以后，只有一方净胜 2 分时，方告胜利。

② 自动判发球。每球比赛结束，机器自动置电路于下一球的待发球状态。每方连续发球 5 次后，自动交换发球。当比分达到 20∶20 以后，将每次轮换发球，直至比赛结束。

12.10　设计一个 8 位频率计，所测信号频率的范围为 1～99 999 999Hz，并将被测信号的频率在 8 个数码管上显示出来（或者用字符型液晶进行显示）。

12.11　设计乐曲演奏电路，乐曲选择“铃儿响叮当”，或其他熟悉的乐曲。

12.12　用 PWM 信号驱动蜂鸣器实现音乐演奏，音乐选择歌曲《我的祖国》片段，用 PWM 信号驱动蜂鸣器，使输出的乐曲音量可调，用按键控制音量的增减。

12.13　设计保密数字电子锁。要求：

① 电子锁开锁密码为 8 位二进制码，用开关输入开锁密码。

② 开锁密码是有序的，若不按顺序输入密码，即发出报警信号。

③ 设计报警电路，用灯光或音响报警。

12.14　用 Verilog HDL 编程实现 UART 串口通信，在 PC 的 USB 口与目标板的 UART 串口间实现信息传输。

12.15　用 FPGA 控制 TFT 液晶屏，实现汉字字符的显示。首先设计 ROM 模块，再通过字模提取工具将汉字字模数据存为.mif 文件并指定给 ROM 模块，再从 ROM 中把字模数据读取至 TFT 液晶屏显示。

附录A　Verilog HDL 关键字

以下是 Verilog-1995（IEEE 1364-1995）标准中的关键字（Keyword），以及 Verilog-2001 标准、Verilog-2005 标准中新增的关键字，不可用作标识符。

Verilog-1995

always
and
assign
begin
buf
bufif0
bufif1
case
casex
casez
cmos
deassign
default
defparam
disable
edge
else
end
endcase
endmodule
endfunction
endprimitive
endspecify
endtable
endtask
event
for
force
forever
fork
function
highz0
highz1
if
ifnone
initial
inout
input
integer
join
large
macromodule
medium
module
nand
negedge
nmos
nor
not
notif0
notif1
or
output
parameter
pmos
posedge
primitive
pull0
pulll
pullup
pulldown
rcmos
real
realtime
reg
release
repeat
rnmos
rpmos
rtran
rtranif0
rtranifl
scalared
small
specify
specparam
strong0
strong1
supply0
supply1
table
task
time
tran
tranif0
tranif1
tri
triO
tril
triand
trior
trireg
vectored
wait
wand
weakO
weakl
while
wire
wor
xnor
xor

Verilog-2001

automatic
cell
config
design
endconfig
endgenerate
generate
genvar
incdir
include
instance
liblist
library
localparam
noshowcancelled
pulsestyle_onevent
pulsestyle_ondetect
showcancelled
signed
unsigned
use

Verilog-2005

uwire

参 考 文 献

[1] IEEE Computer Society. IEEE Standard Verilog Hardware Description Language. IEEE Std 1364-2001, The Institute of Electrical and Electronics Engineers, Inc.2001.

[2] IEEE Computer Society. IEEE Standard Verilog Hardware Description Language. IEEE Std 1364-2005, Design Automation Standards Committeeof the IEEE Computer Society, Inc.2006.

[3] 潘文明，易文兵. 手把手教你学 FPGA 设计——基于“大道至简”的至简设计法. 北京：北京航空航天大学出版社，2017.

[4] 潘松，黄继业. EDA 技术实用教程（第 3 版）. 北京：科学出版社，2006.

[5] Dr. Greg Tumbush,Signed Arithmetic in Verilog 2001-Opportunities and Hazards. Starkey Labs, Colorado Springs, CO.

[6] Charles H. Roth, Jr., Lizy Kurian John, and Byeong Kil Lee. Digital Systems Design Using Verilog. Cengage Learning, 2016.